Inhalt

Kapitel 1

Hunde und Menschen haben sich über sehr lange Zeiträume neben- und miteinander entwickelt, aber im »Hundeland« ist nicht alles zum Besten bestellt. Wir züchten mit Hunden, ohne besonders auf deren Wesen zu achten, obwohl Verhaltensprobleme der häufigste Grund für das Einschläfern junger Hunde sind. Wir möchten Hunde haben, die uns treu ergeben sind, aber erwarten gleichzeitig, dass sie auch damit zurechtkommen, wenn wir sie alleine lassen. Wir frustrieren unseren hündischen Begleiter ständig, indem wir ignorieren, was ihnen wirklich wichtig ist. Dieses Buch handelt von den Bedürfnissen der Hunde und davon, wie wir unser Wissen um Hunde und darüber, wie man sich im 21. Jahrhundert am besten um sie kümmert, verbessern können. Mein Ziel ist, einen neuen Ansatz zur Hundehaltung vorzuschlagen. Dabei greife ich auf die neuesten Forschungsergebnisse und auf meine Erfahrung als veterinärmedizinischer Verhaltenskundler zurück, der sein ganzes Leben mit Hunden verbracht hat. Ich hoffe, erklären zu können, warum Hunde drei Grundbedürfnisse erfüllt haben müssen, um gedeihen zu können: Spaß, Bewegung und Training. Vor allem aber biete ich frische Ideen an, wie wir als Hundebesitzer unseren Hunden helfen können, an diese tollen Sachen heranzukommen.

Salman Rushdie hat Hunde als »liebevolle, halb-vernunftbegabte, halb-mysteriöse Aliens, die in unseren Häusern leben« beschrieben. *Rex and the City* untersucht Aspekte unseres Verhaltens, die auf Hunde besonders rätselhaft wirken und zeigt, warum sie einige unserer Eigenschaften und Neigungen wohl nie verstehen werden. Es beleuchtet auch Aspekte der Hundehaltung, mit denen viele Besitzer Schwierigkeiten haben und stellt unverblümt vor, was es wirklich heißen kann, einen Hund zu haben. Letzten Endes ist dieses Buch für alle, die ihre Hunde besser verstehen und damit entmystifizieren möchten. Es soll Ihnen dabei helfen, ein besserer Hunde-Beobachter, Teamspieler, Umsorger, Begleiter und Coach fürs Leben zu werden, indem Sie wissen, wann und wie Sie eingreifen müssen.

Es ist kein Buch über den Zauber von Hunden oder über die zahlreichen Möglichkeiten, sich um sie zu kümmern. Dazu gibt es schon Hunderte von Büchern. Stattdessen ist meine Prämisse, dass der Besitz eines Hundes Zeit und Gedanken erfordert und nicht immer nur ein Spaß ist. Trotz der jährlich von Hundefutterherstellern herausgegebenen Zahlen, nach denen Haustiere gut für unsere Gesundheit sind, wissen wir alle, dass Hunde den Menschen um sie herum auch enorme Sorgen bereiten können, und zwar nicht nur ihren Besitzern. Dieses Buch stellt die Frage, warum Hunde uns Sorgen machen können und was sie dazu bringt. Es bietet Lösungen für einige der häufigsten hündischen Dilemmata an und scheut nicht vor der Tatsache zurück, dass viele Hunde ein alles andere als ideales Leben führen. In gewissem Sinne ist es also ein Buch für diejenigen, die gern das Beste *für* ihre Hunde möchten – im Gegensatz zu denen, die gern das Beste *von* ihren Hunden möchten.

Mit diesem Buch möchte ich Einsichten und Herausforderungen bieten, die Sie dazu bringen sollen, über das Verhalten Ihres eigenen Hundes nachzudenken. All die Hunde, mit denen Sie Zeit verbracht haben, bieten Beispiele für die Konzepte, die ich beschreiben werde. Wenn es darum gehen wird, die unerwünschten Auswirkungen unseres Tuns auf das Wohlergehen von Hunden zu untersuchen, so verspreche ich, dass ich nicht die abgedroschene und unpassende Frage *Wie würden Sie das denn finden?* stellen werde. Sie hilft nicht weiter, denn die hauptsächliche Herausforderung an uns ist es, wie Hunde zu denken, und nicht, von ihnen die gleichen Empfindungen zu erwarten wie wir sie haben. Ich werde unbedingt vermeiden, Hundeverhalten in menschlichen Begriffen zu interpretieren. Jede Aussage, die nahelegt, dass Hunde nahezu menschlich seien, ist für viele Hundefreunde nichts anderes als eine glatte Beleidigung. Ich möchte Sie vielmehr dazu ermutigen, den Hunden, die Sie jetzt kennen oder die Sie noch kennenlernen werden, anhand meiner Überlegungen Besseres zu bieten. Wenn es um die Gefühle von Hunden geht, gesteht dieses Buch ihnen die neuesten Forschungsergebnisse zu, aber es schreibt ihnen niemals menschliche Intelligenz zu. Hunde haben hündische Intelligenz – was für sie ein wesentlich nützlicheres Merkmal ist.

Je mehr Informationen wir über Hunde und ihr Verhalten sammeln, desto mehr beginnen wir zu begreifen, wie viel es noch zu entdecken gibt. Menschen verdanken Hunden sehr viel, und andersherum. Wir haben uns neben- und miteinander entwickelt und nutzen einer den anderen mal mehr, mal weniger aus. Diese Entwicklung geht immer noch weiter und beschreitet sogar neue Wege, die ich das ganze Buch hindurch beschreibe

Was ist »natürliches Verhalten« für einen Hund?

Hundehaltung mag so alt sein wie Jagd, die Verständigung mit Lauten oder Höhlenmalereien, aber die Erforschung von Haushunden in menschlichen Familien ist eine sehr komplexe Angelegenheit. Das Verhalten und die Motivation eines jeden Hundes mögen einfach aussehen, aber in der Regel spiegeln sie Unterschiede der Menschen wider. Die eine Familie überschüttet ihren Hund vielleicht mit Aufmerksamkeit, während die andere ihren mehr oder weniger ignoriert. Eine Person in der Familie ist vielleicht ein großartiger Hundetrainer, während jemand anderes im gleichen Haushalt inkonsequent oder inkompetent ist. Wenn wir Hundeverhalten so gut wie möglich verstehen möchten, stammen die hilfreichsten Beobachtungen aus Populationen frei in der »Wildnis« lebender Hunde, die noch nicht durch direkten Kontakt mit Menschen kontaminiert sind. Keine Halsbänder, keine Leinen, keine Futternäpfe, keine Körbchen, keine Zäune. Solche Hunde stammen von den gleichen Vorfahren wie unsere domestizierten Hunde, aber sie leben vom Menschen getrennt. Völlig unverfälschte Daten zu erhalten kann schwierig sein. Auch wenn frei lebende Hunde sich von den störenden und gefährlichen Aktivitäten der Menschen lieber fernhalten, werden sie doch häufig von Menschen beeinflusst. Selbst auf einer Mülldeponie lebende Streuner können von den Müllmännern beeinflusst werden, während die in entlegenen Wäldern und auf Brachland versteckt lebenden Hunde von menschlichen Aktivitäten gestört werden können, die an ihren Reviergrenzen stattfinden. Als wild lebend (feral) betrachtete Hunde können auch als Welpen ausgesetzt worden sein und sind damit ein Produkt der Mensch-Hund-Interaktion.

Traditionell haben wir gern den Wolf als perfektes Modell dafür betrachtet, wie Hunde ohne menschliche Einflussnahme wohl sind. Bis zu einem gewissen Grad ist das auch völlig stimmig, da wir wissen, dass Hunde sich aus Wölfen entwickelt haben. Der Haushund ist eine Unterart seines Vorfahren, des Grauwolfs. In den folgenden Kapiteln werde ich mich gelegentlich auf den Grauwolf als »Gevatter Wolf« beziehen, als Spitzname für den archetypischen wölfischen Urahn. Und wenn ich Beispiele von wild lebenden Hunden oder deren Verhalten anführe, werde ich diese Hunde der Einfachheit halber mit »Struppi Streuner« bezeichnen. Die entscheidenden DNA-Sequenzen des Haushundes unterscheiden sich in nur 0,2% von denen des Grauwolfs. Das bedeutet, dass die beiden sehr eng miteinander verwandt sind und erklärt, warum sie sich untereinander fortpflanzen können. Der Unterschied zwischen dem Grauwolf und seinem engsten wilden Verwandten, dem Kojoten, beträgt dagegen rund 4%.

Angesichts der Tatsache, dass Hunde und Wölfe genetisch praktisch nicht unterscheidbar sind, ist die enorme Variation in Körperform und -größe bei den Hunden wirklich bemerkenswert. Während ein erwachsener Wolf in der Regel um die 45 kg wiegt, kann ein erwachsener Hund zwischen 1,2 und 90 kg schwer sein (Fettleibigkeit kann den oberen Wert sogar noch weiter auf die Spitze treiben, mehr dazu im Kapitel 6 über »Geschlecht, Krankheiten und Alter«). Auch die Bandbreite der Verhaltensunterschiede, die mit diesen Variationen einhergeht, ist außergewöhnlich.

Auch wenn der Wolf ein beliebtes Modell für Hundeverhalten ist, ist der australische Dingo dafür vermutlich besser geeignet. Leider sind Dingos in ihrer Reinform stark bedroht, weil es heute nur noch wenige von ihnen gibt, die noch nicht mit modernen Rassen verkreuzt sind. Ihr Verhalten ist aber viel stärker das eines befreiten Hundes als das eines Wolfs es je sein könnte. Vom Verhalten her reagieren Dingos auf ihre Rudelmitglieder auf eine Art und Weise, die in Wolfsrudeln selten zu sehen ist. Erwachsene Dingos spielen zum Beispiel viel mehr miteinander als erwachsene Wölfe es tun; sie vokalisieren mehr und sind generell in ihrer Reaktion auf Fremde flexibler. In dieser Hinsicht sind sie typische Hunde. Diese Unterschiede im Verhalten sind nur die Spitze des Eisbergs, weil die Aussage, alle Hunde würden sich gleich verhalten, genauso schwach ist wie die, alle Hunde würden gleich aussehen. Rassen waren schließlich ursprünglich die körperliche Manifestation des menschlichen Wunsches, bestimmte Verhaltensmerkmale herauszudestillieren, was häufig mit wiedererkennbaren Körperformen, Fellfarben und Fellstrukturen einherging, die als Marker für diese Verhalten dienen können.

Gedankenfutter

Während des Prozesses der Domestikation und der Entwicklung der Rassen haben sich die Schädelmerkmale von Hunden erheblich geändert. Bei erwachsenen Hunden kann die Schädellänge zwischen 7 und 28 cm variieren, während sie beim

erwachsenen Wolf etwa 30 cm beträgt. Dabei überrascht es nicht, dass sich auch die Organe innerhalb des Schädels verändert haben. Das Verhältnis von Gehirn zu Körpergewicht zum Beispiel ist beim Haushund nur ein Drittel dessen, was es beim Wolf beträgt. Das Gehirn eines 45 kg schweren Wolfs ist also drei Mal schwerer als das eines 45 kg schweren Hundes. Mit diesen Zahlen im Kopf ist es natürlich sicher falsch anzunehmen, dass Hund gleich Hund gleich Hund ist. Ich begann mich dafür zu interessieren, wie das gesamte Nervensystem einschließlich Gehirn sich von der einen Rasse zur anderen unterscheiden kann. Und Unterschiede im Nervensystem haben natürlich tiefgreifende Auswirkungen auf unterschiedliche Verhalten bei unterschiedlichen Rassen.

Wenn wir die Wissenschaft des Hundeverhaltens entdecken, müssen wir dabei akzeptieren, dass vieles von dem, was wir zu wissen glauben, eigentlich immer noch Spekulation ist. Die meisten Hundebesitzer wären sicher überrascht zu erfahren, dass wissenschaftliche Zeitschriften zum Tierverhalten deutlich mehr Studien zu Bienen als zu Hunden verzeichnen. Warum? Der Durchschnittsmensch verbringt doch viel mehr Zeit mit Hunden als mit Bienen, also sollten wir doch eigentlich mehr über Hunderudel wissen müssen als über Bienenschwärme? Puristen könnten argumentieren, dass Bienen für seriöse Tierverhaltenskundler (Ethologen) interessanter als Hunde sind, weil ihr Verhalten weniger das Produkt menschlicher Beeinflussung in Form genetischer Selektion und Haltung ist. Es scheint fast so, als ob die allzu große Vertrautheit Verachtung erzeugt hätte. Zum Glück kann ich aber berichten, dass domestizierte Tierarten in der letzten Zeit zum Ziel eifriger wissenschaftlicher Forschung geworden sind: Es entsteht nämlich gerade das neue Forschungsgebiet der angewandten Ethologie, das bei der Lösung von Verhaltensproblemen hilft. Die schlechten Nachrichten sind aber, dass Hunde unter all den untersuchten Haustierarten das Schlusslicht bilden, da sie als nicht so wichtig im Vergleich zu wirtschaftlich produktiveren Tieren wie Schweine, Kühe oder Hühner betrachtet werden. Vielleicht ist das für die Hunde aber ein akzeptabler Preis dafür, dass sie in der westlichen Welt nicht als Nahrungsquelle betrachtet werden (wenn auch mit dem Aufkommen des Fusionsküchen-Trends Chow Chow mit Pommes Frites vielleicht gar nicht mehr so abwegig ist).

Ein Wort zur Vorsicht

Bei allen Forschungsbemühungen lohnt es immer, sich zu fragen: Wer finanziert die Studie? Kosten werden in der Regel dann als gerechtfertigt betrachtet, wenn Menschen einen Nutzen davon haben. Reiche Länder, die Hunde auch im Militär- und Polizeidienst einsetzen, bringen erhebliche Beträge für die Erforschung von Hundeverhalten auf. Hundefutterhersteller finanzieren häufig Studien, in denen die positiven Aspekte der Hundehaltung auf die Besitzer untersucht werden oder die Frage, wie die Haltung von Hunden erleichtert werden kann. Oder Führhundeverbände unterstützen Studien, die Hunde allgemein gesünder oder erfolgreicher im Training machen. All die genannten Studien haben Vorteile für Menschen: Polizei- oder Zollhunde schützen uns vor Terroristen, Familienhunde halten uns gesund und Blindenführhunde bewahren Menschen mit Sehbehinderungen davor, von Autos plattgedrückt zu werden.

Wenn also die meisten Studien Menschen nutzen, was ist dann mit Studien, die Hunden nutzen? Sehr viele der Arbeiten, mit denen Anteilseigner mancher Aktiengesellschaften lieber *nicht* in Verbindung gebracht werden würden, werden von Vereinen und Stiftungen aus dem Tierschutzbereich finanziert. In diesem Bereich wurde bis jetzt verdächtig wenig unternommen, aber die Schritte, die in letzter Zeit in diese Richtung gemacht wurden, sollten gebührend gewürdigt werden. Das ist ein Teil dessen, was ich mit *Rex and the City* gerne erreichen möchte. Ich hoffe außerdem, Sie mit der Aussicht auf eine rosigere Zukunft für die Welt der Hunde fesseln zu können.

Die Reaktionen von Hunden auf Hundemodelle sind verblüffend und verraten uns viel darüber, was für Hunde wirklich bedeutsam ist. Es lohnt sich also, darüber nachzudenken, ob die Wege, die sie zum Bindungsaufbau mit Menschen beschreiten, etwas ganz Neues sind.

Kapitel 2

Die Herausforderungen an den modernen Hund

Man vergisst nur zu leicht, dass Hunde erst vor Kurzem mit der Anpassung an das Leben in der modernen Welt begonnen haben – eine Welt, die voll von menschengemachten Dingen und menschengemachter Technologie ist. Obwohl es diese Welt noch gar nicht so lange gibt, können wir Menschen uns vernunftmäßig erklären, was in ihr vorgeht. Für Hunde dagegen können die Anblicke, Geräusche und Gerüche des 21. Jahrhunderts manchmal wirklich überwältigend sein. Räder, Feuer, Elektrizität und Chemie sind Beispiele für Mechanismen, die wir zur Erklärung von »Magie« in der modernen Welt nutzen. Unsere Hunde erleben die Ergebnisse dieser Erfindungen aber ohne die Beziehung zwischen Ursache und Wirkung zu kennen.

Umgang mit einer sich wandelnden physischen Welt

Stellen Sie sich nur einmal die körperlichen Beschränkungen vor, die wir rund um Hunde errichtet haben. Feste Wände kamen in der Welt frei lebender Hunde nicht vor – es waren andere Kräfte, die die Welpen in der Nähe der heimischen Höhle hielten, während das Rudel jagen ging. Moderne Begrenzungen und Oberflächen wie polierte Fußböden, elektrische Zäune und Rolltreppen können sogar gefährlich sein. An Treppen, besonders solche mit offenen Stufen, muss man sich erst einmal gewöhnen. Oder Aufzüge, die sich für Hunde wie ein Erdbeben anfühlen müssen, wenn sie zum Stillstand kommen. Und wie äußerst merkwürdig muss es für sie sein, in einen Raum (den Aufzug) hineinzugehen und beim Herausgehen aus genau der gleichen Tür auf eine völlig andere Reizumgebung zu stoßen.

Und dann gibt es natürlich noch die Herausforderung der Türen selbst: Manche gehen auf einen leichten Stupser mit der Nase auf, andere schlagen laut vom Wind zu. Es gibt Schiebetüren und Rolltüren, Glastüren, durch die Hunde hindurchsehen können oder Fliegentüren, durch die hindurch sie sehen und riechen können. Und dann gibt es all diese Türgriffe, die Menschen anscheinend zum Anfassen reizen und mit denen sie die Position der Tür verändern. Türgriffe haben eine Menge unterschiedlicher Größen und Formen und besitzen Schließmechanismen, die nur wenige, wirklich teuflisch begabte Hunde öffnen können. Die Problemlösung, die diese talentierten Safeknacker entwickelt haben, ist ein wirklich außergewöhnliches Beispiel für Lernen durch Versuch und Irrtum und Zeugnis für ihre Hartnäckigkeit. Wir werden das adaptive Lernen der Hunde weiter hinten im Buch noch etwas mehr in die Tiefe gehend betrachten.

Genauso sind Autos Kästen, in die Hunde einsteigen, um sich dann irgendwo ganz anders wiederzufinden. Natürlich keine gewöhnlichen Kästen. Wenn sie durch die Fenster dieser besonderen, lauten Kästen schauen, sehen Hunde Veränderungen: Andere Hunde, die vorbeiflitzen, ohne ihre Beine zu bewegen oder Hunde, die verschwinden, egal, ob man sie anbellt oder nicht (auch wenn die meisten Hunde davon überzeugt zu sein scheinen, dass Bellen hilft, sie loszuwerden). Und wenn die lauten Kästen zum Stillstand kommen, winkt den darin gereisten Hunden oft ein Spaziergang in einer neuen Umgebung. Wie spannend! Für manche Hunde bedeutet der laute Kasten ganz enormen Spaß. Kein Wunder, dass sie gerne ihr Bein daran heben.

Autos sind also für manche Hunde extrem bedeutsam. Sie können zwischen dem einen und einem anderen Auto unterscheiden und erkennen die Motorgeräusche verschiedener Fahrzeuge. Warum? Weil bestimmte Autos mit bestimmten Menschen assoziiert werden. Vertraute Menschen benutzen vertraute Autos. Erstaunlicherweise können Hunde denjenigen Autos Bedeutung beimessen, in denen für sie wichtige Menschen *wegfahren*, nicht denen, aus denen sie wieder aussteigen. Es scheint fast so, als ob sie eine Assoziation zu dem Geräusch herstellen könnten, das das Auto macht, wenn der wichtige Mensch erst einmal darin ist. Alternativ müssten sie rückblickend eine Assoziation herstellen, wenn der bedeutsame Mensch daraus ausgestiegen ist. Das würde aber bedeuten, dass sie die Geräusche aller möglichen Autos registrieren und abspeichern müssten – nur für den Fall, dass ein bedeutsamer Mensch aus einem von ihnen herauskommen könnte. Eine ermüdende und zeitverschwenderische Beschäftigung. Diese Fähigkeit der Hunde ist wirklich faszinierend, denn sie impliziert, dass die Evolution ihnen dabei geholfen hat, die komplizierte Aufgabe der Zuordnung eines neuartigen Geräuschs mit dem Verschwinden eines Rudelmitglieds herzustellen. In der Tat sehr verwirrend! Ich warne Sie, wir spekulieren uns immer noch durch weite Teile des Hundeverhaltens hindurch. Wie die Fernsehsprecher meiner Jugendzeit zu sagen pflegten: »Schicken Sie uns eine Postkarte, wenn Sie die Antwort wissen.«

Das an Häusern und Autos verbaute Glas ist ein hervorragendes Beispiel dafür, welche Mysterien das moderne Leben unseren Hunden bietet. Moderne Materialien gehen über den hündischen Verstand. Hunde können nicht wissen, dass diese Grenze, durch die sie zwar sehen, aber nicht riechen können, eine gebackene Silikat-Flüssigkeit ist, die für Lichtpartikel durchlässig ist. Wenn Welpen zum ersten Mal auf eine Glasscheibe treffen, lernen sie einfach, dass es an deren Undurchdringlichkeit nichts zu deuten gibt und dass sie durch alles, durch das sie nicht riechen können, auch nicht hindurchgehen können.

Wer ist dieser Hund im Spiegel?

Die visuellen Herausforderungen der modernen Welt sind damit noch nicht zu Ende. Denken Sie nur einmal an Spiegel. Wenn ein Welpe zum ersten Mal sein Spiegelbild sieht, ist das, was folgt, für die meisten menschlichen Beobachter erst einmal lustig. Die Lernkurve, auf der sich dieser Welpe befindet, wird dadurch steiler, dass Welpen es vor Erreichen ihrer vollständigen visuellen Reife, die um den vierten Lebensmonat herum stattfindet, in der Regel schwierig finden, Gegenstände zu identifizieren. Für einen Welpen zeigt ein auf den Boden gestellter Spiegel eindeutig einen anderen Welpen, der geradewegs auf ihn zu galoppiert kommt, ihn anschaut, mit dem Kopf wackelt und ihn zum Spielen auffordert. Wenn die Wochen und Monate des Heranwachsens vergehen, wird der hinter dem Spiegel gefangene Welpe älter. Er wird immer weniger interessiert an dem Beobachter und für diesen wiederum uninteressanter, bis die beiden sich irgendwann beinahe vollständig ignorieren. Spiegel können Tieren anderer Spezies wie zum Beispiel Pferden und manchen Vögeln dabei helfen, besser mit dem Alleinsein zurechtzukommen, aber es gibt keine Hinweise darauf, dass Spiegel Hunden das Leid des durch Isolation bedingten Stresses ersparen können (siehe Näheres dazu in Kapitel 5 über Netzwerken bei Hunden). Bis jetzt wissen wir noch nicht, ob dies ein Hinweis auf ein Bewusstsein für das eigene Ich ist. Die ausbleibende Reaktion auf das Bild im Spiegel könnte auch bedeuten, dass dieses Bild im Laufe des Lernprozesses als irrelevant eingestuft wurde. Diese Passivität steht im Kontrast zu Berichten über Studien an Primaten, in denen die Tiere mit ihrem Spiegelbild interagierten und, was am erstaunlichsten war, den Spiegel dazu benutzten, um Flecken flüssigen Papiers zu entfernen, die man ihnen ohne ihr Wissen (in Vollnarkose) auf das Gesicht gemacht hatte.

Fernsehen: Wozu die ganze Aufregung?

Sind Spiegel für Hunde verwirrend, so sind Fernsehprogramme vermutlich ein unbegreifliches Mysterium für sie mit ihrer Non-Stop Kaskade von bewegten Bildern und Geräuschen und den Menschen, die sich sitzend darum versammeln und hineinstarren. Natürlicherweise würden sich Hunde einer Gruppe nie rund um einen Gegenstand versammeln und ihn anschauen. Die größte Ähnlichkeit besteht wahrscheinlich noch zu der Art und Weise, wie sie sich rund um eine Beute versammeln, wobei das Stillstehen und Anschauen sich aber dann sehr schnell in Zupacken und Zerreißen verwandelt. Fernseher riechen nicht wie Beute und bewegen sich nicht wie Beute – fragen sich also Hunde, die uns Menschen dem farbigen Kasten in der Ecke Tribut zollen sehen, was all das ganze Aufhebens eigentlich soll?

Falls Hunde überhaupt auf laufende Fernseher reagieren, dann tun sie das interessanterweise eher auf die Geräusche als auf die ausgestrahlten Lichtbilder. Das lässt vermuten, dass die Fernsehbilder für Hunde schlecht zu erkennen sind. Die Geschwindigkeit, mit der ihr Gehirn Bilder verarbeitet (die sogenannte Flimmerverschmelzungsgeschwindigkeit) unterscheidet sich von unserer und erklärt, warum nur wenige Hunde auf unserer Meinung nach für sie relevante Bilder wie zum Beispiel die anderer Hunde reagieren. Manche Hunde reagieren auf Bälle oder Schafe, die sich über den Bildschirm bewegen und untersuchen dann niedlicherweise die Rückseite des Geräts, um nachzuschauen, wohin sie verschwunden sind. Bestenfalls scheint es so zu sein, dass die Hunde eher Vierbeiner sehen als andere Hunde. Die meisten Hunde, die auf Tiere im Fernsehen reagieren, tun dies auf Pferde genauso wie auf Kühe und auf Antilopen genauso wie auf Erdferkel.

Menschen und ihr Veränderungstick

Als ob Häuser, Autos und Fernseher noch nicht genug Herausforderung wären, verändern sich die Menschen auch noch ständig. Man kann sich auf ihre Form, Farbe und ihren Geruch einfach nicht verlassen. Manchmal tragen sie dunkle Flecken über den Augen (Sonnenbrillen), die den Hund nicht mehr erkennen lassen, wohin sein Besitzer schaut. Kleider können das Erscheinungsbild selbst des vertrautesten Menschen völlig verändern, ein Hut kann die Silhouette des Besitzers dramatisch verändern und Menschen tragen, zur noch größeren Verwirrung der Hunde, Gegenstände mit sich herum (manchmal so große wie Leitern oder Fässer), die völlig über das Verständnis eines Hundes hinausgehen. Ein Hund könnte diese niemals im Fang, geschweige denn in den Pfoten tragen, woher sollten sie also Verständnis für diese Verwandlungskunst haben?

Und die moderne Geruchswelt, die Menschen Hunden aufzwingen, ist mit unnatürlich starken Düften wie Parfums, Aftershaves, Lufterfrischern oder Putzmitteln geschwängert, was für einen Hund etwa die geruchliche Entsprechung eines plärrenden Ghettoblasters darstellt. Letzten Endes können wir nicht genau wissen, was der moderne Hund für sich aus all diesen Neuheiten macht und wie er mit all diesen Herausforderungen zurechtkommt. In Kapitel 17 werden wir innovative Möglichkeiten untersuchen, wie Technologien uns dabei helfen können, die Verhaltensbedürfnisse unserer Hunde zu befriedigen. Lassen Sie uns in der Zwischenzeit darauf konzentrieren, was wir mit Sicherheit über die Sinne des Hundes wissen.

Wie Hunde die Welt wahrnehmen

Geruchssinn

Der Geruchssinn ist die vorherrschende Sinneswahrnehmung des Hundes und ermöglicht es ihm, Duftmoleküle aus komplexen Geruchsmischungen herauszuriechen. Er hat etwa 220 Millionen Geruchsrezeptoren in der Nase, während es beim Menschen nur rund 5 Millionen sind. Von den anatomischen Unterschieden einmal abgesehen wurde anhand von Messungen festgestellt, dass der Geruchssinn des Hundes um das zehntausendfache bis hunderttausendfache stärker ist als der des Menschen, was etwa einem Verhältnis von einer Sekunde zu 317 Jahrhunderten entspricht. Es heißt, man müsste einen Hund niemals dazu motivieren, seine Nase zu benutzen. Für mich heißt es, dass Schnüffeln das ist, was ein Hund die ganze Zeit über tut. Zu schnüffeln bedeutet, Hund zu sein.

Mit dem zunehmenden Kampf gegen Terrorismus und Drogenhandel werden Spürhunde immer beliebter. Dabei beeinflussen Temperatur, Feuchtigkeit, Wind, Alter der Spur sowie Stärke des Geruchs die Erfolgsrate. Die geruchliche Wahrnehmung der zertretenen Vegetation zusammen mit den Fußabdrücken hilft Hunden eher beim Finden von Menschen als die Schwaden spezifischer Gerüche, die die Zielperson in ihrem Schlepp zurücklässt. Hunde können sogar den Geruch von Krankheiten wahrnehmen: Veröffentlichte Forschungsergebnisse weisen auf ihre beeindruckende Fähigkeit hin, die besonderen chemischen Verbindungen zu erschnüffeln, die von Krebszellen in der Haut, im Urin (bei Blasenkrebs) oder sogar im Atem produziert werden (mit einer Trefferquote von 88% bei Brustkrebs und 99% bei Lungenkrebs).

Das *vomeronasale* Organ, von dem man früher fälschlicherweise annahm, dass es nur bei nicht-menschlichen Lebewesen vorkäme, ist eine zusätzliche Komponente des Geruchssinns. Seine Hauptaufgabe ist das Wahrnehmen von Pheromonen, also derjenigen Substanzen, von denen man annimmt, dass sie die Mutter-Kind-Bindung stärken und Territorial- sowie Sexualverhalten beeinflussen. Bei Hunden liegt dieses Organ gleich hinter den oberen Schneidezähnen im Gaumendach. Sie benutzen es, indem sie ihre Zunge schnell aus dem Fang herausstrecken und wieder einziehen, fast so, als ob sie trinken würden. Pheromone werden hauptsächlich im Urin transportiert, was der Grund dafür ist, warum Hunde so viel Zeit mit dem Finden und Kennzeichnen optimaler Markierungsstellen verbringen und so viel Wert darauf legen, die von anderen Hunden besuchten Markierungsstellen abzuschnüffeln. Pheromone sind nicht im Kot enthalten, sondern werden beim Passieren des Schließmuskels in einem ganz feinen Streifen aus dem Analbeutel bzw. der Analdrüse darauf geschmiert. Die Analdrüsensekrete enthalten Pheromone, die sich von einer Tiergruppe zur nächsten unterscheiden. Diese Unterschiede lassen vermuten, dass einzelne Hunde Informationen zu Alter und genetischen Unterschieden »herauslesen« können, wenn sie den Kot anderer und deren Geruch unter der Schwanzwurzel untersuchen. Aber nicht alle Hunde sind gleich gut, wenn es um das Herausfiltern von Gerüchen geht.

Wie erfolgreich ein Hund darin ist, eine Geruchsquelle oder einen Zielgeruch zu finden, hängt auch von den Umgebungsbedingungen ab. Die Windrichtung kann die Konzentration der Duftmoleküle beeinflussen, während höhere Außentemperaturen zu vermehrtem Hecheln führen. Diese Reaktion setzt die Fähigkeit des Hundes herab, genug Luft einzuatmen, um ein »klares Bild« der ihn umgebenden Gerüche zu erzeugen. Dies konnte sehr schön anhand von Studien gezeigt werden, die ergaben, dass Spürhunde an heißen Tagen weniger effektiv sind.

Sehsinn

Was die Sicht betrifft, sind Hunde uns Menschen in der Regel unterlegen, aber sie können mit ihrem zentralen Blickfeld Farben, statische Formen und bemerkenswert viele Details erkennen. Besonders gut können sie aber sich bewegende Objekte wahrnehmen und es deutet vieles darauf hin, dass einige von ihnen einen winkenden Menschenarm aus bis zu anderthalb Kilometern Entfernung erkennen können. Hunde sind sehr empfänglich für plötzliche oder ungewöhnliche Bewegungen, eine sehr nützliche Sache bei Blindenführhunden und Jagdhunden. Das panoramische Sehfeld beträgt 250-270°, wobei das binokulare (beidäugige) Sehen unter den einzelnen Rassen sehr variieren kann, je nachdem, wie weit auseinander die Augen im Schädel sitzen. Pekinesen und Bullterrier haben etwa

85⁰ binokulare Sicht und Greyhounds um die 75⁰, während es beim Menschen rund 140⁰ sind.

Gedankenfutter

Die periphere Sicht eines Hundes wird von seiner Schädelform bestimmt. Wir haben die Anordnung der Zellen in der Netzhaut untersucht, um diesen Aspekt des Sehens zu erforschen. Für das periphere Sehen ist ein aus konzentriert angeordneten Zellen bestehendes, horizontal über die Netzhaut verlaufendes Band, der sogenannte visual streak, nötig. Seltsamerweise ist er bei Rassen mit verkürztem Schädel wie zum Beispiel dem Mops verschwunden. Bei den Tierarten, die wir bislang untersucht haben, nämlich Hund und Pferd, gab es eine direkte Korrelation zwischen Nasenläge und Konzentration der entscheidenden Ganglienzellen im visual streak der Netzhaut – lange Nase, langer visual streak; keine Nase, kein visual streak. Warum das so ist, muss noch herausgefunden werden.

Früher war man der Meinung, dass Hunde farbenblind seien, aber neuere Studien haben gezeigt, dass Hunde bei hellem Licht Wellenlängen im blauen und gelben Bereich des Lichtspektrums erkennen können und deshalb dichromatisch sind, das heißt zweifarbig sehen. Rot- und Orangetöne können sie allerdings nicht unterscheiden, da sie nur sehr wenige Netzhaut-Kegel besitzen, die auf rot/orange Wellenlängen reagieren. Das visuelle Farbspektrum von Hunden kann in zwei Formen gesehen werden: Violett und blauviolett, was als blau und grünliches Gelb gesehen wird; und gelb oder rot, was als Gelb gesehen wird. Hunde sind also rot-grün-blind, können aber besser zwischen verschiedenen Grautönen unterscheiden als Menschen.

Weil sie so viele Netzhaut-Stäbchen haben, können Hunde im Dunkeln viel besser sehen als Menschen. Ihre absolute Schwelle für die Wahrnehmung von Licht liegt etwa drei Mal niedriger als bei Menschen, sodass sie drei Mal besser zur Wahrnehmung schwacher Lichtintensitäten in der Lage sind. Das hinter der Netzhaut liegende *tapetum lucidum* maximiert das Licht im Auge und unterstützt deshalb das Nachtsehen beim Hund. Seine reflektierenden Zellen bilden die gelblich-grüne Schicht, die wir in Hundeaugen erkennen können, besonders, wenn diese im Dunkeln zum Beispiel in Autoscheinwerfer schauen. Faszinierenderweise fehlt diese spezielle Beschichtung im Auge bei manchen Hunden, vor allem bei braunen Labradoren und einigen Merle-farbigen Hunden. Wir wissen noch nicht, wie sich das auf ihr Sehvermögen auswirkt, aber es könnte bedeuten, dass sie sich im Dunkeln schlechter zurechtfinden. Sie laufen vielleicht gegen Dinge oder sind in fremder Umgebung misstrauischer, weil sie Formen nicht so gut unterscheiden können.

Das Gehör

Hunde haben ein sehr gut entwickeltes Gehör und können hohe Töne wahrnehmen, die uns Menschen entgehen. Kinder können Töne bis zu einer Frequenz von etwa 20 KHz hören, Erwachsene etwas weniger, während Hunde Töne bis zu 35 KHz hören können und man annimmt, dass ihre Obergrenze vielleicht sogar bei um die 100 KHz liegen könnte. Kein Wunder, dass sie den klappernden Schlüsselbund so gut hören, das Fahrrad des Briefträgers oder das Auspacken der Wurst. Ein solch scharfes Gehör ist vermutlich höchst nützlich beim Fangen von kleinen Beutetieren wie zum Beispiel Mäusen, die untereinander in hochfrequenten Tönen kommunizieren. Auch wenn man Geräusche bis zu 40 KHz nachweisen kann, so gibt es doch keinen Hinweis darauf, dass Hunde untereinander in so hohen Frequenzen (im Ultraschallbereich) kommunizieren können.

Der britische Tierschutzbund hat sich interessanterweise dafür ausgesprochen, dass laute Feuerwerke verboten werden sollten – mit der Begründung, hierbei handle es sich um eine Form von Tierquälerei gegenüber Hunden. Die erschütternde Anzahl von Hunden, die nach nächtlichen Feuerwerken verängstigt auf der Straße herumirrend aufgegriffen werden, scheint die Annahme zu stützen, dass Hunde diesen Krach nicht ertragen können. Indem sie mit ihren Pfoten abstimmen und ihr Zuhause verlassen, teilen sie uns mit, dass die relative Sicherheit ihrer Höhle, die sie aus ihrer evolutionären Entwicklung heraus so sehr schätzen, durch den schrecklichen Lärm eines unberechenbaren Monsters erschüttert wurde, das sie auch dann noch findet, wenn sie sich in den engsten Winkeln verstecken. Die therapeutischen Wirkungen einer sanften Konfrontation mit Aufnahmen von Donnergeräuschen sind wohlbekannt und haben zu einigen Studien angeregt, in denen man herausfinden wollte, welche Musikaufnahmen Hunde besonders mögen und wie man diese dann vielleicht in den Zwingeranlagen von Tierheimen einsetzen könnte. Im Vergleich zu menschlicher Unterhaltung, Heavy Metal und Pop brachte klassische Musik die Hunde am ehesten dazu, mehr zu ruhen und weniger zu bellen.

So unterschiedlich Hundeohren in Größe, Länge, Form und Haarigkeit sind, so unterscheiden sie sich auch in ihrer Fähigkeit zur Geräuschwahrnehmung. Mehr über die Vor- und Nachteile der einzelnen Ohrformen werden wir noch in Kapitel 14 erfahren, in dem wir rassebedingte Unterschiede genau unter die Lupe nehmen werden. Manche Hunde werden taub geboren, besonders solche mit reduzierter Pigmentierung des Haarkleids. Weil die Gehör-Nervenzellen und die Melanozyten (Pigmentzellen) sich aus dem gleichen Teil des Embryos entwickeln, sind Defekte im Pigmentationsprozess häufig mit Defekten der Gehörwege gekoppelt. Merlefarbige Hunde sind das beste Beispiel für eine Hypopigmentierung (verminderte Pigmentierung): Merle-Hunde dürfen niemals mit anderen Merles verpaart werden, weil dies das Risiko erhöht, dass die Nachkommen taub geboren werden.

Wenn taub geborene Hunde in Obedience-Wettkämpfen höchsten Niveaus erfolgreich sind, dann stellen sie damit ihren Trainern ein tolles Zeugnis aus. Auch jeder normal hörende Hund sollte, nachdem er einfaches Hörkommando gelernt hat, zusätzlich auf Hör-

und Sichtzeichen trainiert werden. So kann er sich immer auch an den Sichtzeichen alleine orientieren, falls er später in seinem Leben einmal das Gehör verlieren sollte.

Tastsinn

Wir können uns nur schlecht vorstellen, wie sich die Welt für einen Hund anfühlt. Die Haut eines Hundes ist bis zu einem gewissen Maß vor der unmittelbaren Einwirkung von Wind, Wasser und sogar festen Oberflächen abgepuffert, aber dieser Puffer kann durch Scheren entfernt werden – manchmal mit frappierenden Ergebnissen. Viele Besitzer berichten von kompletten Veränderungen im Verhalten ihrer Hunde nach dem Schwimmen, besonders aber nach dem Scheren: Verdreifachte Lebensfreude mit Ausrufezeichen lautet der häufigste Bericht. Frisch geschorene Hunde wälzen und kugeln sich, fordern zum Spielen auf, sind außer Rand und Band, drehen sich um selbst und brechen so viele Regeln wie nur möglich. Sie gehen so richtig aus sich heraus. Warum? Vielleicht ist es nur die einfache Befreiung von der Last eines schweren Fells, das die Bewegung nach dem Scheren leichter macht. (In Nordengland werden Jagdhunde, die zur schnellen Verfolgung von Fährten eingesetzt werden, wegen der besseren Wärmeregulierung oft geschoren.) Oder sie erinnern sich daran, wie sich ihre Haut anfühlte, als sie noch Welpen waren ... oder vielleicht *wissen* sie auch, dass sie anders aussehen und finden das irgendwie lustig. Was auch immer der Grund ist, sie hüpfen und tollen oft herum wie die Wilden.

Die nicht-behaarten Teile eines Hundes scheinen weniger empfindlich zu sein als viele Bereiche der menschlichen Körperoberfläche. Das »Leder« auf den Pfotenballen und der Nase ist perfekt gemacht um stabil, dick und widerstandsfähig zu sein, weil es sich an exponierten Stellen befindet. Die Nasenhaut schützt vor Verletzungen, die beim Kämpfen, spielerischen Kämpfen, intensiven Schnüffeln am Boden oder Buddeln in Laubhaufen entstehen könnten. Die Haut an den Pfotenballen unterliegt der ständigen Abnutzung, wenn der Hund nicht gerade liegt. Sie muss nicht nur Abrieb und Perforation widerstehen, sondern auch Hitze und Kälte. Der Nachteil für den Hund ist, dass diese lederähnliche Hornhaut es vielleicht verhindert, dass er Untergründe so gut fühlen kann wie wir. Aber andererseits - was sollte der Hund mit solchen Informationen anfangen? *Wir* brauchen für Tätigkeiten wie die Pflege unserer Haut berührungsempfindliche Fingerkuppen, Hunde nicht.

Ein Bereich, der berührungsempfindlicher zu sein scheint als sein Äquivalent beim Menschen, ist der Fang. Die *Vibrissen*, die Tasthaare des Hundes, sind beweglich und jedes hat einen mit Blut gefüllten Beutel an seiner Wurzel, um die Bewegung zu verstärken. Wenn Sie das nächste Mal zusammen mit einem Hund entspannen, den Sie gut kennen, streichen Sie doch einmal ganz sanft mit Ihren Fingern an seinen Tasthaaren entlang. Schon der leichteste Kontakt verursacht ein reflexhaftes Heben der Lefzen, eine Reaktion, die sicherlich im Kampf wichtig ist: Sobald ein Gegner das Gesicht seitlich berührt, werden die Zähne gezeigt. Wir wissen nicht genau, wie die Tasthaare einem Hund außerdem noch dabei helfen, die Welt rund um seine Nase herum zu entdecken. Vielleicht sind sie unverzichtbar zum Graben und »Herumrüsseln«.

Gedankenfutter

In Gefangenschaft lebende Seehunde benutzen ihre Tasthaare, um besser einen Ball auf ihrer Nase balancieren zu können. Dies ist eine tolle Demonstration dafür, wie Tasthaare beim Aufspüren von Beute helfen, die sich vor der Nasenspitze außer Sicht, aber nicht außer Reichweite befindet. Die am raffiniertesten und ungeheuer empfindlichen Tasthaare finden sich bei Walrossen: Sie benutzen sie, um die verräterischen Signale von Weichtieren auf dem Meeresboden zu orten. Es ist denkbar, dass die Tasthaare von Hunden einen ähnlichen Zweck haben.

Geschmackssinn

Beim durchschnittlichen Hund rutscht das Futter mit einer solchen Geschwindigkeit den Rachen herunter, dass es sehr wenig Zeit in Kontakt mit der Zunge und den vielen darauf angeordneten Geschmacksknospen verbringt. Hunde testen Futter mit vorsichtigem Lecken, falls es bei Annäherung nicht vertraut riecht. Die sogenannten Schoßhunde scheinen darin besonders gut zu sein, vor allem Malteser haben einen notorisch kapriziösen Appetit. Sie schlingen das Futter nicht hinunter, als ob es kein Morgen gäbe. Im Gegenteil, sie scheinen davon überzeugt zu sein, dass sie belohnt werden, wenn sie auf etwas Schmackhafteres achten. Viele Besitzer solcher prinzen- und prinzessinnenhaften kleinen Sofarutscher trainieren ihre Hunde erst dazu, sich so zu benehmen. Denn Tatsache ist, dass Sie das Verhalten bekommen, das Sie trainieren ... und den Hund, den Sie verdienen.

Wenn Launenhaftigkeit erlernt werden kann, dann gilt das auch für echte Vorsicht. Wie wir in Kapitel 11 über schlechte Erfahrungen sehen werden, ermöglicht das Erlernen einer Futteraversion den Hunden die Anwendung einer »Erst einsaugen, dann mal sehen«-Strategie, wenn sie auf unbekannte Nahrung treffen. Hunde, die ein oder mehrmals täglich heimlich in verlockende Leckereien versteckte Medikamente bekommen, sind besonders vorsichtig mit neuem Futter. Und besonders misstrauisch sind sie, wenn ihnen unmedikamentiertes Futter ins Maul geschoben wird, ohne dass sie dafür arbeiten müssen. Eine Möglichkeit, solchen Argwohn zu vermeiden, ist, die guten Leckereien als Teil der normalen Trainingsstrategie auch dann öfters zu geben, wenn keine Medikamente nötig sind. Der Trick dabei ist, dass der Hund zuerst ein trainiertes Verhalten zeigen muss, wenn er irgendeine Leckerei ohne und vor allem mit Medikament darin bekommt.

Während Geschmack für die meisten Hunde kein wichtiger Teil des Fressens ist, so spielt er für Rüden eine wichtige Rolle in der sexuellen Überwachung. Wir alle kennen das typische Flehmen mit hochgestülpter Oberlippe bei Pferden und Bullen, das von Boulevardzeitungs-Journalisten routinemäßig und fälschlicherweise immer wieder als »Lachen« betitelt wird. Die Entsprechung dazu beim Hund ist, flüchtige Duftstoffe aus dem Urin mit einer ganz speziellen Art des Leckens in Richtung des vomeronasalen Organs zu befördern.

Als ein Bestandteil des Werbeverhaltens lecken Rüden die Ohren, Lefzen und Genitalien der Hündin. Letzteres Ziel wird untersucht, um die physiologische Paarungsbereitschaft festzustellen, während die Ohren und Lefzen deshalb berührt werden, um die Toleranz der Hündin oder ihre mentale Bereitschaft zu testen. Natürlich bringen manche Dinge, die Hunde belecken, Menschen ganz klar zum Würgen. Zum Entsetzen mancher Beobachter putzen Hündinnen zum Beispiel den Urin und Kot ihrer noch ans Nest gebundenen Welpe mit dem gleichen Genuss weg, wie manche älteren Hunde ihn für das Fressen von Katzenkot hegen. Und Hunde beiderlei Geschlechts scheinen es auch zu mögen, ihre eigenen Körperabsonderungen aufzulecken, aber auch hier ist nicht klar, ob diese Art der Abfallentsorgung ein Zeichen für guten oder schlechten Geschmack ist. Ein kleiner Trost für die Besitzer ist: Wenn Hunde dies tun, können sie sich an ihren eigenen Absonderungen nicht infizieren.

Wie Hunde kommunizieren – untereinander und mit anderen

Jetzt, wo wir eine gewisse Vorstellung davon haben, was Hunde mit ihren Sinnen entdecken können, lassen Sie uns einmal sehen, wie sie diese Sinne einsetzen, um untereinander und mit Mitgliedern anderer Spezies zu kommunizieren.

Geruchsmarkierungen

Wenn Hunde sich treffen, sind die Rollen von Schnüffler und Beschnüffeltem von größter Bedeutung. Der Beschnüffelte legt in der Regel die Ohren zurück. Es kann sein, dass er weiter stillhalten muss, wenn der Schnüffler mit dem Studium seines Hinterteils fertig ist und sich zur Rückseite des Halses bewegt – der Achse der hündischen Kommunikation. Er ist verletzlich und muss seine Achtsamkeit auf frühe Warnzeichen für Schwierigkeiten konzentrieren. Er kann mit aufgestellten Haaren zur Seite springen. Manchmal empfängt er auch einen falschen Alarm und versucht, sich zur Seite herumzuwerfen, um nicht von hinten angegangen zu werden – fast so, als ob er versuchen würde, seine Geheimnisse für sich zu behalten. Diese Vorsicht spiegelt eine Reihe von Eigenschaften wider, die von simpler Beweglichkeit und Springfreude (ein junger Hund kann ein älteres, schwereres Model hier in der Regel ausspielen) bis hin zu Erfahrung reicht. Manche Hunde haben eine sehr niedrige Schwelle für Warnsignale, besonders, wenn sie in der Vergangenheit schlechte Erfahrungen gemacht haben oder ihnen als Junghunde keine Möglichkeiten zur Sozialisation gegeben wurden. Auch ranghohe Hunde können mit erstaunlicher Geschwindigkeit von der Rolle des Schnüfflers in die des Beschnüffelten wechseln. Bei einem ersten Treffen hat die Herausforderung an die Hunde vor allem mit der Diplomatie dieses Rollentauschs zu tun. Zu schnelle Bewegungen können dazu führen, dass der eine Hund sich über den anderen stellt, den Hals herunterdrückt oder sogar beißt.

Wenn ein Hund ein Stöckchen untersucht, riecht er als Erstes daran – vielleicht schnüffelt er nach Speichelspuren eines möglichen hündischen Vorbenutzers oder Spuren von Urin, die manchmal hinterlassen werden – so, als ob der Gegenstand für andere Hunde weniger einladend gemacht werden sollte.

Gedankenfutter

Ergebnisse aus der Wolfsforschung weisen darauf hin, dass das Markieren geleerter Futterverstecke mit Urin diese als leer kennzeichnet und die Effizienz der Vorratshaltung verbessert.

Markieren ist eine Möglichkeit, gesehen beziehungsweise gerochen zu werden. Der Geruchssinn von Hunden ist so stark, dass Markieren in Form des Deponierens von Geruch im strengsten Sinne jedes Mal dann passiert, wann immer Hunde oder deren Körperflüssigkeiten in Kontakt mit einer festen Oberfläche kommen. Egal ob absichtlich oder unabsichtlich – das Markieren nimmt viele Formen an: Vom Scharren mit den Pfoten nach dem Lösen über Zusammenrollen bis hin zum Wälzen. Das Markieren mit Urin ist ganz klar stärker von Absicht geprägt und sowohl für Rüden als auch für Hündinnen wichtig, wenn (oder heutzutage eher: falls) sie die Geschlechtsreife und einen höheren Rang erreichen. Manche Hundebesitzer finden es grausam, ihren Hunden das zu untersagen, was sie als Lesen der Hundezeitung betrachten, wenn sie an jeder Straßenlampe stehen bleiben. Diese Hunde (und ihre Besitzer) sind immer gut zu erkennen, weil sie beide auffällig untrainiert sind. Diese Hunde halten auf heimischem Boden krampfhaft ihren Blaseninhalt zurück, egal, wie sehr er drückt. Ein in ihren Augen lohnender Preis für die Möglichkeit, markieren zu können. Wie viel Hunde für die Möglichkeit zum Markieren außerhalb ihres heimatlichen Fleckens Erde zu investieren bereit sind, zeigt sich auch in den Halsschmerzen und dem Abdrücken der Luftröhre, das sie in Kauf nehmen, wenn sie gegen das Halsband kämpfen, um so lange an einer wichtigen Markierstelle zu bleiben, bis sie ihre Arbeit getan haben.

Spaziergänge bedeuten Gerüche. Bedenken Sie, dass neue Spazierrunden für Hunde sehr aufwühlend sein können, denn für frei lebende Hunde wären neue Territorien mehr als ungewöhnlich. Struppi Streuner und seine Brigade wandern nicht jeden Tag in neue Gebiete oder steigen in ein Auto, um für eine Stunde an den Strand zu fahren. Vielmehr bleiben sie im Allgemeinen fest in ihrem Territorium. Und warum auch nicht? Sie kennen es gut, weil sie es gründlich erkundet haben. Die Kenntnis des Territoriums macht es möglich, alle Ressourcen zu nutzen, die es bietet und bietet die besten Chancen für Überleben und Fortpflanzung. Oder anders gesagt: Sie fördert die biologische Fitness.

Gedankenfutter

Eine der neueren Studien aus meinem Labor hob die Wichtigkeit des Markierens für Hunde hervor. Sie zeigte, dass Hunde ihre Fäkalien zur Markierung neuer Gebiete manchmal in einem solchen Ausmaß nutzen, dass sie Durchfall herbeiführen können. Dieses Verhalten ist vor allem bei unkastrierten Rüden häufig, gefolgt von kastrierten Rüden und dann Hündinnen. Es gab auch Unterschiede darin, wie Hunde ihre Fäkalien absetzten: Intakte Rüden markierten eher an senkrechten Flächen wie zum Beispiel Bäumen. Die testosteronbestimmte Motivation zum Markieren eines Territoriums verdient etwas nähere Aufmerksamkeit. Bei frei lebenden Hunden (anstatt bei Haushunden) trifft ein intakter Rüde dann auf neue Gebiete, wenn er die Familiengruppe verlassen hat. Dann besteht die Möglichkeit, dass er beim Herumstreunen gefährlich nah an das Territorium einer anderen (möglicherweise feindlich gesinnten) Gruppe gerät. Warum sollte er es riskieren, diese Gruppe auf seine Anwesenheit aufmerksam zu machen und auch noch die Austrocknung des Körpers in Kauf zu nehmen, die mit Durchfall einhergeht?

Das vorrangige Ziel scheint hier zu sein, von den anderen Hunden anerkannt zu werden. Als soziale Tiere müssen Hunde die Gesellschaft anderer Hunde so sehr gewinnen, dass sie einen satten Preis dafür zu zahlen bereit sind. Im Wettbewerb darum, für ihre Anwesenheit und Verfügbarkeit Werbung zu machen, müssen Rüden mögliche Partnerinnen dadurch finden, dass sie ihre riechenden Poster an alles hängen, was irgendwie Pfostenform hat. Sicher wäre es sehr interessant, die unterschiedlichen Reaktionen von Hündinnen nach dem Beriechen der Fäkalien von kastrierten und und unkastrierten Rüden zu erforschen.

Wenn wir Hunde in unbekannten Gegenden spazieren führen, lieben sie die Herausforderung all der neuen Gerüche, das unerforschte Gebiet und den Reichtum an Möglichkeiten. Hunde haben ganz klar Spaß, wenn sie all das mit uns, ihrer sozialen Gruppe, entdecken, aber wenn sie alleine sind, könnte ihre Reaktion anders ausfallen. Für frei lebende Hunde ist das Verlassen des Heimatreviers meistens die Folge eines Desasters oder einer Vertreibung oder von beidem. An neuen Gebieten Spaß zu haben scheint also auf den ersten Blick unwahrscheinlich zu sein. Bis zu einem gewissen Maß kann seine opportunistische Natur dem Hund dabei helfen, jeder Ängstlichkeit entgegenzuarbeiten. Wie wir in diesem Buch noch oft sehen werden, ist Opportunismus das, was Hunde in der sich ständig verändernden menschlichen Welt, die das Zuhause der meisten Haustiere ist, so erfolgreich sein lässt. Flexibilität im Verhalten ist das, was den Hund so anpassungsfähig macht, aber auch das, was wir vielleicht als Zurechtkommen mit den Umständen interpretieren, wo es das gar nicht ist.

Das Kratzen und Scharren nach dem Lösen und in geringerem Ausmaß auch nach dem Urinieren ist eine faszinierende Reaktion. Auch wenn es auf den ersten Blick eher nach »Verscharren« aussieht, geht man nicht davon aus, dass der Sinn im Zudecken der Hinterlassenschaften liegt. Wenn das so wäre, dann verwundert es zum einen zu sehen, dass nur sehr wenige Hunde darin auch nur halbwegs gut sind. Mit dieser Technik werden auch keine wirklich wichtigen Gegenstände wie zum Beispiel Knochen vergraben. Und zum anderen haben die solchermaßen kratzenden Hunde gerade eine ganze Menge Zeit damit verbracht, ihre Ausscheidungen an wichtigen Stellen anzubringen (unter Bäumen, neben Laternenpfählen und in Grasbüscheln), warum in Dreiteufelsnamen sollten sie sie jetzt zudecken wollen?

Die wahrscheinlichere Erklärung für das Scharren hat mit dem Hinterlassen von Markierungen zu tun. Die fraglichen Markierungen sind dabei gleich doppelter Art: visuell und geruchlich. Das visuelle Signal kommt von den Kratzspuren im Boden, während die geruchlichen Komponenten die Form frisch aufgeworfener Erde annehmen. Hiervon müssen Düfte ausströmen, die vorbeikommende Hunde auf kürzlich stattgefundene Aktivitäten im Allgemeinen und dem moschusähnlichen Geruch von Hundepfoten im Besonderen aufmerksam machen. Die meisten Hundebesitzer finden den Geruch von Hundepfoten seltsam anziehend, während alle anderen ihn vorhersehbarerweise als eklig erachten. Für mich riechen sie nach Erde direkt nach dem Regen und nach Wiesenpilzen, aber einen Freund von mir erinnern sie manchmal eher an warme Maisflocken. Ziehen Sie doch einmal sanft eine Pfote zu sich herüber, wenn Ihr Hund das nächste Mal neben Ihnen einschläft und atmen Sie tief ein, damit Sie sich selbst einen Eindruck machen können.

Körperhaltung

Die Körperhaltung eines Hundes kann sich erheblich verändern – von einer weichen, buckelmachenden Spielaufforderung über ein unterwürfiges Zusammenzucken bis zu versteifter Körperspannung bei Erregung. Die Spielaufforderung (oder Spielverbeugung) ist ein Signal, das als dahingehend sehr grundlegend angesehen wird, dass es von fast allen Hunden klar verstanden wird. Sie wird fast ausschließlich gegenüber Empfängern gezeigt, die dem Hund das Gesicht zuwenden und kann bei erwachsenen Hunden besonders wichtig sein, wenn die Fehlinterpretation spielerischer Herausforderung schlimme Folgen haben kann. Mit etwas Übung können Menschen die Spielaufforderung überzeugend nachmachen. Sie können auch hündisches Anschleichen nachahmen, aber dies sollte nur mit Vorsicht versucht werden. Anschleichen kann sowohl Teil des Spiels als auch ernsthafter Beuteaggression sein. Wenn ein Hund sich auf den Rücken rollt, kann er meistens, aber nicht immer die Begegnung mit einem offensichtlich aggressiven Gegenüber entschärfen, besonders, wenn der sich Hinwerfende nach Welpe riecht. Die Darbietung des weichen Unterbauchs wird als klares Signal für Unterwerfung betrachtet, was durch Verspritzen von Urin noch weiter betont werden kann.

Eine eher geduckte Haltung bedeutet Ehrerbietung, während aufrechte Haltungen von beachtlichem Status zeugen. Je höher ein Hund seinen Kopf nimmt, desto leichter kann er sich mit Halsdrücken, Pfote auflegen, Aufspringen oder Schulterrempeln über andere Hunde stellen. Das steifbeinige Stehen ist ebenfalls eine übliche Reaktion auf unergründete Bedrohungen. Hunde, besonders Rüden, schließen daran häufig ein Traben mit erhabenen Schritten an, wobei sie die Knie extravagant heben. Diese Verhaltensäußerung wird gezeigt, um sich einem Tier oder Gegenstand von großem Interesse zu nähern. Wenn man von diesen Schlüsselpositionen der Körperhaltung absieht, ist die visuelle Kommunikation bei Hunden hauptsächlich eine Sache von Köpfen und Ruten.

Köpfe und Ruten

Köpfe können behaart, kurzhaarig oder von Hautfalten bedeckt sein. All das kann die Fähigkeit des Hundes beeinflussen, Signale mit seinen Augen, Ohren und seinem Fang auszusenden. Die Augen können starren und dem Gegenüber signalisieren, dass er bloß keinen Schritt näher heranwagen soll – aber nur, wenn sie nicht von einem Schleier von Haaren verdeckt sind. Hundeohren können hängen, Rosenform oder die Form von Fledermausohren haben, um nur einige Varianten der typischen Stehohren von Gevatter Wolf zu nennen. Sie sind alle mehr oder weniger beweglich und variieren deshalb in ihrer Eloquenz, wenn es um die Interaktion mit anderen Hunden geht. Auch die Lefzen können weich und herabhängend oder bärtig und sackartig sein, was ebenfalls die Fähigkeit zum Kommunizieren von Warnungen und Absichten beeinflusst. Wenn man zuschaut, wie ein russischer Barsoi einen Mops begrüßt, kann man sich nur wundern, dass die Hunde sich gegenseitig überhaupt als Hunde erkennen – geschweige denn auch noch so gut miteinander auskommen.

Während wir an der Form des Proto-Hundes erfolgreich herumgefummelt haben, um unseren Rassen unglaublich unterschiedliches Aussehen zu geben, haben wir unwissend auch die Fähigkeiten zur Signalübermittlung in unterschiedlichem Maße entfernt. Bislang wurden nur wenige Rassen auf ihre Fähigkeit zur Signalübermittlung hin getestet, im Allgemeinen gilt: Je stilisierter eine Rasse, desto weniger Signale kann sie aussenden. Die Französische Bulldogge mit ihrem fehlenden Schwanz, den fast unbeweglichen Ohren und dem hochgeschobenen Gesicht ist ein gutes Beispiel dafür. Die Tatsache, dass ein Golden Retriever mehr Signale aussenden kann als ein Deutscher Schäferhund, wird die meisten Leser hingegen eher überraschen, weil der Schäferhund doch so wolfsähnlich ist – aber nur weil ein Hund aussieht wie ein Wolf sollten wir nicht davon ausgehen, dass er sich auch wie einer verständigen kann. Es scheint so zu sein, dass der heutige Deutsche Schäferhund Vorfahren hat, die viel weniger wölfisch waren, als er heute aussieht und dass die wolfsähnlichen Merkmale, die wir in der Tat jetzt haben, in diese Hunde zurückgezüchtet wurden, ohne dabei notwendigerweise auch funktional zu sein.

Eine Rasse, die noch untersucht werden muss, ist der Old English Sheepdog. Man kann sich gut eine ganze Anzahl von Signalen vorstellen, die von seiner Zotteligkeit kompromittiert werden – zum Beispiel die Fähigkeit zum Aufstellen der Nackenhaare, jemand anderen anzustarren oder die Zähne zu zeigen. Nehmen Sie nun noch die kupierte oder natürlich verkürzte Rute hinzu und Sie verstehen, warum absehbar ist, dass Hunde dieser Rasse es schwer haben, untereinander zu kommunizieren – geschweige denn mit anderen Hunden. Dies impliziert, dass sie wahrscheinlich auch leichter in Raufereien verwickelt werden als andere Hunde, weil sie missverstanden werden. Da es aber keine Beweise dafür gibt, dass Raufereien bei ihnen häufiger sind, scheint es auch möglich, dass ihnen ein Wesen ange-züchtet wurde, dass diese Kommunikationsdefizite kompensiert. Also war es in der Zucht von Old English Sheepdogs vielleicht schon immer wichtig, auf Toleranz hin zu selektieren, möglicherweise sogar unbewusst, also anders gesagt auf eine hohe Reizschwelle bezüglich Aggression.

Gähnen mag ja sehr wohl eine Methode sein, die Durchblutung des Kopfes oder genauer gesagt des Gehirns zu verbessern, aber es hat auch eine Funktion in der Kommunikation. Man nimmt an, dass es sowohl für den gähnenden als auch für den zuschauenden Hund beruhigende Eigenschaften hat. Es kann sogar eine soziale Bedeutung haben, indem es hilft, gespannte Situationen zu lockern. Das Gähnen wird bei Hunden, die sich einer He-rausforderung wie beispielsweise alleine vor einem Laden gelassen oder von einem Frem-den angestarrt zu werden, oft von Lefzenlecken, Schütteln und Niesen begleitet. Es kann sehr erhellend sein, Hunde unter für sie schwierigen Umständen zu beobachten, zum Bei-spiel im Wartezimmer der Tierarztpraxis. Auch wenn der Kontext dieser Signale eine groß-artige Einsicht in ihre Rollen bietet, können wir ihre Bedeutung noch nicht vollständig erklären.

Unglaublicherweise gibt es nur ganz wenige stichhaltige Beweise dafür, dass Hunde ihre Ruten zur Kommunikation einsetzen. Das war natürlich Wind in die Segel derer, die das Ku-pieren befürworten, denn nun konnten sie behaupten, dass ein Hund seine Rute gar nicht unbedingt braucht. In der Vergangenheit gab es viele historische Gründe dafür, warum man Hunden die Ruten und Ohren kupiert hat, aber keiner davon ist in der heutigen mo-dernen Zeit noch eine gute Ausrede. Wer darauf besteht, seinen Welpen Körperteile ab-schneiden zu wollen, wird immer versuchen, Rechtfertigungen für dieses Vorgehen zu finden – vielleicht, weil sein Schuldbewusstsein ihm zuflüstert, dass viele Hunde *mit* Rute diese ja eigentlich gar nicht bräuchten. Diese Leute sind das Äquivalent der »Die Erde ist eine Scheibe«-Verfechter. Je mehr sich aber der Wind aus Richtung der tierärztlichen und öffentlichen Meinung gegen sie dreht, desto eher müssen sie wohl nun doch versuchen, aufs fahrende Boot aufzuspringen.

Egal ob die Rute zum Balancieren, Aussenden von Signalen, Verteilen von Gerüchen, all dem zusammen oder noch mehr dient: Die Chancen stehen gut, dass schwanzlose Hunde lernen, diesen Mangel zu kompensieren. Oft kann man sehen, wie kupierte Hunde mit dem ganzen Hinterteil wedeln und es gibt sogar gelegentliche Berichte von kupierten Hunden, die so übermäßig enthusiastisch mit ihrem ganzen Körper wedelten, dass sie dabei Schä-den am Hals erlitten! Das sollte uns daran erinnern, dass die Rückwirkungen des Züchtens von bizarren Körperformen und des Abschneidens von Teilen bei Welpen noch nicht voll-ständig bekannt sind. Wir werkeln zu unserer eigenen Genugtuung an diesen Dingen herum, aber es sind unsere Hunde, die den Preis dafür zahlen müssen. Dabei haben Hunde aber die bemerkenswerte Fähigkeit, trotz all unserer Basteleien an ihrer Körperform auch mit den stilisiertesten Mithunden noch adäquat kommunizieren zu können. In dieser Beziehung sind sie auf jeden Fall viel besser als Pferde, die manchmal schon komplett den Kopf verlieren, wenn ein vertrautes Herdenmitglied plötzlich eine neue Weidedecke trägt! Möglicherweise ist es auch diese Fähigkeit der Hunde, die zu ihrem Erfolg in der Menschenwelt beigetragen hat, denn sie hilft vermutlich, die menschlichen Körpergesten lesen zu können (besonders das Zeigen, aber in geringerem Maße auch das Drehen des Kopfes und die Blickrichtung).

Filetstückchen

- Autos, Aufzüge, menschengemachte Begrenzungen und Oberflächen sind Herausforderungen an den modernen Hund.

- Der Geruchssinn des Hundes kann bis zu 100.000 Mal stärker sein als der des Menschen. Die Welt der Gerüche zu verstehen, in der Hunde leben, ist deshalb eine echte Herausforderung an uns.

- Hunde haben ein sehr fein entwickeltes Gehör und können hohe Töne hören, die für Menschen nicht mehr wahrnehmbar sind.

- Hunde benutzen ihre Ohren, Ruten, Lefzen und Augen für eine nonverbale Kommunikation, die diejenige des Menschen weit in den Schatten stellt.

- Wie gut ein Hund visuelle Signale aussenden und die anderer Hunde empfangen kann, hängt von seiner Rasse ab.

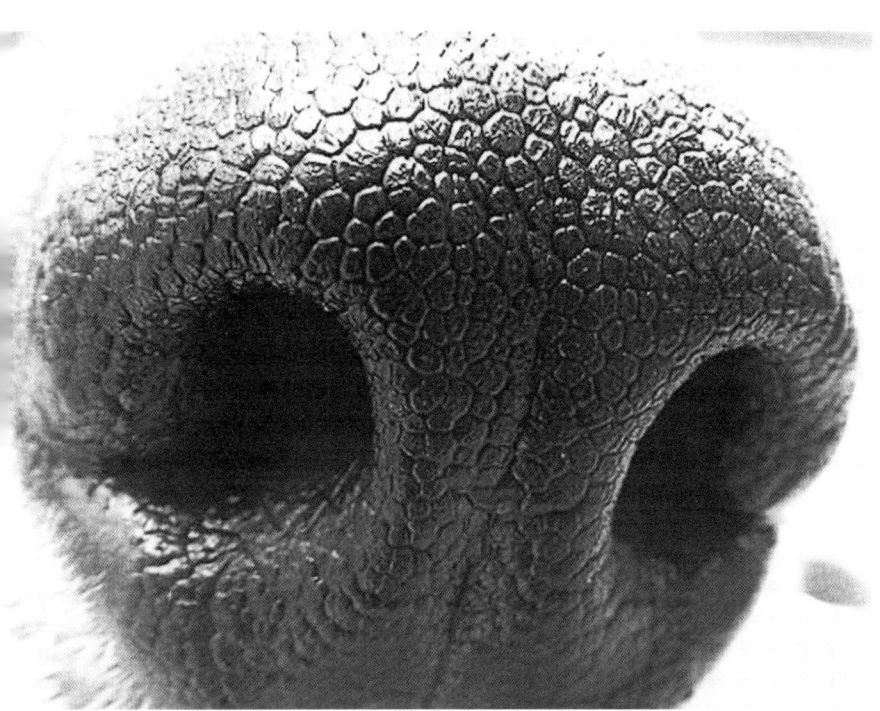

Wir werden nie erfahren, wie es ist, in einer Welt starker Gerüche zu leben und können uns nur über die Empfindlichkeit der Hundenase wundern, die sogar Pheromone wahrnimmt. Höchstwahrscheinlich finden moderne Hunde Lufterfrischer, Wasch- und Putzmittel, Parfum und Aftershaves merkwürdig, wenn nicht sogar abstoßend.

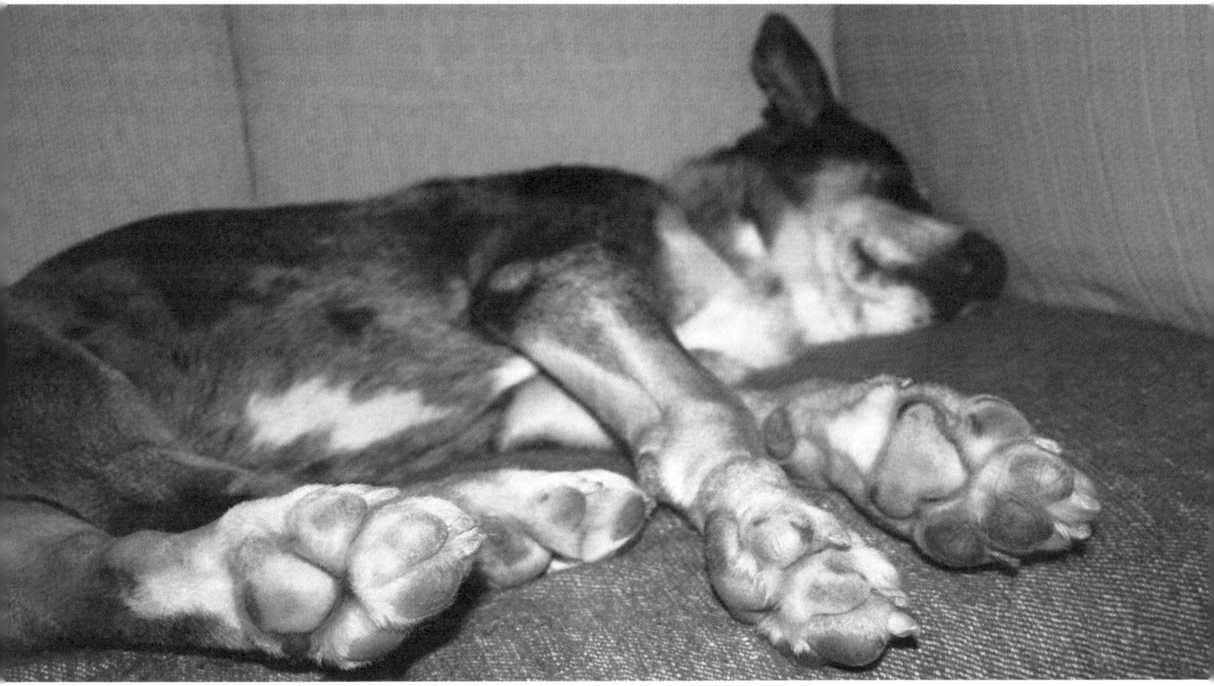

Die Pfotenballen sind für Hunde wichtige Geruchsquellen. Sogar Menschen können die Unterschiede im Fußschweiß von einem Hund zum anderen riechen.

Kapitel 3

Die wichtigste Frage für den besorgten Hundehalter ist: *Was mögen Hunde, und warum?* Die Antwort wird uns dabei helfen, die Verhaltensbedürfnisse unserer Hunde besser einschätzen zu können. Anstatt nur schlicht zu akzeptieren, dass Hunde eben Futter mögen, sollten wir uns fragen: Was ist am Futter dran, dass Hunde dafür arbeiten und darum kämpfen? Anstatt nur die Leistung eines Spürhundes bei seiner Detektivarbeit zu bewundern, sollten wir uns fragen, warum er dabei mit dem Schwanz wedelt. Anstatt nur zu wissen, dass Hunde Bewegung mögen, sollten wir herausfinden, was ein wirklich aufregender Spaziergang einem Hund bieten kann und wie ein langweiliger Spaziergang – oder schlimmer noch, gar keine Bewegung – ihn frustrieren kann. All diese Fragen helfen uns zu vermeiden, dass wir Hunde nach unseren eigenen Maßstäben beurteilen. Um zu verstehen, was ein Hund mag, müssen wir uns einmal in seine Haut versetzen.

Die Nachfragetheorie

Was Tierschutz und das Wohl der Tiere betrifft, so hat sich in der Forschung in den letzten zwei Jahrzehnten viel getan. Neben zahlreichen anderen Studien wurden zum Beispiel auch die Bedürfnisse von Haustieren und in Gefangenschaft lebenden Wildtieren untersucht, damit wir die Ressourcen, die wir ihnen anbieten, besser ihrer Wichtigkeit nach sortieren können. Eins der häufigsten dabei vorkommenden Prinzipien heißt »Nachfragetheorie« oder »Konsumentenwunschtheorie«: Je härter man für etwas zu arbeiten bereit ist, desto mehr muss man offenbar es wertschätzen. Wenn man also herausfinden möchte, wie sehr ein Tier etwas Bestimmtes möchte, zählt man die Anzahl der Versuche, die es macht, um an diese Ressource heranzukommen und misst so, wie viel es zu investieren bereit ist. Das Ganze beruht auf dem Prinzip, dass die Ressource vom Tier als Belohnung angesehen wird. Im Frühstadium des Versuchs muss das Tier nur wenige Anläufe nehmen, um eine bestimmte Belohnung zu bekommen. Die Zahl der verlangten Versuche wird nach jeder Belohnung nach einem festen Schema erhöht, bis man an einem Scheitelpunkt ankommt und das Tier aufhört, weitere Versuche zu zeigen. An diesem Punkt sagt das Tier nichts anderes, als dass der Preis zu hoch ist. Für einige Ressourcen ist es vielleicht bereit, jeden Preis zu zahlen. In der Sprache der Wirtschaftstheorie ist eine solche Nachfrage »unelastisch«.

Natürlich können solche Präferenzmessungen nur den unmittelbaren Anreiz eines Gegenstands, einer Situation oder einer Substanz beurteilen und spiegeln vielleicht nicht immer kluge Entscheidungen wider. Genau wie Menschen entscheiden sich auch Tiere manchmal für Dinge, die auf lange Sicht schädlich sind, so wie Süßes oder süchtig machende Drogen. In Experimenten zum Suchtverhalten von Tieren fand man heraus, dass der Scheitelpunkt sehr hoch liegen kann – es wäre also ein Fehler, anzunehmen, dass Tiere immer wüssten, was gut für sie wäre. Hunde würden zum Beispiel lange und hart für das Fett und den Zucker in der Schokolade arbeiten, obwohl diese Zutaten Diabetes und Fettleibigkeit verursachen. Und schlimmer noch: Kurzfristig gesehen kann der Theobromin-Gehalt der Schokolade sogar den Tod durch Überreizung des Herzens verursachen.

Die guten Sachen: Futter, Wasser, Spaß, Gesellschaft und Komfort

Auch wenn der genaue Wert von Futter und Wasser, Spaß, Gesellschaft und Komfort erst noch »kalkuliert« werden muss, so scheinen dies doch die Schlüsselressourcen für Hunde aller Altersstufen zu sein. Wenn wir Hunde dabei beobachten, wie sie auf bestimmte Dinge reagieren, erfahren wir, was sie als »gute Sachen« betrachten. Es könnte der Geruch nach Käse in der Küche sein oder ein auf die Hundewiese erhaschter Blick aus dem Autofenster. Es könnte das Knistergeräusch der Leckerchentüte sein oder das Klingeln der Karabinerhaken an der Leine, wenn sie vom Haken genommen wird. Es könnte das Geräusch der sich öffnenden Haustür sein oder eines Balls, der geworfen wird. Was Hunde mit diesen Ressourcen tun, wie sie sie nach Wichtigkeit ordnen und wie sie arbeiten, um sie zu erreichen oder zu verteidigen, gibt uns faszinierende Einsichten in das, was es heißt, Hund zu sein. Die Lektion, die wir als Beobachter und Handler von Hunden lernen müssen, ist, wann wir die am meisten geschätzten Ressourcen als Verhandlungsargument einsetzen, wenn wir ein bestimmtes Verhalten zu formen versuchen. Manche von Ihnen mögen einen so berechnenden Ansatz in der Mensch-Hund-Beziehung vielleicht abstoßend finden, aber diese Strategie abzulehnen bedeutet, einige extrem wertvolle Werkzeuge zu übergehen und stattdessen Gefahr zu laufen, der pflichtbewusste Sklave Ihres Hundes zu werden. Falls Sie zu den Menschen gehören, die es missbilligen, dass Tiere für ihren Lebensunterhalt arbeiten sollen und ihnen stattdessen lieber nichts als Freude und die Freiheit darin gönnen möchten zu tun, was immer ihnen beliebt: Überlegen Sie, ob Sie nicht besser eine Katze anstatt eines Hundes anschaffen.

Lernen Sie von Ihrem Hund und seien Sie auch Opportunist

Dieses Kapitel erklärt, was es bedeutet, innerhalb einer menschlichen Sozialgruppe Hund zu sein. Hunde sind Opportunisten, und wenn Sie Ihr Leben mit einem Hund teilen möchten, sollten Sie besser auch wissen, wie man ein solcher ist. Dann werden Sie nicht nur verstehen, auf was Hunde im Leben aus sind, sondern auch, wie sie ihre Umgebung optimieren und wie Sie als Ihr Coach zum Quell ihrer allerbesten Gelegenheiten werden können.

Ein Napf voller Trainingsmöglichkeiten

Hunde verbringen nicht genug Zeit mit dem Abschmecken von Futter, um den Unterschied zwischen einer Leckerei und der anderen zuverlässig feststellen zu können (Gevatter Wolf würde sich wundern, warum Hersteller so viel Mühe darauf verwenden, neue Geschmacksrichtungen von Hundefutter, Kauartikeln, Leckerchen, »Hundezahnbürsten« und Schweineohren zu kreieren). Während er jeden Tag des Monats mit Kaninchen klarkommt, können seine Nachkommen einen ständig wechselnden Speiseplan mit halbverdaulichen Beilagen und Extraportion Aspik erwarten. Wir stellen uns vor, dass Hunde das gleiche Bedürfnis nach Abwechslung und Leckereien hätten wie wir – und die Futtermittelindustrie freut sich über unsere Naivität, während wir fröhlich in diese Falle tappen. Hunde haben im Lauf der Evolution zwar gelernt, neue Arten von Nahrung und deren Beschaffung auszuprobieren, aber sie kommen auch sehr gut mit nur einer einzigen, gut geeigneten Nahrung zurecht. Ihr Verdauungssystem mag Beständigkeit. Das Fehlen von Chefkoch-Specials, jahreszeitlichen Empfehlungen oder Tagesgerichten wird ihnen niemals auffallen.

Wir können aber trotzdem Nutzen aus der opportunistischen Natur der Hunde ziehen, indem wir im Training neues und unterschiedliches Futter benutzen. Wenn wir den Hund wissen lassen möchten, dass er etwas wirklich gut gemacht hat, zahlen wir ihm einen »Jackpot« aus. Diesen Jackpot besonders andersartig und lecker zu machen erhöht den Wert der Belohnung und bewirkt, dass der Hund sich künftig noch mehr anstrengen wird (mehr dazu in Kapitel 10, »Die opportunistischen Hunde«, und 12, »Feinabstimmung«).

In der Regel benehmen sich Hunde immer gut, bevor sie gefüttert werden. Viele setzen sich zum Beispiel sehr nett mit der hündischen Version eines einnehmenden Lächelns im Gesicht hin, wenn ihr Futter gebracht wird. Leider ist nur wenigen Haltern klar, dass sie einen ganz Napf voller Trainingsmöglichkeiten in der Hand halten, wenn sie ihren Hunden das Abendessen servieren. Als die »Ressourcenhalter« sollten wir darüber nachdenken, ob wir uns nicht ein Beispiel an den Spürhundetrainern nehmen, die darauf bestehen, dass ihr Hunde sich jedes Bröckchen ihrer Tagesration an Futter durch das Zeigen trainierter Verhaltensweisen erarbeiten müssen. In der Regel kann man den Wert, den ein Futter für einen Hund hat, an seinem Energiegehalt oder am Grad seiner Neuheit messen. Im Allgemeinen mögen Hunde ein Stück Käse lieber als ein Stück Karotte und eine Scheibe Roastbeef lieber als billiges Dosenfutter. Wie sehr sie an begehrte Ressourcen herankommen möchten, zeigt sich daran, wie sehr sie dafür zu arbeiten bereit sind – zur Futterzeit sind Hunde so aufmerksam wie sonst nie. Schön können wir auch beobachten, wie Hunde fast ihr ganzes Repertoire an erlernten Verhaltensweisen zeigen, damit wir ihnen eine besonders begehrte Belohnung geben. Und aus dem gleichen Grund werden Hunde auch viel investieren, um wertvolle Ressourcen zu verteidigen – unter anderem gehen sie auch das Risiko ein, verletzt zu werden.

Gedankenfutter

In vielen Fällen liefert die Einstellung der Hunde zum Futter ein überzeugendes Argument dafür, dass sie unfähig sind, gut in die Zukunft vorauszudenken. Ratten dagegen verändern in Versuchen, in denen man ihnen für feste Zeiträume so viel Futter anbietet, wie sie fressen können (ad libitum – Fütterung), ihr Fressverhalten bei einer Mahlzeit schon vorausschauend je nach Größe der nächsten. Hunde scheinen diese Fähigkeit nicht zu besitzen. Als extreme Opportunisten, die Fressen als eine wetteifernde soziale Aktivität entwickelt haben, sind Hunde gezwungen, bei jeder sich bietenden Gelegenheit zu fressen und das Futter so lange herunterzuschlingen, bis alles weg ist. Natürlich haben manche Rassen mehr zu kämpfen als andere, wenn es um das Lernen von Maßhalten beim Fressen geht. Labradore und Beagles sitzen dabei immer ganz hinten im Klassenzimmer und sabbern auf ihre Pausenbrotboxen. Andere Rassen, wie zum Beispiel Malteser, sind notorisch mäkelig – besonders, wenn sie viel Zeit haben, unangetastetes Futter anzustarren und ihre Besitzer emotionalem Druck sehr schnell nachgeben.

Knochen und Kauen

Für Hunde ist Kauen eine ebenso unverzichtbare Aktivität wie das Belecken der eigenen Genitalien, das Zurückziehen der Lefzen beim Kratzen des Nackens oder das Rutschen über den Boden mit dem Hinterteil, um damit gereizten Analbeuteln Erleichterung zu verschaffen. Kauen ist eine Form der Entdeckung. Wenn du nur lang genug auf etwas herumkaust, kannst du es herunterschlucken und schauen, ob es dir irgendwie nicht bekommt. Kauen ist außerdem ein Quell der Behaglichkeit. Nur durch das Bekauen von Gegenständen kann ein allein gelassener Hund sein Bedürfnis nach oraler Genugtuung befriedigen. Hier lohnt sich ein Blick auf die Welpen wild lebender Hunde, von denen so viele niemals von ihrem Rudel vorübergehend allein gelassen werden, ohne dass ihnen ein ganzes Arsenal an kaubaren Objekten von Stöcken und Stücken von Beutetieren (Haut, Hufe und Knochen) zum Spielen und Benagen da gelassen wird. Kauen macht das Leben schöner, besonders für die Jüngeren, und nochmals ganz besonders viel schöner für diejenigen, die gerade im Zahnwechsel sind.

Hunde legen erheblichen Wert auf Knochen, und zwar selbst auf solche ohne nennenswerten Kaloriengehalt (wie zum Beispiel Knochen ohne jegliche Anhaftung von Fleisch oder Knorpel oder künstliche Knochen wie zum Beispiel Nylabones™). Außerdem kauen Hunde besonders bei Aufregung auf Knochen herum oder nach Mahlzeiten. Das lässt vermuten, dass Knochenkauen vielleicht die Verdauung fördert oder möglicherweise sogar zum Stressabbau dient. Folglich ist es ratsam, Hunden sehr viele Möglichkeiten zum Kauen zu geben. Dabei tun sich aber zwei Stolperfallen auf – von Seiten anderer Hunde und von Seiten der Tierfutterindustrie. Andere Hunde konkurrieren (kämpfen) regelmäßig um den

Zugang zu Knochen, auch wenn genügend vorhanden sind, und die Futterhersteller behaupten, dass ihr Hundefutter eine Komplettnahrung sei und keine weiteren Zusätze nötig seien. Genau genommen sind Fertigfutter zwar vom Nährstoffgehalt her ausreichend, aber ihre Struktur kann das Bedürfnis des Hundes nach Kauen über eine längere Zeit nicht befriedigen. Wer weiß, warum die Futterhersteller den Komplett-Aspekt ihrer Hundenahrung immer so stark betonen! Vielleicht möchten sie einfach nicht, dass die Hundebesitzer etwas anderes ausprobieren.

Tierärzte mögen zwar einerseits vielleicht begrüßen, dass die Hunde mit dem Kauen von Knochen gut beschäftigt werden, wissen aber andererseits auch um die Risiken durch Fremdkörper und empfehlen deshalb das Verfüttern von Knochen nicht gern, weil Splitter innere Verletzungen verursachen oder Verstopfungen hervorrufen können. Auch möchte niemand unbedingt, dass sein Hund in der Wohnung fettige und knorplige Knochen kaut, weshalb ich Ihnen die Nylonknochen empfehle, um damit das fundamentale Kaubedürnis Ihres Hundes zu befriedigen. Jetzt besteht die einzige Herausforderung nur noch darin, dem Hund beizubringen, was er kauen darf und wo. Meine eigenen Hunde haben alle schnell gelernt, dass die »Hausknochen« aus Kunststoff nicht mit nach draußen genommen und im Dreck verbuddelt werden und dass die für Draußen-Knochen (die echten) auch draußen bleiben, damit der Teppich nicht mit Blut verschmiert wird.

Spielsachen und Besitztümer

Neuere Studien haben gezeigt, dass Hunde ein ganz besonderes Knurren hervorbringen, wenn sie zur Verteidigung ihres Futters gezwungen werden und dass abgespielte Tonaufnahmen dieses charakteristischen Geräuschs die meisten Hunde zuverlässig davon abhalten, sich einem unbewachten Knochen zu nähern. Knochen, Hornstücke von Hufen oder alte Lumpen kann man kauen, aber genauso auch Stuhlbeine, Schuhe oder Kleider von der Wäscheleine. Diese Gegenstände können für einen Hund genauso wertvoll sein wie die Spielsachen, die wir ihm geben. Bälle, Stöckchen, Zerrseile und so weiter sind einfach die Dinge, die wir als geeignete Hundespielzeuge bezeichnen. Wir machen sie begehrenswerter, indem wir sie werfen, packen oder einfach nur besitzen. Wie viel Wert wir einem Gegenstand auf diese Weise zusätzlich verleihen können, wird durch unseren Einsatz begrenzt, vor allem aber davon, wie stark wir als Führungspersönlichkeit wahrgenommen werden. Der Anführer bestimmt, welches das bevorzugte Spielzeug ist. Hinter einem Welpen her zu rennen, der gerade einen teuren italienischen Lederschuh geklaut hat, scheint zwar zunächst das Naheliegendste zu sein, übermittelt dem Welpen aber mindestens drei potenziell problematische Botschaften: Du hast meine Aufmerksamkeit; Du hast einen wertvollen Gegenstand in Deinem Maul; ich folge Dir. Eine raffiniertere Lösung wäre, selbst zu plötzlichem Leben zu erwachen und begeistert zum nächstbesten Gegenstand zu hüpfen und zu tanzen, um mit diesem so ostentativ wie es der Anstand nur erlaubt zu spielen. Der Gegenstand kann alles Mögliche sein, solange er dem Welpen nur vage als neues Spielzeug erscheinen kann ... ein Papiertaschentuch, eine Zeitung, selbst eine Unterhose könnte geopfert werden, um die italienischen Schuhe zu retten. Sobald der Welpe den Schuh fallen lässt, belohnen Sie ihn mit einem Spiel mit dem anderen Gegenstand.

Aber nicht nur wir können einem Gegenstand mehr Wert verleihen, indem wir mit ihm spielen, sondern Hunde können das auch. Wenn ein Hund sieht, dass ein anderer Hund seinen Bereich betritt, läuft er sehr wahrscheinlich hin und sagt Hallo. Als Nächstes stellt er fest, ob der eingehende Verkehr schon als früherer Spielpartner bekannt ist. Falls ja, rennt er wahrscheinlich zu seinem Lieblingsspielzeug, damit das nicht etwa vom anderen vereinnahmt wird. Manche Verhaltenstherapeuten raten dazu, dies als Möglichkeit zu nutzen, dem Hund etwas »Konstruktives« zu tun zu geben, wenn Menschen zu Besuch kommen. Das ist eine interessante Herangehensweise, denn sie kann zum Spielen einladen und mit Sicherheit ein Maul stopfen, das sonst möglicherweise etwas so Inakzeptables wie das Belecken der Gäste tun könnte. Der Nachteil ist natürlich, dass dieses Spielzeug ein Plüschtier sein könnte, das zu Besuch kommende Kinder als knuddelnswert betrachten. Sie könnten gebissen werden, falls sie sofort die Hand danach ausstrecken. Und auch wenn sie einige Zeit später zu dem Spielzeug hingehen und es aufheben möchten, kann es sein, dass der Hund zu seiner Verteidigung herbeieilt.

Das gleiche Herbeieilen zu Ressourcen ist etwas, das man manchmal auch auf Hundewiesen und an anderen Orten, die sich mehrere Hunde teilen, beobachten kann. Manche rennen zu Stöckchen und Zerrseilen als Spielgegenständen, flitzen zu Bäumen, um sie zu markieren und spurten zu anderen Hunden, um deren Potenzial als Spielgefährten, Sexualpartner oder Kontrahenten zu erkunden. Wozu die Eile? Weil sie soziale Tiere sind, die mit ihrer Gruppe um alle guten Dinge des Lebens konkurrieren und die sehr stolz darauf sind, sobald sie etwas besitzen. Stolz kann erklären, warum Hunde so demonstrativ mit einem für sie wertvollen Besitz umherlaufen. Anstatt sich heimlich damit zu verdrücken und es in aller Ruhe zu genießen, stellen sie den Schwanz wie eine Fahne auf und paradieren so mit der Trophäe umher, dass alle sie sehen können.

Wasser ist eine Belohnung

Trinken, oder genauer gesagt Wasser, als mögliche Belohnung wird leicht übersehen. Das liegt vielleicht daran, dass es oft so frei verfügbar ist, weil alle Tierratgeber zu Recht, aber bis zum Überdruss darauf bestehen, dass Hunden immer genug frisches Trinkwasser zur Verfügung stehen soll. Wenn ein Hund wirklich etwas zu trinken braucht, wird er alles nur Mögliche tun, um an Wasser zu kommen, und wenn es das Schlürfen aus einer schmutzigen Parkplatzpfütze bedeutet. Das ist ein klares Signal dafür, wie wertvoll Wasser für ein durstiges Tier ist. Wasser kann dazu benutzt werden, Wildschweine in eine aus Zaunelementen aufgebaute Sackgasse rund um ein Wasserloch zu locken und Pferde lassen sich mit dem Zugang zu Wasser zum Betreten von Transportanhängern oder Flößen trainieren. Also könnten auch Hunde sicherlich mit dem Versprechen auf einen Drink zur Bewältigung schwieriger oder gar gefährlicher Aktivitäten gebracht werden. Aber wäre es richtig, einen Hund auf diese Weise zu trainieren? Wir werden diese Manipulation von Motivation noch später diskutieren. Für den Moment denken Sie einfach nur einmal darüber nach, welchen Preis ein Hund für seine verschiedenen Nahrungsbedürfnisse einschließlich Wasser zahlen würde. Ganz klar wird dieser Preis natürlich mit den schwankenden Bedürfnissen variieren. Der Bedarf an Wasser variiert je nach Umgebungstemperatur, Feuchtigkeit und Bewegung und vielen anderen Dingen mehr. Die innere Motivation zum Trinken hängt von Signalen wie einem trockenen Maul, konzentriertem Blut (nach einer salzigen Mahlzeit) und verringertem Blutvolumen ab. Dies sind die physiologischen Reize, aber es gibt auch noch andere Auslöser, die nicht so gut erforscht sind. Gruppeneinfluss ist zum Beispiel einer, über den sich nachzudenken lohnt. Genau wie der Anblick eines auf dem Boden pickenden Vormacher-Huhns bei einem eigentlich satten zuschauenden Huhn Fressverhalten auslösen kann, so kann auch der Anblick eines trinkenden Hundes einen dabei zuschauenden Hund zum Mitmachen bringen. Der andere Auslöser ist die Rückkehr des Rudels. Viele Hundebesitzer berichten, dass ihre Hunde sie, wenn sie nach Hause kommen, erst begrüßen und dann zum Wassernapf traben, um dort mit großem Genuss zu trinken. Es könnte sein, dass diese Hunde eine begrenzte Ressource kapitalisieren möchten und vorsorglich zum Wassernapf eilen, falls der heimkommende Besitzer das Gleiche im Sinn haben sollte. Alternativ könnte aber auch der Stress des Alleingelassenseins ausreichen, um sowohl Apathie als auch eine den Mund austrocknende Adrenalinreaktion auszulösen. Die Apathie bedeutet, dass der Hund sich nichts aus dem Trinken macht und das Adrenalin trocknet ihnen das Maul aus. Wenn dann der Besitzer zurückkommt, sind sie erregt genug, um zu bemerken, dass sie eigentlich durstig sind. Das Durstgefühl kann besonders stark sein, wenn sie geschnarcht haben.

Reisende Hunde sind ein gutes Beispiel für ungewöhnlich hohen Wasserbedarf. Klimaanlagen im Auto trocknen Hunde auf langen Fahrten oft aus, weshalb in diesem Fall wirklich jederzeit frisches Wasser zur Verfügung stehen sollte. Natürlich ist es das selten, weil es ständig verschütten würde. Wenn Sie also das nächste Mal auf einer langen Autofahrt anhalten, um Ihrem Hund etwas zu trinken zu geben, achten Sie einmal darauf, wie aufmerksam er ist, wenn Sie den Deckel seiner Wasserflasche aufschrauben. Er ist hoch motiviert. Wenn Sie sich der Bedürfnisse Ihres Hundes bewusst werden, kennzeichnet Sie das als guten Besitzer, befähigt Sie aber auch dazu, ein exzellenter Trainer zu werden.

Was ihre Reaktionen auf unbekanntes Futter betrifft, werden Hunde im Vergleich zu Katzen als weniger neophob (misstrauisch gegenüber Neuem) beschrieben. Sie experimentieren also mit neuem Futter – und zahlen dabei mitunter den hohen Preis einer Verdauungsstörung – während Katzen Unbekanntem aus dem Weg gehen. Aber wenn es ums Wasser geht, scheinen Hunde das Bekannte mehr zu mögen als das Neue. Solange es nicht gerade stark gechlort ist, bevorzugen sie oft frisches Leitungswasser gegenüber stehendem Wasser. Das kann eine angeborene Reaktion sein, mit deren Hilfe Hunde Wasser vermeiden, das Keime von über den Speichel übertragbaren Krankheiten wie zum Beispiel der Staupe enthält. Kaltes Wasser kann gegenüber warmem bevorzugt werden, ganz gewiss aber dann, wenn sie sich abzukühlen versuchen. Sie tun Ihrem Hund also einen Gefallen, wenn Sie für Autofahrten bei warmem Wetter eine Vakuumflasche kühles Wasser zu seiner Erfrischung mitnehmen.

Spaß ist die optimale Belohnung

Mehr als alles andere lieben Hunde es, Spaß zu haben – Spaß kann Futter als Belohnung leicht ausstechen und wir sollten uns das in unserem Coaching viel öfter zunutze machen, als wir es tun. Im Gegensatz zu Gevatter Wolf spielt auch ein älterer Hund noch gerne. Rennen macht Spaß, aufs Bett springen macht Spaß, vom Bett herunterspringen macht Spaß und Spielen mit anderen Hunden ist der größte Spaß von allen. Besonders toll ist es, eine Spielreaktion aus einem anderen Hund herauszukitzeln. Die Art und Weise, wie Junghunde die Stammesälteren necken, spricht von einem aktiven, wenn nicht sogar verfeinerten Sinn für Humor. Und tatsächlich ist heute die wissenschaftliche Erforschung von Lachen bei Hunden eine sehr ernsthafte Angelegenheit.

Der Spaß, vor dem Rudel herzuflitzen, um irgendwo oder bei irgendetwas als Erster anzukommen, kann gar nicht hoch genug eingeschätzt werden. Deshalb habe ich immer ein bisschen Mitleid mit kleinen Hunden in Gesellschaft großer Hunde, weil sie sich damit abfinden müssen, bei diesen Rennen niemals Sieger sein zu können. Die Kleinen lenken ihre Begeisterung für solche Verfolgungsjagden oft auf eine beeindruckende Anhänglichkeit an ihre Halter um und bestätigen damit deren Rolle als Zufluchtsort, wenn sie sich rundherum nur noch von Beinen, Zähnen und massiven Körpern umgeben sehen. Das Gleiche lässt sich auch für alte Hunde sagen, die die Aufregung der Jagd gerne gegen das Vergnügen eines ruhigeren Trotts eintauschen.

Hunde, die alle Eroberungsspiele immer verlieren, werden in der Regel immer weniger ehrgeizig. Diejenigen, mit denen im Spiel immer grob umgesprungen wird, ziehen sich zurück. Im Allgemeinen gehen Opportunismus und das Streben nach Spaß Hand in Hand mit Optimismus. Es gibt zunehmend Hinweise darauf, dass Tiere, die in frustrierender Umgebung gehalten werden, sich so verhalten, als würden sie weniger lohnenswerte Dinge im Leben erwarten als solche, die in ausreichend abwechslungsreicher Umgebung leben. Das heißt, sie sind effektiv weniger optimistisch – das Glas ist halb voll – und zeigen mit geringerer Wahrscheinlichkeit neue Verhalten. Ich habe das Gefühl, dass sich dies bei Hunden als ein Mangel an Kreativität zeigen kann, wenn es um die Lösung von Problemen geht. Für mich ist das ein Argument gegen formale Trainingsstunden und ein Aufruf dazu, das Training stattdessen in das Alltagsleben zu integrieren. Je mehr wir das Leben unserer Hunde zu einer einzigen gigantischen, spannenden Möglichkeit machen, desto leichter sind sie zu trainieren.

Das Glück ist ein müder Welpe

Bewegung außerhalb des Baus ist spannend, weil sie so viele Möglichkeiten bietet: »Pippi und Kacka« spielen, Futter erkunden und fressen, andere treffen und begrüßen, markieren und Sex haben – in anderen Worten: all diejenigen Dinge tun, zu denen man innerhalb des Baus keine Möglichkeit hat. Diese freudige Spannung ist größer als die, die Struppi Streuner und sein Rudel vielleicht beim Aufbruch zur Jagd empfinden, denn diese Hunde haben ja schon ihre Freiheit und können ohne Beschränkung alles entdecken. Und in gewissem Maß ist die Mission für Haushunde möglicherweise auch deshalb aufregender, weil ihre frei lebenden Vettern nur selten das Heimatrevier verlassen. Sie haben ja keine Autos, die sie an den von der Flut frisch gespülten Strand bringen oder in den Wald, der so gut riecht wie kein anderer.

Der erste Schritt auf den Rasen eines Parks macht dem Halter immer wieder klar, wie aufregend ein Spaziergang für den Hund ist. Er möchte ganz dringend schnell von der Leine loskommen und all die Dinge tun, die unbedingt erledigt werden müssen: Schnüffeln, Markieren, soziale Kontakte pflegen, rennen und sich wälzen. Uns wird also bestätigt, wie wichtig diese Dinge für den Hund sind, aber wissen wir, warum Hunde die Möglichkeit, all das tun zu können, so sehr schätzen? Wir können uns vorstellen dass Wälzen, besonders nach dem Schwimmen, so etwas Ähnliches sein muss wie für uns das Abreiben mit einem Luxushandtuch. In einer Welt der Gerüche ist es aber eine Aktivität, die für die Verbreitung des eigenen Dufts entscheidend wichtig sein kann. Wir sollten uns also immer wieder einmal darüber klar werden, dass Hunde viele Dinge auf eine Art und Weise selbstbelohnend finden, die wir niemals verstehen werden. Denken Sie nur einmal an Jagen oder Ziehen. Wenn ein Husky einen Schlitten zieht oder ein Border Collie Schafe (oder einen Jogger oder einen Radfahrer) jagt, sind keine Belohnungen nötig. Diese Aktivitäten sind selbstbelohnend. Für manche Rassen sind sie primäre Verstärker. Für den Schlittenhund wird die Spannung der Aktivität noch durch neue Umgebungen und die allgegenwärtige Möglichkeit gesteigert, vielleicht unterwegs ein schläfriges Kaninchen anzutreffen. Für den Border Collie ist der schlimmste denkbare Fall, dass er den Befehl bekommt, mit dem Jagen der Schafe aufzuhören, und genau das ist es, was Schäfer tun, um unerwünschte Verhaltensweisen wie zum Beispiel das Beißen der Schafe zu bestrafen. Das Aktivitätsbedürfnis von Hunden wird von uns unterschätzt. Wie Sie in der Tabelle unten sehen können, hat Professor Danny Mills von der Lincoln University in England Daten aus einer unter über 500 Hundehaltern durchgeführten Umfrage veröffentlicht, die ein Missverhältnis zwischen dem deutlich macht, was wir und was unsere Hunde als angemessene Menge an Aktivität betrachten.

Vorstellung von angemessener Aktivität

Berichtetes Verhalten	% berichtet
Initiierung von Interaktionen mit dem Halter	*81,4*
Den Besitzer ständig anschauen	*47,5*
Den Besitzer stören, wenn er gerade mit etwas	

anderem beschäftigt ist	42,1
Sehr verspielt	72,8
Leicht überdrehbar	48,2
Tagsüber ruhelos	12,3
Nachts ruhelos	8,9

Für mich weist diese wichtige Statistik auf ein Missverständnis davon hin, was normal ist. Wenn mehr als 70% der Hunde sehr verspielt sind und mehr als 80% eine aktive Rolle im Anregen von Aktivitäten mit dem Besitzer übernehmen, dann sind diejenigen, die das nicht tun, unnormal. Die Zahlen lassen außerdem vermuten, dass viele Hunde wegen mangelnder Bewegung frustriert sind und ihre Besitzer (mit wechselndem Erfolg) belästigen, um sich das Leben spaßiger zu machen. Viele von uns bemühen sich, den Spielhunger unserer Hunde zu befriedigen – und an diesem Punkt müssen wir akzeptieren, dass das beste Spielzeug für einen Hund ein anderer Hund ist. Das heißt nicht, dass Sie einen zweiten Hund kaufen müssen. Versuchen Sie doch einmal, einen geeigneten Hund in der Nachbarschaft zu finden und arrangieren Sie Spieltreffs für die beiden. Wie der unsterbliche Snoopy einmal sagte: »Das Glück ist ein müder Welpe ...«

Hunde sind gesellige Tiere

Tiere, die für das Leben in Gruppen geschaffen sind, scheinen das Gestreichelt- und Gepflegtwerden stärker zu genießen als Mitglieder von eher einzelgängerischen Tierarten. Die meisten sozialisierten Hunde mögen es zum Beispiel, gestreichelt zu werden. Dies mag die soziale Natur der *Caniden* widerspiegeln (*Caniden* ist der wissenschaftliche Name für die Tierfamilie, der Hunde, Wölfe, Füchse, Schakale und Kojoten angehören), aber in anderen Zusammenhängen als mit dem Werbungs- und Brutpflegeverhalten betreiben Hunde seltener gegenseitige Pflege als Katzen oder Pferde dies unter ihresgleichen tun. Angesichts der großen Nähe, die unter Mitgliedern eines Hunderudels herrscht, besonders zu Ruhezeiten, ist das überraschend.

Viele Hundebesitzer geben zu, dass sie es sehr genießen, ihre Privatangelegenheiten mit ihren Hunden zu diskutieren. Es ist unwahrscheinlich, dass Hunde von diesen einseitigen Monologen am Kaminfeuer mehr haben als ungeteilte Aufmerksamkeit. Aber sie suchen unsere Gesellschaft auch dann, wenn es mit Unannehmlichkeiten verbunden ist, sie folgen uns in Schmuddelwetter, seltsame Orte und unangenehme Menschenmengen. Und wenn es uns schlecht geht, rücken sie oft noch näher an uns heran. Was hat es also mit der Aufmerksamkeit auf sich, dass sie so wichtig macht? Fragen Sie sich selbst, welchen Gewinn ein Hund aus der Gesellschaft eines anderen Hundes zu erwarten hat und Sie werden auf einige interessante Möglichkeiten kommen, wie sie ihm die Art von Gesellschaft bieten können, die er für sein Wohlergehen braucht. Wärme, Bequemlichkeit, Bewachung und Mitgliedschaft in einem Team sind hierbei wichtig zu bedenken.

Menschen, die Freude an der Gesellschaft warmblütiger Tiere wie Katzen oder Hunde haben, streicheln und kraulen ihre Tiere häufig. Dies kann Vorteile für beide Seiten haben. Während positiver Hund-Mensch-Interaktionen wie zum Beispiel sanftem Kratzen von Körper oder Ohren steigt die Konzentration angenehmer, natürlich vorkommender chemischer Stoffe wie zum Beispiel Endorphine, Oxytocin, Prolaktin oder Phenylethylamine bei *beiden* Spezies an.

Natürlich gibt es eine Menge Dinge, die Hunde sich gegenseitig nicht bieten können, zum Beispiel Kraulen an der Brust, Lächeln, Leckerchen, Bälle werfen, nutzlos-nettes Geplapper und Vertraulichkeiten. Und auch wenn der Wert bestreitbar ist, so können wir doch körperlichen Kontakt wie zum Beispiel Streicheln alternativ zu Futter als Belohnung für ein erwünschtes Verhalten einsetzen. Das wird oft von Menschen gemacht, die Pferde ohne Futtereinsatz belohnen möchten. Mit kräftigem Kratzen am Halsansatz, wie es auch ein anderes Pferd tun würde und das beruhigend und belohnend wirkt, kapert man gewissermaßen ein natürlicherweise belohnend wirkendes Verhalten für seine Zwecke.

Fellpflege: So bringen Sie Ihren Hund in den siebten Himmel

Erfahrungsberichte lassen vermuten, dass viele Familienhunde an bestimmten Körperstellen besonders gern gekrault werden, so zum Beispiel vorn an der Brust. Trotzdem neigen viele Menschen dazu, die Oberseite von Kopf und Hals zu streicheln. Man nimmt an, dass Berührung an diesen Bereichen bei manchen Hunden zur Äußerung aggressiver Verhaltensweisen führen kann, weil ein Hund-zu-Hund-Kontakt an diesen Stellen (besonders an den Schultern) mit Versuchen zur Sicherung von Status in Verbindung gebracht wird.

In einem meiner neueren Projekte habe ich versucht, den Effekt von Kraulen oder Streicheln an bestimmten Körperstellen auf die Herzfrequenz von Hunden zu ermitteln. Meine Hoffnung dabei war, die Auswirkungen menschlicher Berührung auf unsere hündischen Begleiter besser verstehen zu können. Ich hatte schon mit Kollegen über die beste Art der körperlichen Kontaktaufnahme zu Hunden diskutiert. Wir waren hieran vor allem aus einem praktischen Blickwinkel interessiert, um herauszuarbeiten, wie man Kinder und Nicht-Hundeleute am besten zu diesem Thema unterweisen könnte. In unseren Vorgesprächen stimmten wir darin überein, dass manche ungepflegte oder oft auch allergische Hunde zwar lernen, sich so zu positionieren, dass man sie im hinteren Rückenbereich kratzen kann, dass für die meisten anderen Hunde aber etwas grundsätzlich Magisches am vorderen Brustbereich sein muss, und zwar genauer gesagt im Bereich zwischen Halsband und beiden Vorderläufen. An dieser Stelle gekitzelt, gekratzt oder gekrault zu werden, scheint Hunde auf kürzestem Weg in den siebten Himmel zu transportieren.

Warum mag das so sein? Können sie sich selbst an dieser Stelle nicht kratzen, wenn es juckt? Möglich, denn selbst wenn ein Hund sich zum »Autogrooming« (zum Kratzen seiner selbst, für die Nicht-Wissenschaftsfreaks) komplett einkringelt, haben die Hinterpfoten es schwer, die beiden Außenseiten des Brustbeins zu erreichen. Oder hat Berührung an dieser

Stelle Einfluss auf die Durchblutung zum Herz und verschafft dem Hund einfach ein schwindliges Gefühl? Bei allen Tieren gehören die Venen in diesem Körperbereich zu den am stärksten exponierten, sodass dies gut möglich ist – aber warum sollten Hunde freiwillig Schwindel suchen, den die meisten von uns nicht unbedingt mögen?

Manche Hunde hassen es, im Gesicht berührt zu werden (und fast alle hassen es, angepustet zu werden – ein wichtiger Tipp für Kinder, die sich vielleicht wundern, warum der Hund schnappt, wenn sie nah an seinem Gesicht pfeifen), während andere wirklich genervt reagieren, wenn man ihre Pfoten anfasst. Der Durchschnittshund liebt es dagegen ganz einfach, an den von ihm selbst schwer erreichbaren Körperstellen gestreichelt, gekratzt und gekitzelt zu werden. Und ja, Hunde können sich auf den Rücken rollen, um Juckreiz an Stellen zu lindern, an die sie mit den Hinterläufen nicht herankommen. Dieser Punkt ist entscheidend. Alle Hunde sind unbedingt auf ihre Hinterläufe angewiesen, um sich an besonders schwer erreichbaren Stellen kratzen zu können. Kein Wunder, dass die schlimmsten Flohstichallergien sich an der am kompliziertesten zu erreichenden Stelle überhaupt zeigen: Kurz vor dem Rutenansatz.

Wie belohnend Körperkontakt für einen Hund ist, hängt natürlich sehr von seiner Sozialisation mit Menschen im Allgemeinen und seiner Beziehung den Menschen, die ihn anfassen, im Besonderen ab. Tatsächlich konnte man sogar eine beschleunigte Herzfrequenz messen, wenn jemand einen Hund streichelte, der ihn zuvor bestraft hatte. Wenn aber der Streichler und seine Technik als belohnend empfunden werden, dann sind natürlich das Streicheln und der Körperkontakt mit dem Streichler eine Ressource. Wir alle kennen die offensichtlichen Eifersuchtsäußerungen eines Hundes, wenn sein Besitzer sich mit einem anderen Hund abgibt. Seine Versuche, sich zwischen Streichler und Gestreichelten zu drängen, sind alles andere als subtil und schlagen manchmal in Aggression um – vielleicht auch deshalb, weil so wenig Platz ist, dass Drohungen nur schlecht übermittelt werden können (in dem ganzen Gewirr aus Köpfen, Hälsen, Händen und Knien) und deshalb unbemerkt bleiben. Menschen streicheln und kratzen Hunde vermutlich länger, als sie selbst das je bei sich tun würden. Der Effekt des Körperkontakts auf die Herzfrequenz kann eine Belohnung darstellen, aber erst nach einiger Zeit. Die unmittelbar bestärkenden Effekte körperlichen Kontakts sind also vermutlich sekundär zu anderen Vorzügen wie zum Beispiel der Nähe zu Sozialpartnern (Freunden). Davon abgesehen wird Fellpflege immer Aussehen und Hygiene verbessern, was besonders für ältere Hunde wichtig ist. Auch wenn man vielleicht versucht ist, sie bei ihrem Schläfchen auf der Veranda allein zu lassen, so zahlen sich fünf in das Entwirren verfilzter Haare investierte Minuten scheinbar enorm aus, um sie präsentabler aussehen zu lassen, ihnen Wohlbefinden und vielleicht sogar mehr Würde zu verschaffen.

Bequem und entspannt

Haben alle Hunderassen das gleiche Schlafbedürfnis? Schlafen Hunde, wenn sie schläfrig sind? Oder nutzen sie den Schlaf, um einer frustrierenden Umgebung zu entfliehen, zum

Beispiel dann, wenn das Rudel weg ist? Letzteres scheint eine erlernte Fähigkeit zu sein, die zu beherrschen manche Hunde viel länger brauchen als andere.

Hunde schätzen Bequemlichkeit und möchten dies anscheinend auch allen um sie herum mitteilen. Ich denke hier an das allgegenwärtige Seufzen, das Hunde jeder Altersstufe vernehmen lassen, wenn sie (ihrer Meinung nach) den besten Liegeplatz oder die beste Liegeposition an einer Stelle gefunden haben, die eigentlich ganz und gar nicht bequem sein kann. Das Seufzen wird in der Regel einen Moment vor dem letzten Öffnen der Augen ausgestoßen, so als ob der Hund prüfen wollte, ob auch alles in Ordnung ist, bevor er sich ganz entspannt. Sich auf der Stelle platt auf den Boden fallen zu lassen ist ein Merkmal von Welpenverhalten, während Herumdrehen vor dem Hinlegen typisch für ältere Hunde ist. Die Drehungen, mit denen sich der Hund dem Boden nähert, scheinen dabei planlos und etwas unbeholfen zu sein, aber sie sind in der Evolution als nützliches Vorgeplänkel zu einem guten Nachtschlaf entstanden – tagsüber sind sie seltener zu beobachten, außer bei sehr alten Hunden. Der Sinn dieses Drehens um sich selbst wird immer noch diskutiert: Manche vertreten die Meinung, dass damit der Liegeplatz auf das Vorhandensein von Schlangen in der Nähe überprüft wird, andere glauben, dass damit das Gras in einer Richtung plattgedrückt wird, um so etwas wie ein Nest zu formen. Vielleicht wird dadurch sogar das Fell des Hundes geglättet und sorgt so für ein bequemeres Liegen. Was auch immer davon stimmt, fest steht, dass die Drehungen in der Regel so beendet werden, dass der Kopf des Hundes leicht nach oben oder in Richtung möglichen »Eingangsverkehrs« wie zum Beispiel der Tür zeigt. Beides würde dem Hund helfen, in einem Notfall schnell aufzustehen.

Andere Formen der Bequemlichkeit für Hunde werden leicht übersehen. Probieren Sie doch zum Beispiel einmal aus, Ihrem Hund das Halsband abzunehmen, wenn er sicher im Haus ist und er weder festgehalten noch durch irgendwelche von seinem Hals hängende Plaketten identifiziert werden muss. Sie werden wahrscheinlich feststellen, dass er sich schnell entspannt und es genießt, die vom Halsband befreiten Stellen seines Halses gekrault zu bekommen. Sicher ist das Gewicht eines Halsbands zu vernachlässigen, wenn es angelegt wird, aber überlegen Sie einmal, wie viel hier insgesamt zusammenkommt, wenn es über Tage, Wochen und Monate getragen wird. Sie selbst finden es vielleicht genauso erleichternd, eine Kette von Ihrem eigenen Hals abzunehmen.

Hunde arbeiten gerne für ihren Unterhalt

Sobald wir eine klare Vorstellung davon haben, was Hunde wertschätzen, können wir das Thema auch umdrehen und fragen: *Wofür arbeiten Hunde?* Alle die in diesem Kapitel genannten wertgeschätzten Dinge können eingesetzt werden, um Hunde zu bezahlen (belohnen). Wenn Sie das Scheckheft besitzen, schreiben Sie die Schecks aus und sind damit der Chef. Was uns zur Frage führt: *Was betrachten Hunde als Arbeit?* Die banale Antwort ist: *Alles, was ihnen Lohn einbringt.* Wenn nichts im Leben umsonst ist, ist auch alles irgendetwas wert. Menschen mit stumpfsinnigen Jobs, die immer das Gleiche tun müssen, hassen ihre Arbeit. Aber die Aufgaben, die wir Hunden stellen, können anstatt harter Schinderei oder stumpfsinniger Plackerei ein riesiger Spaß sein. Stellen Sie sich einen bequemen Job vor, der viele verschiedene Aufgaben beinhaltet, wie zum Beispiel ruhig zuhause sitzen, mit dem Chef joggen gehen, die Kantine besuchen, Spielsachen aufheben, kurz warten, bevor es mit den Kumpels zum Spielen geht und – das Beste von allem – einfach nur entspannen. Das ist die Art von Arbeit, die von gut erzogenen Hunden verlangt wird. Sie wurden dazu trainiert, diese Aufgaben zu meistern und lieben ganz einfach den Deal, den ihre Besitzer sich ausgedacht haben. Als Opportunisten genießen Hunde neue Möglichkeiten, um ihre Umwelt, ihre sozialen Gruppen und Anführer ausschöpfen zu können. Aufgeklärte Besitzer wissen, was ihre Hunde möchten und verschaffen ihnen Gelegenheiten, die begehrtesten Annehmlichkeiten über trainierte Reaktionen erreichen zu können. Das heißt nichts anderes, als dass die Hunde in der Tat für ihren Lebensunterhalt arbeiten. Und wenn die Belohnungen mit ihren Bedürfnissen übereinstimmen, werden die meisten Hunde zu Workaholics.

Filetstückchen

- ◯ Je härter ein Hund für bestimmte Ressourcen arbeitet, desto wichtiger sind sie ihm.

- ◯ Futter und Wasser, Spaß, Gesellschaft und Bequemlichkeit scheinen Schlüsselressourcen für Hunde jeden Alters zu sein.

- ◯ Wie viele andere soziale Spezies auch lieben Hunde die Fell- und Körperpflege.

- ◯ Ein Napf voll Futter ist ein Napf voll Trainingsmöglichkeiten.

- ◯ Für einige Ressourcen wird ein Hund jeden Preis zu zahlen bereit sein.

- ◯ Mehr als alles andere lieben Hunde es, Spaß zu haben.

- ◯ Hunde haben in der Evolution gelernt, mit ihrer Gruppe um alle guten Dinge im Leben zu konkurrieren: Gute Trainer machen sich dieses Bedürfnis zunutze.

- ◯ Das beste Spielzeug für einen Hund ist ein anderer Hund.

- ◯ Das Glück ist ein müder Welpe.

- ◯ Hunde arbeiten gern für ihren Lebensunterhalt.

Kapitel 4

In diesem Kapitel werden wir uns anschauen, was einem Hund den Tag verderben kann.

Schlechte Essmanieren

Für die meisten Hunde ist Futter eine große Leidenschaft, aber für manche kann es auch das Verderben sein. Ein Hund mit großem Appetit kann bei der Entscheidung, was er herunterschluckt, schreckliche Fehler machen.

Hunde versuchen fast alles zu fressen

Rund um die Welt erzählen Tierärzte die abenteuerlichsten Geschichten, was sie alles aus den Speiseröhren, Mägen oder Därmen von Hunden zutage befördert haben. Die üblichen Verdächtigen sind Bälle, Kieselsteine, Holzstöckchen, falsch eingeschätzte Flaschenkorken, Maiskolben und leckere Grillspieße. Es gab aber auch so wahrhaft erstaunliche Dinge wie Korsetts, Brillen oder Mobiltelefone (selbst wenn sie die Größe eines Ziegelsteins hatten).

Welche Gegenstände Hunde verschlucken, geht über unseren Horizont hinaus, denn für das menschliche Auge haben sie keinerlei Ähnlichkeit mit einem Rumpsteak oder Brathähnchen. Tatsache ist aber, dass vielen dieser Gegenstände große Mengen menschlichen Geruchs anhaften und Hunde sie deshalb gegenüber weniger stark riechenden, aber besser verdaulichen Gegenständen bevorzugen. Vielleicht ist es der Geruch des Besitzers auf dem Gegenstand, der ihn unwiderstehlich für den Hund macht, vielleicht auch sein Neuheitswert oder die Tatsache, dass dieses Ding für den Gruppenführer so wichtig zu sein scheint. Wie dem auch sei, nachdem die Gegenstände aus Magensaft oder stinkendem Darminhalt herausgefischt wurden, funktionieren sie nur noch selten richtig, und selbstverständlich können sie das Leben ihrer Konsumenten gefährden.

Die von Professor Danny Mills (s.S. 45) unter mehr als 500 Hundehaltern in Großbritannien durchgeführte Umfrage zeigte ein Übergewicht von scheinbar unorthodoxen hündischen Appetitvorlieben. Dabei können manche der verschluckten Dinge ein ständig weiterbestehendes Problem sein. So werden zum Beispiel sämtliche Kleintierärzte bestätigen, dass sie jahraus, jahrein immer wieder Steine aus den gleichen Hunden herausoperieren. Dabei birgt jede Operation das Risiko einer Infektion und jede neue Zertrennung des gerade wieder zusammengewachsenen Gewebes erhöht die Gefahr neuer Verletzungen. Bedenken sollte man jedoch, dass die Studie von Professor Mills auf freiwilligen Berichten von Hundebesitzern basiert und dass aus den Daten deshalb vielleicht gar nicht das ganze Ausmaß der hündischen Neigung zum Verschlucken von allem Möglichen hervorgeht. Und hinzugefügt werden muss natürlich noch – wenn man sie lange genug beobachtet, wird man bei den meisten normalen Hunden das Fressen von Gras sehen können.

Hunde neigen zur Völlerei

Nicht nur das Fressen der falschen Dinge kann verhängnisvoll sein, sondern auch das übermäßige Fressen der richtigen Dinge. Das Magenvolumen eines Hundes stellt 60-70% der Gesamtkapazität seines Verdauungssystems dar. Hunde fressen erst und fragen später nach. Im Verlauf ihrer Entwicklung als Spezies haben sie gelernt, sich vollzuschlagen und dann ein Nickerchen zu halten, während der Verdauungsprozess beginnt. Wild lebende Hunde jagen oft nur alle fünf Tage, denn das schnelle Verschlingen eines Beutetiers bedeutet zum einen, dass sie Reserven an Bord haben und zum anderen, dass sie zu vollgefuttert sind, um noch erfolgreich jagen zu können.

Von Familienhunden verschluckte ungewöhnliche Gegenstände

Verschluckter Gegenstand	% der Hunde aus der Befragung
Kot anderer Tiere	29,2
Ungewöhnliche Lebensmittel	11,4
Steine	11,1
Eigener Kot	5,3
Kot anderer Hunde	4,4
Gegenstände aus Papier und Holz	4,0
Gras und Erde	3,5
Plastik und Glas	2,6
Textilien und Möbel	2,4
Kohle und Holzkohle	0,6
Insekten	0,3

Hunde übergeben sich nur selten, wenn sie zu viel gefressen haben. Sie haben nur wenige Mechanismen gegen Überfressen, was zu gefährlichen Situationen wie zum Beispiel der Magendrehung führen kann. Diese kann tödlich enden, vor allem für Hunderassen mit tiefem Brustkorb, bei denen Aufgasungen aus fermentiertem Futterbrei zum Verdrehen des Magens führen können. Damit wird die Durchblutung des Magens abgeschnitten, was extreme Schmerzen verursacht und den Magen schädigt. Magendehnung (Magendilatation) und Magendrehung (Magentorsion) sind beides dringende tierärztliche Notfälle.

Hier können wir sehen, wie Anatomie und Physiologie das Verhalten beeinflussen, was wichtig ist, wenn wir Futter als Belohnung einsetzen möchten. Wenn Hunde sich von einem leergeputzten Futternapf zurückziehen, wollen die meisten von ihnen sich einfach nur hinlegen und entspannen – und sind sicherlich nicht motiviert, das Gehen bei Fuß zu verbessern oder am Feintuning ihrer Slalomtechnik im Agility zu feilen. Ihnen nach einer Mahlzeit Futterbelohnungen anzubieten ist also sinnlos. Damit würden Sie von einem Hund verlangen, zur falschen Zeit für die richtige Sache zu arbeiten. Die beste Zeit zum Trainieren mit Futterbelohnung ist kurz vor der üblichen Mahlzeit, wenn der Magen leer ist und die Verdauungssäfte fließen. Jetzt ist der Hund genauso darauf eingestellt, für Futter zu arbeiten, wie Gevatter Wolf es war, wenn er sein Bestes gab, um sein Abendessen zur Strecke zu bringen.

Hunden liegt nichts an abwechslungsreichem Fressen

Wie zuvor schon einmal erwähnt, ist Abwechslung in der Nahrung für Hunde nicht wichtig. Das Futter bleibt nur so kurze Zeit im Maul, bevor es hinuntergeschluckt wird, dass man es kaum schafft, einen Hund mit einer bestimmten Futterart zu langweilen. Allerdings kann ihre opportunistische Natur Hunde aber auch zum Ausprobieren neuen Futters bewegen.

Gedankenfutter

Langeweile ist eine sehr vom Menschen geprägte Vorstellung. Sie beruht auf der Idee eines unterbeschäftigten Verstandes und setzt damit erst einmal voraus, dass dieser Verstand bei Tieren vorhanden sein muss. Das scheint zwar offensichtlich zu sein, ist aber leider bei weitem nicht so einfach, da hier die Frage des Bewusstseins aufgeworfen wird. Ist sich ein gelangweiltes Tier darüber bewusst, dass sein Verstand zu wenige Reize erhält? Es ist sehr schwierig, diese Veränderung bei einem Tier zu messen und vielleicht ist es auch gar nicht wichtig. Vielleicht reicht es zu wissen, dass es an sich frustrierend ist, wenn man zu wenigen Reizen ausgesetzt ist. Ein Hund, der nicht im Dreck buddeln, mit anderen Hunden spielen oder seine Beine bewegen kann, kann als frustriert beschrieben werden, ohne dass man seine Gehirnwellen zum Beweis seiner geistigen Unterbeschäftigung untersuchen muss.

Futter ist nicht die einzige Belohnung

Ein satter Hund kann ein desinteressierter Hund sein, und ausschließlich mit Futter trainierte Hunde können aus zwei Gründen eine Herausforderung darstellen. Erstens kann es schwierig sein, ihnen noch einen »Jackpot« zu bieten, weil sie die ganze Zeit über Futter (und zwar schmackhaftes Futter) erwarten. Zweitens können sie, was häufiger ist, völlig unkonzentriert sein, wenn sie gerade gefüttert wurden. Die Botschaft ist klar: Wir müssen Hunden unterschiedliche Belohnungen anbieten, wenn wir ihr Interesse wachhalten wollen. Sobald wir wissen, welche Ressource außer Futter sie am stärksten motiviert, können wir uns darauf konzentrieren, diese Belohnung für die Reaktionen zu verwenden, die wir gerade trainieren. Wir können das Training auch mit dem Zielverhalten in Übereinstimmung bringen. Nehmen wir als Beispiel einen Hund, der gerne jagt. Um ihm das Ausgraben von sagen wir Trüffeln beizubringen, könnten wir einen mit Trüffelöl beträufelten Ball unter einem Haufen Laub verstecken. Das Zielverhalten ist, das Laub auseinanderzuteilen und den Gegenstand freizulegen. Sobald der Ball entdeckt ist, werfen wir ihn und verschaffen dem Hund damit ein Jagdspiel.

Schlechte Ernährung

Auf Fettleibigkeit werden wir noch in Kapitel 6 »Geschlecht, Krankheiten und Alter« einge-hen. Für den Moment lassen Sie uns darauf konzentrieren, was wir sonst noch falsch ma-chen können, wenn der Input an Energie nicht im Gleichgewicht mit dem Output ist und wenn es der Nahrung unseres Hundes an entscheidenden Bestandteilen fehlt.

Hungrige Hunde

Trotz der hohen Anzahl übergewichtiger Hunde um uns herum starren viele Hunde auf Es-sensreste, die von den Tellern in Küchenabfalleimer gekratzt werden und scheinen sich zu fragen, was um alles in der Welt der Mülleimer getan hat, um sich so eine tolle Belohnung zu verdienen. Natürlich ist es so, dass es in den Schwellenländern oft nicht genug Essen für die menschliche Bevölkerung, geschweige denn für ihre Tiere gibt. Unter solchen grenz-wertigen Umständen sind Haustiere ein Luxus, den sich nur sehr wenige leisten können. Auf der anderen Seite kann es in Industrieländern hungrige Hunde als Ergebnis übermäßig ehrgeiziger Diäten geben, die Besitzern ihren Tieren aus Angst vor Übergewicht auferlegen. Das ist besonders bei kastrierten Hündinnen der Fall, weil sie Nahrung sehr effizient aus-werten. Solche Hunde sind für Übergewicht prädestiniert und haben einen fabelhaften Appetit, der manche von ihnen dazu bringt, Mülleimer zu plündern oder auf der Suche nach Futter sogar von zuhause wegzulaufen.

Manchmal rationieren Besitzer das Futter ihrer Hunde auch aus dem Grund, dass sie sich die Futtermotivation für das Training erhalten wollen. Das ist nicht unbedingt eine harsche Politik der Sozialkürzungen, denn wie wir in Kapitel 15 »Arbeitsgemeinschaften« noch sehen werden, ist dieses Prinzip zum Training von Spürhunden weit verbreitet und zeigt keine unerwünschten Auswirkungen.

Wenn mehrere Hunde zusammen in einer Gruppe gefüttert werden, kann die Kontrolle, wie viel jeder Hund frisst, sehr schwierig sein. Die Konkurrenz innerhalb der Gruppe kann dazu führen, dass manche hungrig bleiben: Hunde neigen zum Horten und Verteidigen jeder Art von Futter, das sich tragen lässt, wie zum Beispiel Knochen. Wenn Sie also Knochen füttern, sollten Sie also einen mehr auslegen, als von einem einzelnen Hund monopolisiert werden kann.

Das falsche Futter füttern

Manche Hundebesitzer geben ihren Tieren aus Unwissenheit und Knickerei das falsche Fut-ter, nur weil es billiger ist. An den Beispielen aus meiner eigenen tierärztlichen Praxis – da-runter ein Pony, das mit Katzenfutter gefüttert wurde – lässt sich leicht sehen, warum die Folgen verheerend sein können.

Die Überfütterung von Junghunden mit Kalzium kann zu Störungen der Wachstumsfu-gen führen. Und wenn Sie Ihrem Hund nach dem Sonntagsessen das ganze in der Fett-

pfanne des Backofens gesammelte Fett des Schweinebratens geben, kann das zu Pankrea-
titis führen, einer akuten Erkrankung, bei der die Hunde in der Regel vor Schmerzen
schreien. Wir tun gut daran, zweimal darüber nachzudenken, ob das, was wir essen, auch
unseren Hunden bekommt. So kann zum Beispiel das Verfüttern gekochter Zwiebeln zu
Blutarmut oder das von Weintrauben zu Nierenversagen führen.

Wenn Säugetierbabys, egal welcher Art, ihre Mutter verlieren, ist die Gefahr einer Feh-
lernährung groß, denn der Gehalt der Muttermilch an Fetten und Zuckern ist bei jeder Tier-
art ein ganz spezieller. Es wäre also falsch, anzunehmen, dass man Jungtiere sämtlicher
Arten mit Kuhmilch großziehen könnte. Wenn man neugeborenen Welpen Milch falscher
Zusammensetzung gibt, kann dies lebensbedrohlichen Durchfall und extreme Austrocknung auslösen. In der Regel kann man bei allen Tierärzten Ersatzmilchprodukte bekommen,
aber die meisten Leute greifen erst dann darauf zurück, wenn sie schon mitten in der Nacht
selbst irgendwelche Notfallmaßnahmen ergriffen haben. Diese Notfallmaßnahmen lösen
dann manchmal erst recht einen Notfall aus: Von Kuhmilch bis Brandy wird aufgrund falscher Ratschläge so ziemlich alles in Welpenmäuler getropft, wenn die Besitzer meinen,
auf professionelle Hilfe verzichten zu können.

Hunde brauchen viel Trinkwasser

Die empfohlene Praxis für die Haltung von Tieren lautet immer, dass jederzeit sauberes
Wasser zur Verfügung stehen muss. Dabei sind die meisten von uns überrascht, welch
furchtbar trübes Wasser Hunde gern aus Pfützen schlabbern. Auch wenn es in diesem Wasser nur so von Schrecklichem wimmeln muss, werden Hunde nur selten davon krank. Dies
kann uns als eine Art Beweis für die Kraft der Magensäure bei Hunden und ihre Fähigkeit
zum Fertigwerden mit Bakterien dienen.

Auch wenn es auf den ersten Blick recht einfach erscheinen mag, dass Hundehalter jederzeit für frisches Wasser sorgen, sollten wir doch einmal überlegen, wo hier überall Probleme auftauchen können. Wasser wird zum Beispiel gegeben, aber in verschmutzten
Näpfen. Einfaches Auffüllen mit frischem Wasser ändert dann nichts daran, dass eine Bak-
terien- oder Algensuppe darin gärt. Wasser in sauberen Behältern kann von den Hunden
oder ihrer Anbindevorrichtung umgekippt werden. Es kann auch einfach durch dumme
Zufälle verschmutzt werden, wenn zum Beispiel ein angeketteter Hund die Kette zuerst
durch seinen eigenen Kot und dann durch das Wasser zieht. Oder ein Hund kann neben
dem Wassernapf urinieren und dabei versehentlich hineinzielen. Manchmal ist auch der
Durst als Folge akuter Erkrankungen wie Durchfall, als Folge erhöhten Salzgehalts oder verringerten Wassergehalts im Futter stark erhöht. Oder der Besitzer stellt fest, dass der Hund
nachts ins Haus pinkelt und kommt auf die Idee, als Gegenmaßnahme abends die Wasser-
schüssel wegzustellen.

Wenn ein Hund nicht genug Trinkwasser hat, erhöht sich die Dicke des Bluts (die Plas-
maosmolarität) und das Blutvolumen verringert sich (Hypovolämie), was beides Anzeichen
für Austrocknung (Dehydration) sind. Das Tier verspürt anfangs Durst, aber wenn es nicht

trinkt, kann eine Schwäche einsetzen, weil die Körperfunktionen nicht mehr richtig abzu-
laufen beginnen. Die Nieren sind besonders anfällig für solche Probleme. Angst vor Nie-
renerkrankungen ist der Hauptgrund dafür, warum ich rate, den Zugang zu Trinkwasser
niemals zu begrenzen.

Ressourcen in Gefahr

Wenn die Ressourcen eines Hundes alle zusammen in einem Haushalt versammelt sind,
lohnt es sich, sie zu verteidigen. Es ist diese Motivation zur Ressourcenverteidigung, die zu
den meisten Fällen von Aggressionsverhalten gegenüber Menschen im eigenen Haus zu
führen scheint. Die untenstehende Tabelle mit Daten, die Professor Danny Mills bei mehr
als 500 Hundehaltern gesammelt hat, zeigt den Prozentsatz der Hunde, die nach Menschen
geknurrt, geschnappt und gebissen haben.

Verteilung der Ziele von Aggression bei Familienhunden

Ziel	% der Hunde
Unbekannte erwachsene, männliche Besucher	32,3
Unbekannte erwachsene, weibliche Besucher	26,4
Unbekannte männliche Kinder zu Besuch	14,7
Unbekannte weibliche Kinder zu Besuch	14
Bekannte erwachsene, männliche Besucher	6,6
Erwachsene männliche Haushaltsmitglieder	6,2
Bekannte erwachsene, weibliche Besucher	5,7
Erwachsene weibliche Haushaltsmitglieder	4,3
Bekannte weibliche Kinder zu Besuch	4,2
Bekannte männliche Kinder zu Besuch	3,5
Männliche Kinder im Haushalt	3
Weibliche Kinder im Haushalt	2,5

Diese Tabelle hilft zu erklären, warum bestimmte Typen von Menschen eine größere Bedrohung darstellen als andere. Bekanntheitsgrad, Geschlecht und Alter haben alle Einfluss
auf die vom Hund wahrgenommene Bedrohung, und das liegt nicht notwendigerweise
daran, dass die Hunde bestimmte Menschen als Vorboten für zu erwartende Gemeinheiten
kennengelernt haben. Die Tabelle legt den Schluss nah, dass es irgendetwas unbekannten
männlichen Besuchern Eigenes sein muss, das Hunde Probleme und eine Bedrohung der
Ressourcen erwarten lässt. Natürlich ist Sozialisation der beste Weg, diesem Vorurteil zu
begegnen. Welpenbesitzer sollten dazu ermutigt werden, ihre Hunde mit vielen ihnen unbekannten erwachsenen Männern zu sozialisieren. Vielleicht sollten wir grantigen alten
Männer richtig gutes Geld dafür zahlen, dass sie sich bei Welpenspielstunden in eine Ecke

setzen und Schweineohren, getrocknete Leberstückchen und Cabanossischeibchen austeilen!

Wenn auch viele uns an ihren Hunden schätzen, dass sie uns Ankömmlinge melden können, so kommen Bedrohungen doch nicht immer notwendigerweise von außerhalb des Baus. Mitglieder der sozialen Gruppe, die letzten Endes am besten über die verfügbaren Ressourcen Bescheid wissen, können mit Verletzung oder Vertreibung drohen, um an diese heranzukommen. Die engsten Verbündeten eines Hundes können gleichzeitig auch Konkurrenten sein, weshalb in der Welt der Hunde viel Zeit und Mühe in Spiel und Beschwichtigungsverhalten investiert wird, um den Ausdruck solcher Bedrohungen zu verringern. Eine Schande nur, dass wir eine Menge der Versuche unserer Hunde, uns freundlich gestimmt zu halten, gar nicht mitbekommen, weil wir die Nuancen ihrer Körpersprache nicht entschlüsseln können. Vermutlich unterschätzen wir die sozialen Fähigkeiten unserer Hunde auch gewaltig, wenn wir gute Trainierbarkeit sehen und diese als Wunsch, uns zu gefallen, deuten.

Schmerzen leiden

Hundehalter sind verständlicherweise besorgt, wenn ihr Hund Schmerzen hat oder sich nicht wohl fühlt. Dabei ist der Unterschied zwischen Schmerzen und Unwohlsein aber schlecht definiert. Ein Tierarzt beschreibt ein und denselben Hund vielleicht heute mit »hat Schmerzen« und morgen mit »fühlt sich nicht ganz wohl«. Vielleicht ist dies eine Reaktion auf das Bedürfnis des Besitzers, etwas Tröstendes hören zu wollen. Wenn ein Besitzer beispielsweise davon überzeugt ist, dass sein Hund Schmerzmittel braucht, spricht der Tierarzt vielleicht davon, dass er sich einfach nur nicht wohl fühlt. Und wenn Besitzer die Entscheidung treffen müssen, ob ihr Hund eingeschläfert werden soll, benutzen Tierärzte häufig das Wort »Schmerzen«.

Ein Hund hat an seinem ganzen Körper Schmerzrezeptoren (Nozizeptoren). Sie helfen dabei, das Tier von extremer Hitze, Kälte und anderen Störungen fernzuhalten. Sie funktionieren unmittelbar über Reflexe und auf lange Sicht über das Lernen. Und natürlich sind Schmerzen auch hilfreich. Sie lehren Welpen, was sie im Leben vermeiden müssen. Wie wir vom menschlichen Beispiel wissen, leben ohne Nozizeptoren Geborene meistens nicht besonders lange. Wenn Knochenbrüche und Verbrennungen nicht wehtun, können die Folgen verheerend sein, und wenn die Luftröhre keine Rezeptoren hat, um zu merken, das etwas unsere Luftwege verstopft, werden wir mit Sicherheit ersticken oder ertrinken.

Verhalten modifizieren

Wie wir in Kapitel 11 »Strafen und schlechte Erfahrungen« sehen werden, kann negative Strafe oder Weglassen zur Modifikation oder Verbesserung der Reaktionen eines Hundes verwendet werden. Wenn man Tiere zu einem neuen Verhalten trainiert, werden sie als Erstes versuchen, eine ihnen schon bekannte Reaktion zu zeigen. Wenn sie dann nicht belohnt (bestärkt) werden, wird es unwahrscheinlicher, dass sie dieses jetzt nicht erwünschte Verhalten wiederholen. Die Bestärkung wurde zurückgehalten, womit das Tier »negativ bestraft« wurde. Das macht es wahrscheinlicher, dass der Hund auf neue Arten reagieren wird. Der Prozess von Versuch und Irrtum geht weiter.

Unerwünschtes Verhalten loswerden

Der Einsatz von Wurfscheiben oder »Trainings-Discs«, wie sie der britische Verhaltensforscher John Fisher entwickelt hat, beruht auf Weglassen oder darauf, was man als sekundäre Bestrafung betrachten könnte. Diese Scheiben machen ein Klappergeräusch, wenn man sie schüttelt oder auf den Boden wirft. Sie werden dem Hund gleichzeitig mit dem Wegnehmen von Futter nahegebracht, auf das er gerade gehofft hatte. Dies wird drei oder vier Mal wiederholt, sodass die Scheiben stark mit Frustration verknüpft werden. Sobald diese Verknüpfung geschaffen wurde, können die Scheiben immer dann geworfen werden (*neben den Hund, nicht auf ihn!*), wenn er unerwünschtes Verhalten wie zum Beispiel Bellen im Auto zeigt. Die Scheiben können das Verhalten für eine kurze Zeit unterbrechen und dem Trainer damit Gelegenheit geben, den Hund für das Aufhören zu belohnen. Auf ähnliche, aber viel allgemeinere Weise können wir das Kommando »Nein!« als sekundäre Bestrafung einsetzen, die deshalb wirkt, weil sie mit dem Entzug von etwas Positivem wie Lob oder Aufmerksamkeit verknüpft ist, das der Hund normalerweise erwarten würde.

Für manche Trainer und tierärztliche Verhaltensspezialisten ist das Konzept der Strafe zu eng mit körperlicher Misshandlung verbunden, als das sie damit arbeiten könnten. Leider lassen sie damit aber zu, dass ihr Denken von »Political Correctness« getrübt wird.

Wenn ein Hund eine erlernte Reaktion verlernt

Die meisten von uns assoziieren »Aussterben« mit Dinosauriern und Dodos, während der Begriff sich für Lerntheoretiker auf das Verschwinden einer erlernten Reaktion bezieht. Von sabbernden Hunden umgeben, fand der russische Physiologe Ivan Pavlov heraus: Wenn man das Geräusch eines Metronoms mit Futter paarte, brachte es die Hunde so lange zum Speicheln, wie weiterhin Futter darauf folgte. Wenn das Metronom wieder und wieder erklang, danach aber kein Futter mehr kam und die Hunde zu speicheln aufhörten, dann war das Verhalten »ausgestorben«.

Dieses Aussterben lässt sich auf alle Beispiele klassischer Konditionierung anwenden. Wenn Clickertrainer das Geräusch ihres Clickers nicht zuverlässig mit Futter verbinden, hört der Clicker auf zu funktionieren. Das Gleiche gilt für Belohnungen: Wenn sie nicht mehr auftauchen, werden die Tiere keine trainierten Verhalten mehr zeigen, um sie zu bekommen.

Angst

Sobald ein Tier gelernt hat, sich vor etwas zu fürchten, wird es sich auch vor ähnlichen Dingen fürchten. Wenn ein neutraler Reiz mit einem Schock gepaart wird und dann wiederholt ohne jeden Schock präsentiert wird, verliert er seine Fähigkeit, Angst hervorzurufen. Hundehalter, die unsichtbare Elektrozäune benutzen, um ihre Hunde auf dem Grundstück zu halten, können gelegentlich den Strom abschalten, aber nicht vollständig auf ihn verzichten, weil die Hunde sonst die Angst vor der Begrenzung verlieren würden.

Die Angst vor möglichen Folgen kann von fundamentaler Bedeutung für das Verhalten eines Hundes sein. Wenn Hunde gelernt haben, Schmerzen, Unwohlsein oder Enttäuschung mit bestimmten Reizen zu verknüpfen, können sie sehr gut lernen, diese Reize zu vermeiden – oder, wenn sie das nicht können, Angst vor ihnen zu haben.

Hunde können zum Beispiel den Verlust von Ressourcen fürchten oder vielleicht sogar auch den Verlust ihres Rangs. Um sich seines Rangs bewusst zu sein, muss ein Hund sich allerdings wahrscheinlich auch des jeweiligen Rangs der anderen bewusst sein, weil Rang ein relativer Begriff ist. Das Konzept der wohlwollenden Führerschaft ist hier entscheidend: Die meisten erfahrenen Hundeleute werden Ihnen bestätigen, dass sie Rudelführer kennen, die nie auch nur eine Lefze hochziehen müssen. Dieses gelassene, heitere Modell ist das, wonach ein menschlicher Hunde-Coach streben sollte.

Der Rang an sich mag für Hunde ein eher nebulöser Begriff sein, aber was für Struppi Streuner und in geringerem Maße auch für Haushunde wichtig ist, ist, wie der Rang ihren Zugang zu Ressourcen beeinflusst. Wenn ein Hund seinen Zugang zu immer mehr Schlüsselressourcen verliert, wird er vermutlich eher unglücklich. Der Wert jeder Ressource variiert für jeden Hund von einem Kontext zum anderen und von einem Zeitpunkt zum anderen. Die Motivation, bestimmte Ressourcen zu bekommen und zu behalten, ist also niemals konstant. Es wäre falsch, anzunehmen, dass ein Leittier ständigen Zugang zu allen Ressourcen für sich beanspruchen würde. Vielmehr sollten wir verstehen, dass ranghohe Hunde diejenigen sind, die die meiste Zeit über Zugang zu den meisten Ressourcen haben.

Wenn Menschen Warnsignale ignorieren und ihre Hand nach einer Ressource ausstrecken, die der Hund zu verteidigen bereit ist, können sie gebissen werden. Natürlich können wir unsere Hunde nicht fragen, wie wichtig der Besitz einer bestimmten Ressource für sie ist. Folglich ist es sicherer, wenn wir davon ausgehen, dass alle wichtigen Ressourcen streng verteidigt werden. Von diesem Punkt ausgehend sollten wir dann zu erreichen versuchen, dass wir dem Hund sämtliche Ressourcen wegnehmen können, ohne eine Verteidigungsreaktion zu provozieren. So trainiere ich meine Hunde beispielsweise dazu, mir ihre Knochen jeweils nur kurz und immer gegen eine Jackpot-Belohnung zu überlassen – als Vorbeugemaßnahme, damit sie nicht etwa zu Besuch kommende Kinder beißen, um einen Knochen zu verteidigen. Wenn Kinder zu Besuch bekommen, ist die beste Strategie aber vermutlich die, sämtliche Knochen wegzuräumen, die der Hund verteidigen könnte.

Täuschung

Ist das Konzept vom Rang schon verzwickt zu untersuchen, so ist es noch verzwickter, etwas darüber herauszufinden, ob ein Hund zur Täuschung fähig ist. Ein Beispiel könnten Hunde sein, die sich nachts ins Bett ihrer Besitzer schleichen, aber nur dann, wenn dieser schläft. Sie scheinen bewusst zu täuschen, weil sie den Eindruck erwecken, mit einem anderen Schlafplatz zufrieden zu sein, schlüpfen dann aber heimlich, still und leise ins Bett, wenn niemand hinschaut. Verstehen sie also, dass der Besitzer sie überwachen können muss, um ihre Annäherung zu bemerken? Oder schauen und hören sie auf den unterschiedlichen Atemrhythmus bei echtem und nur vorgetäuschtem Schlaf und nutzen diesen als Signal dafür, ohne Angst vor Entdeckung aufs Bett springen zu können?

Ein anderes Beispiel sind Hunde, die an der Haustür bellen, obwohl gar niemand gekommen ist. Durch das Alarmschlagen können sie andere Hunde effektiv von Schlüsselressourcen weglocken und zurückflitzen, um diese für sich in Anspruch zu nehmen. Die wichtigen Fragen sind hier, ob sie wissen, was die anderen Hunde denken oder ob sie einfach gelernt haben, dass Bellen an der Tür wünschenswerte Folgen in einem anderen Teil des Hauses für sie hat.

Wichtig zu wissen ist, dass Ablenkungen nur eine begrenzte Haltbarkeit haben. Sie funktionieren nur so lange, wie die Opfer solcher Täuschungsmanöver nicht argwöhnisch gegenüber Fehlmeldungen werden. Das ist sehr wichtig zu verstehen, denn einer der Ratschläge, die Hundebesitzern in letzter Zeit immer wieder gegeben werden, wenn es um den Umgang mit unerwünschtem Verhalten geht, lautet, dass man den Hund ablenken solle. Das ist in gewisser Weise sinnvoll, weil man einen Hund nur schwierig für anderes Verhalten belohnen kann (Gegenkonditionierung), wenn er an seiner neu entdeckten, aber für uns unerwünschten Beschäftigung grenzenloses Gefallen findet. Das Problem ist aber: Je mehr wir unseren Hund zu täuschen und abzulenken versuchen, desto weniger wird er bereit sein, uns zu vertrauen.

Hier ein Beispiel: Wenn Besitzer über den Zugang zu Sofas oder Betten mit Aggressionen ihrer Hunde zu kämpfen haben, wird ihnen oft geraten, in einen anderen Raum zu gehen und eine Ablenkung zu schaffen: Auf und ab zu hüpfen, mit einem imaginären Hund zu spielen, zu quietschen und zu kichern. Diese neuen Aktivitäten werden den Hund ein oder zwei Mal ablenken, aber sie verlieren den Reiz des Neuen sehr schnell und sagen dann dem Hund einfach nur noch, dass er es erfolgreich geschafft hat, das Bett oder Sofa für sich zu beanspruchen. Hunde scheinen ziemlich schnell dahinterzukommen, dass hinter den Possen ihrer Besitzer nicht etwa die Absicht steckt, ihnen Unterhaltung zu bieten, sondern sie wegzulocken.

Strafe

Die Debatte rund um den Einsatz von Strafe im Hundetraining ist durch ein Missverständnis des Begriffs in eine falsche Richtung geraten. Strafe bedeutet NICHT körperliche Gewalt.

Sie ist alles, was die Wahrscheinlichkeit verringert, dass ein bestimmtes Verhalten künftig wieder auftritt. Streng genommen ist »Nein!« sagen dann eine Strafe, wenn es von der Ausführung bestimmter Handlungen abschreckt. Die »Straffrei-Bewegung« in der Welt des Hundetrainings entstand aus dem berechtigten Interesse heraus, körperlicher Gewalt gegen Hunde vorzubeugen. Inzwischen ist sie aber so weit gediehen, dass sie das Prinzip »Sag niemals nein!« vertritt und mir selbst stellt sich die Frage, warum ich die Hälfte meines Werkzeugkoffers wegwerfen sollte. Für meine eigenen Hund hat »Nein« immer bedeutet: »Hör auf, das zu tun, denn es wird dir keine Belohnung einbringen«. Das macht das unerwünschte Verhalten für die Zukunft unwahrscheinlicher – und damit ist es eine Strafe, aber keine Gewalt oder kein Missbrauch. Genau wie eine rote Ampel hilft es dem Hund, Verhalten zu identifizieren, das sich nicht weiter zu verfolgen lohnt. All das ist wichtig, weil es zeigt, wie die ungenaue Verwendung von Begriffen eine Sache durcheinanderbringen kann.

Lassen Sie uns einmal anschauen, wie das mit Angst funktioniert. Die politisch korrekte Formulierung wäre, dass Hunde niemals aggressiv, sondern nur ängstlich sind. Sie sind niemals sauer, sondern nur eingeschüchtert. Sie sind niemals offensiv, sondern immer nur defensiv. Ich sehe durchaus, dass dieser Blickwinkel etwas für sich hat, weil er Menschen am Schlagen von Hunden hindern kann, die Ausdrücke von angstbasiertem Aggressionsverhalten zeigen – aber hat er uns dabei geholfen, Hunde und ihr Training zu verstehen? Wenn man es auf die Spitze treibt und darauf beharrt, dass Hunde immer nur defensiv und niemals aggressiv seien, kann man so gut wie jedes Verhalten mit Angst entschuldigen. Der Hund, der knurrt, wenn sein Besitzer ihn vom Sofa zu vertreiben versucht, würde dann zum Beispiel nur seine Position auf einem bequemen Liegeplatz verteidigen; ein Hofhund, der einen vorbeigehenden Spaziergänger beißt, könnte damit entschuldigt werden, dass er sein Territorium verteidigt hat und ein Hund, der beim Kauen auf einem Spielzeugknochen nach einem Kind geschnappt hat, hatte einfach nur Angst, seinen Besitz zu verlieren. Angst vor einem Verlust könnte also herangenommen werden, um potenziell gefährliche Reaktionen zu rechtfertigen. Diese Sichtweise birgt aber Probleme, denn sie verwischt die Unterscheidung zwischen dem Ausdruck von Angst und einer Behauptung von Besitz oder Status bei einem Hund. Wenn Hunde erst einmal ihre Zähne zur Verteidigung einer Ressource eingesetzt haben, ist es unwahrscheinlich, dass sie damit wieder aufhören. Sie lernen entweder, dass Menschen Angst vor ihnen haben oder angsteinflößend sind – in beiden Fällen wird Aggression wahrscheinlicher. Natürlich besteht eine zentrale Strategie darin, Konflikte und Spannungen zu vermeiden, die Hunde dazu bringen könnten, sich gegen Menschen zu stellen. Hunde sollten nicht lernen, dass sie uns bewegen können – denn wenn sie dazu in der Lage sind, kann dieses Verhalten von einem Kontext zum anderen springen und sich währenddessen mit den Merkmalen hohen sozialen Rangs sozusagen verbrüdern. Das Problem ist natürlich, dass kaum ein Besitzer die Definition von Strafe richtig begreift, geschweige denn die unerwünschten Nebenwirkungen, die sie mit sich bringt. Wenn Ablenkungen oder milde aversive Reize es nicht schaffen, das Verhalten in Zukunft unwahrscheinlicher zu machen (es also zu bestrafen), tappen Anfänger häufig in die Falle, die Intensität der aversiven Reize zu steigern und selbst aggressiv zu werden. Deshalb ist es im Allgemeinen sicherer, davon auszugehen, dass Hunde aus Angst anstatt aus Machtstreben handeln und dass Aggression nur mit Hilfe positiver Bestärkung gelöscht werden sollte. Solange wir allerdings nicht akzeptieren, wie wichtig soziale Ordnung für die Welt eines Hundes ist und nicht deren Auswirkungen auf unsere gemeinsame Lebenssituation im Haus untersuchen, werden uns die entscheidenden Details entgehen, die manche Mensch-Hund-Paare so viel besser funktionieren lassen als andere.

Scham

Viele Besitzer beschreiben den Gesichtsausdruck ihres Hundes als schamhaft oder schuldbewusst, wenn sie ihn beim Schlafen auf einem verbotenen Platz, Plündern des Mülleimers oder Kauen auf dem »falschen« Ledergegenstand erwischt haben. Da ist man schnell zu der Annahme versucht, diese Emotionen seien direkte Entsprechungen des menschlichen Wertesystems – was aber möglicherweise den Hunden nicht gerecht wird und einen zu großen Vertrauensvorschuss liefert. Das Letzte, was Hunde tun würden, ist, uns einfach nur um des Ärgerns willen zu ärgern. Welchen Sinn sollte das für wild lebende Hunde oder Wölfe haben? Es scheint durch und durch unproduktiv zu sein und würde voraussetzen, dass Hunde auf der Planungsebene verstehen, wie wir die Regelverletzung empfinden, die zu begehen sie gerade im Begriff sind. Damit diese Kavaliersdelikte ihre maximale Ärger-Wirkung auf uns hätten, müssten die Hunde also wissen, dass das Federbett gerade frisch gewaschen wurde, dass der umgeworfene Mülleimer für den Mensch Durcheinander und viel Aufräumarbeit bedeutet und dass der aus toter Kuh gemachte Gegenstand aus Italien kommt, teuer und zum Tragen an Füßen gedacht ist.

Einer der führenden Wissenschaftler, Vilmos Csanyi aus Ungarn, hat die Gefühle bei Hunden untersucht. Er argumentiert, Scham sei kein hündisches Gefühl, weil sie auf sehr komplexen sozialen Beziehungen beruhe – Beziehungen, die Hunde noch nie brauchten, um mit Menschen auszukommen. Ich würde behaupten, dass Eifersucht, Frechheit und Mutwille in die gleiche Kategorie gehören. Diese Begriffe sind zwar ansprechend für Besitzer, die jedes nur mögliche Verhalten gern erklären möchten, aber Ethologen rufen uns in Erinnerung, dass es sich hier nicht um Verhalten, sondern um abstrakte Ideen oder Vorstellungen handelt.

Filetstückchen

○ Bei der Essenswahl gehen Hunde nach dem Prinzip »Versuch und Irrtum« vor.

○ Das Fressen der falschen Nahrung kann Hunde in ernste Schwierigkeiten bringen.

○ Bedrohungen, Schmerzen, Unwohlsein und die Enttäuschung einer fehlenden Belohnung sind für einen Hund schlechte Nachrichten.

○ Unterschiedliche Belohnungen erhalten das Interesse eines Hundes und seine gute Erziehung.

○ Regelmäßige Versorgung mit Trinkwasser beugt Austrocknung und Krankheiten vor.

○ Manchmal werden Hunde aggressiv, wenn sie eine Bedrohung ihrer Ressourcen wahrnehmen.

○ Das Beibehalten von Belohnungen stellt sicher, dass der Hund antrainierte Verhaltensweisen beibehalten wird.

○ Strafe ist KEINE Gewalt. Einfache Hörzeichen, ruhig vom Besitzer ausgesprochen, helfen Hunden beim Erkennen unproduktiven Verhaltens.

○ Es gibt kaum Hinweise darauf, dass Hunde etwas empfinden, das wir als Schamgefühl bezeichnen.

○ Die Aufgaben, die wir Hunden stellen, können ein riesiger Spaß für sie sein.

Das Gähnen, oft als Ersatzverhalten oder Beschwichtigungssignal bezeichnet, ist manchmal ein Zeichen dafür, dass sich der Hund leicht unwohl fühlt. Die von Natur aus unsichere Hündin Tinker gähnt oft, wenn sie im Fokus menschlicher Aufmerksamkeit steht – zum Beispiel, wenn sie fotografiert wird.

Die Versuchung ist groß, den Ausdruck in Annies Gesicht als »Schuldbewusstsein« zu beschreiben, wie sie hier aus dem Loch herausschaut, das sie gerade im Garten gebuddelt hat. Wahrscheinlicher ist aber, dass wir einfach nur Beschwichtigungssignale sehen, die wir unbewusst trainiert haben.

Kapitel 5

In diesem Kapitel werden wir uns anschauen, wie Hunde untereinander Beziehungen pflegen und dann in die Debatte darüber einsteigen, wie das uns dabei helfen oder in die Irre führen kann, wenn wir Hund-Hund-Modelle auf Hund-Mensch und Mensch-Hund Beziehungen übertragen. So weit waren wir uns bis jetzt darüber im Klaren, dass diese Ehrerbietung von ihrer Seite sich dann, wenn es keinen Streit um Ressourcen gibt und die Hunde uns einfach den Vortritt lassen, in so subtilen Dingen äußern kann wie uns aus dem Weg zu gehen – etwas, das wir kaum wahrnehmen und kaum jemals belohnen. Die Tatsache, dass wir Ehrerbietung bekommen, ohne sie einzufordern, macht uns zu klaren Führungspersonen. Außerdem verfügen wir über die Ressourcen und können sie uns zunutze machen, um beim Hund alle die Verhaltensweisen zu trainieren, die wir als wünschenswert erachten. Dies ist etwas, das andere Hunde nicht so effektiv können wie wir. Unsere relative Größe bedeutet, dass die Hunde automatisch zu uns aufsehen müssen – im direkten wie im übertragenen Sinne. Gut möglich, dass all das uns zu Super-Hunden macht: Wir sind die Initiatoren von Expeditionen, Fellpflege, Spiel oder Essen. Wir sind Führungspersonen, die in Frage zu stellen sich nicht lohnt. Die Motivation der Hunde nach Gruppenzugehörigkeit und ihr Wunsch nach dem Frieden, den eine klare Führungsperson mit sich bringt, passen bestens zu der Leichtigkeit, mit der wir genau das bieten können. Wir müssen uns nicht besonders anstrengen, um sie zu erobern. Welch eine privilegierte Position, in der wir uns da befinden! Wie bemerkenswert einfach ist es für uns, dieses unfreiwillige Publikum auszubeuten! Und wie traurig, dass diese Gabe je missbraucht wird!

Wir tun gut daran, die Wege zu untersuchen, auf denen soziale Ordnung sich in stabilen Hundegruppen aufbaut und erhalten wird. Die Friedlichkeit, die im Allgemeinen solche etablierten Hundegemeinschaften kennzeichnet, erinnert uns daran, dass es nur sehr selten Verletzungen der sozialen Ordnung gibt und dass Aggression selten ist. Dies wird durch klare Signalgebung und unaufgefordert gezeigte Unterwerfung unterstrichen. Grober körperlicher Kontakt kommt viel öfter im Spiel als im Kontext von Gewalt vor und wird durch deutliche Signale angekündigt.

Bei wild lebenden Hunden sind die sozialen Gruppen viel stabiler als im Mensch-Hund-Bereich. Wild lebende Hunde treffen auch nicht regelmäßig auf Fremde, besuchen Hundewiesen oder fahren in Urlaub. Hunde haben in ihrer Evolution nicht gelernt, dass neue soziale Gruppen, die sich aus dem Besuch von Fremden, auf der Hundewiese oder im Urlaub ergeben, nicht für alle Ewigkeit halten. Ob sie diesen neuen Gruppen einen Sinn abgewinnen können, hängt entweder davon ab, ob sie nach und nach lernen, wer wann über welche Ressource verfügen darf, oder es geht um sozialen Rang (Status), der die Notwendigkeit zu ständigem Streit nimmt. Es scheint etwas für sich zu haben, schnell und schmerzlos klarzustellen, wer sich wem unterwerfen muss. Wissenschaftler messen soziale Hierarchie im Allgemeinen daran, wer wen vom Futter vertreiben kann und, seltener, wer mit wem einen Kontakt initiieren kann. Die Frage ist, ob solche sozialen Ordnungen bei

Hunden auch Menschen mit einschließen können und ob das erklären kann, warum hin und wieder Menschen gebissen werden.

Ob Hunde im Verlauf der Evolution gelernt haben, ihre erstaunlichen Werkzeuge der sozialen Ordnung auch mit anderen Spezies (und vor allem Menschen) einzusetzen, ist umstritten. Manche sind der Meinung, die aus Forschungen an wenigen, in Gefangenschaft lebenden Wolfsrudeln hervorgegangene sogenannte Rudeltheorie sei das Muster für das Sozialleben der Hunde. Andere dagegen argumentieren, dass die Fähigkeit der Hunde zum Eingehen sozialer Bindungen zu Menschen, einer ihnen komplett fremden Spezies, sie grundlegend vom Wolf unterscheide. Und dazwischen gibt es diejenigen, die sagen, dass Hunde vermutlich auf das soziale Repertoire zurückgreifen, das sie im Umgang mit anderen Hunden gelernt haben, sofern sie nicht mit anderen Spezies sozialisiert wurden. Mit Sicherheit sind Hunde, die die größte Flexibilität im Verhalten (oft auch als Lernfähigkeit bezeichnet), die meiste Toleranz und sogar Versöhnlichkeit zeigen, diejenigen, die am gründlichsten sozialisiert wurden. Die Sozialisationsperiode (in der Welpen Reize als bekannt akzeptieren lernen) ermöglicht uns den Blick auf den auffallendsten Unterschied zwischen Hund und Wolf. Gründliche Sozialisation in der Welpenzeit hilft ihnen, die Lawine an Neuem zu verarbeiten, mit der die Hunde von heute überschüttet werden. Sie kann Hunden auch helfen, zu lernen, dass es kein Drohverhalten bedeutet, wenn in der Nähe befindliche Menschen aufstehen und dass andere menschliche Verhalten wie zum Beispiel Lächeln oder Streicheln nichts mit dem Zähneblecken und Schulterpressen zu tun haben, wie andere Hunde es zeigen.

Wenn Hunde und Menschen unter einem Dach zusammenkommen, kann es viele Wege geben, wie wir unabsichtlich wechselnde und gemischte Botschaften senden. Oft erkennen wir nicht, wie sehr Hunde manche der Ressourcen schätzen, die wir so bereitwillig teilen. So misst der Hund einem gemütlichen Platz auf dem Sofa vielleicht viel mehr Wichtigkeit bei, als wir es je tun werden. Vielleicht belohnen wir unabsichtlich die kleinen Anfänge von Ressourcenbewachung und programmieren die Hunde damit für erhöhte Aggression in der Zukunft. Vielleicht entgehen uns manche Signale der Unterwerfung und wir reagieren nicht entsprechend, ignorieren Zeichen, mit denen die Hunde uns sagen, dass sie Distanz halten möchten und berühren sie – von Spielsignalen abgesehen – auf eine Art und Weise, die man nur als unhöflich bezeichnen kann. Wir starren Hunden in die Augen, beugen uns über sie, strecken die Hand nach ihnen aus und knuddeln sie am Hals – alles Dinge, die Hunde untereinander tun, wenn sie sich gegenseitig bedrohen. Da ist es kein Wunder, dass wir manche Hunde geradezu dazu zwingen, sich und ihre Ressourcen zu verteidigen. Bringen so ungeschickte Interaktionen wie diese Hunde auch dazu, ihren Status zu verteidigen?

Als Spezies, die viele Möglichkeiten eröffnet, sind wir Menschen es für Hunde durchaus wert, sich in unserer Nähe aufzuhalten und die meisten Hunde sind erfolgreich darin, uns auszubeuten. Wenn wir weniger wie Superhunde und mehr wie ganz normale Hunde erscheinen würden, würden wir uns plötzlich in der Mitte der sozialen Schicht wiederfinden. Stellen Sie sich vor, wir würden die meisten Zeit auf allen Vieren verbringen und vom Boden essen. Das würde sicherlich dazu führen, dass mehr Hunde den Zugang zu Ressourcen verteidigen und sehr wahrscheinlich auch dazu, dass sie uns öfter zum Verlassen unseres Platzes bringen als wir es derzeit mit ihnen tun. Vom gelegentlichen Krabbelkind einmal abgesehen, das vielleicht zwischen Futternäpfen auf dem Boden herumrutscht, machen wir die Dinge für unsere Hunde im Allgemeinen aber nicht so kompliziert.

Beziehungen zwischen Hunden

Um sich eine Vorstellung davon zu machen, wie Hunde miteinander zurechtkommen, lassen Sie uns zunächst einmal überlegen, wie die Beziehungen zwischen Welpen und ihrer Familiengruppe aussehen. Mit ihren fest verschlossenen Augen sind die Welpen in den ersten 10-12 Lebenstagen blind. Wenn man bedenkt, dass Hunde in einer Welt der Gerüche leben, können wir davon ausgehen, dass der Geruch seiner Mutter für einen Welpen extrem wichtig sein muss. Der Geruch eines Welpen und seiner Wurfgeschwister mischt sich mit dem der Mutter zu einer Welt von Sicherheit, Komfort, Nahrung und Wärme. Bis seine Augen sich öffnen, hilft der sich abstufende Geruch dem Welpen, seine Mutter und Geschwister zu finden. Vermutlich behält der Welpe die ersten Lektionen, die er über diese Gerüche lernt, sein Leben lang. Möglicherweise helfen sie ihm sogar dabei, die Seinen nach einer Zeit der Trennung wiederzuerkennen.

Gedankenfutter

Bei Hündinnen sondert das Gewebe um die Zitzen herum, insbesondere in der Rille zwischen der rechten und linken Milchleiste, beruhigende Pheromone ab. Neuere Studien haben bestätigt, dass diese Pheromone eine entscheidende Rolle dabei spielen, dass der Welpe den Weg zur Milchzitze findet. Auch bei erwachsenen Hunden konnten Wirkungen nachgewiesen werden. Sowohl bei Welpen als auch bei erwachsenen Hunden haben diese Pheromone einen beruhigenden Effekt und sind möglicherweise sogar an dem beruhigenden Gefühl beteiligt, das ein Welpe erfährt, wenn er die Zitze gefunden hat – sogar noch bevor die Milch fließt. Wissenschaftler haben herausgefunden, dass eine künstlich hergestellte Variante des gleichen beruhigenden Pheromons Anzeichen von Angst in den Wartezimmern von Tierarztpraxen verringern kann. Die in letzter Zeit erzielten Erfolge dieses Produkts in der Beruhigung ängstlicher Hunde, wie zum Beispiel mit Trennungs- oder Gewitterangst, sind sehr ermutigend. Das »Dog Appeasing Pheromone« oder »DAP«, wie es vermarktet wird, wird auch zur Beruhigung von Welpen beim Umzug in ihr neues Zuhause verwendet.

Das Zuhause verlassen

In ein neues Zuhause zu kommen ist für Welpen eine sehr große Herausforderung. Hunde sind von ihrer Entwicklung her dazu vorgesehen, entweder in ihrer Familiengruppe zu leben oder auseinander zu gehen. Auch wenn viele Wissenschaftler heute davon ausgehen, dass die Evolution von Hunden und Menschen Seite an Seite stattfand, können wir doch nicht behaupten, dass Hunde dazu geboren wären, im Alter von sechs bis acht Wochen zum Zusammenleben mit einer anderen Spezies weggeschickt zu werden – genauso wenig, wie wir behaupten können, dass ihre Kastration von der Evolution vorbestimmt wäre. Aus irgendeinem Grund sind Welpen in diesem Alter extrem flexibel und stoßen mit viel geringerer Wahrscheinlichkeit in ihrem späteren Leben auf für sie außerirdische Wesen, wenn sie zu dieser Zeit in ihre neue soziale Gruppe eingeführt werden. Im Grunde ist es so: Hunde sind von ihrem Verhalten her flexibel genug, um mit einer anderen Spezies zusammenzuleben. Manche Wissenschaftler nennen das Präadaption, was bedeutet, dass die Biologie des Hundes seine Domestikation begünstigt. Die Tatsache, dass manche Haushunde innerhalb nur einer Generation wieder zu wild lebenden (feralen) Hunden werden können, legt sehr stark nahe, dass unser Selektionsdruck für Merkmale der Domestikation wenig an ihrer Fähigkeit geändert hat, auch ohne uns zurecht zu kommen.

Beim Rudel bleiben

Wenn wir uns das Für und Wider anschauen möchten, warum ein Welpe in der Wildnis bei seinem Rudel bleiben oder sich von ihm trennen sollte, müssen wir überlegen, wie Struppi Streuners Nachkommen in seine Familiengruppe passen – oder anders gesagt: Was hat das Rudel davon, zusammenzubleiben? Klar, frischer Nachwuchs bringt irgendwann die Vorteile, wie alle Gruppenmitglieder sie bieten – wie zum Beispiel zusätzliche Sicherheit durch bessere Bewachung, erhöhte Schlagkraft beim Bekämpfen von Feinden oder mehr Möglichkeiten zur weiteren Fortpflanzung. Aber um welchen Preis? Sie müssen gesäugt und mit hervorgewürgter Nahrung gefüttert werden, etwas, das für die Hündin neben den Schmerzen der wundgelutschten Zitzen irgendwann einen so großen Konflikt darstellt, dass sie sich gezwungen sieht, den Wurf zu entwöhnen. Mag ja sein, dass sie nach der Entwöhnung in vielerlei Hinsicht zusammenarbeiten, aber sie konkurrieren auch um Nahrung und um alle Ressourcen.

Wenn sie langfristig beim Rudel bleiben, ist das Band, das sich zwischen Eltern und Geschwistern entwickelt, ein sehr vielschichtig geknüpftes. Die Richtung, in die der Kopf beim Ruhen zeigt, kann Zuneigung oder Unterwürfigkeit bedeuten und das Versteifen der Körperhaltung kann eine ernsthafte Warnung aussenden. Ein einziger Blick eines ranghohen Erwachsenen kann einen aktiven Youngster zu einer Vollbremsung veranlassen, während hartes Anstarren in der Tat sehr einschüchternd ist! Für ein Jungtier kann Wegschauen das Gleiche bedeuten wie sich zu ducken und zu unterwerfen, und über den Rücken rollen kann signalisieren, dass keinerlei Bedrohung in Sicht ist.

Rivalitäten unter Geschwistern

Geschwisterstreitigkeiten können unter Hunden ein sehr ernstes Thema sein. Aus diesem Grund wird im Allgemeinen nicht empfohlen, zwei Welpen aus einem Wurf gemeinsam aufzuziehen, auch wenn es gelegentlich gut klappt, dass zwei Hundegeschwister ihr ganzes Leben zusammen verbringen. Welpen verstehen »welpisch« viel besser als deutsch und kommen deshalb immer besser untereinander klar als mit Menschen. Sie werden auch mehr Zeit miteinander verbringen als mit jeder menschlichen Betreuungsperson. Der Mensch läuft dabei Gefahr, zu nichts weiter als zur Futterressource zu werden. Wenn die Welpen unterschiedlichen Geschlechts sind, können sie den Rest ihres Lebens in diesem halbwilden Zustand verbringen. Wenn sie dem gleichen Geschlecht angehören, werden sie zu ihren stärksten Konkurrenten: Bis zu einem gewissen Punkt werden sie spielerisch miteinander kämpfen und häufig dann irgendwann auch ernsthaft. Sie können um Futter konkurrieren, um Spielsachen, Schlafplätze und die Zuneigung der älteren Rudelmitglieder.

Gedankenfutter

Unter frei lebenden Hunden sind erfolgreiche lebenslange Bindungen zwischen Geschwistern alles andere als üblich. Und in der Tat sollte diese Seltenheit solcher Allianzen aus Wurfgeschwistern gleichen Geschlechts uns etwas sagen. Wurfgeschwister kämpfen ab dem Moment miteinander, in dem sie um die begehrtesten Milchzitzen konkurrieren. Aber sowohl das Teilen von Milch als auch das von Macht sind beschwerlich und beides kann mit absoluter Fairness nicht erreicht werden – ein Mitglied der Allianz profitiert in der Regel immer mehr als das andere. Brüder erleben vielleicht erfolgreich gemeinsam Abenteuer, warnen und verteidigen sich gegenseitig vor neuen Bedrohungen oder übernehmen vielleicht sogar andere Rudel, aber auf lange Sicht werden sie so wertvolle Ressourcen wie das Recht zur Verpaarung niemals gleichmäßig miteinander teilen.

In menschlicher Obhut lebende Hunde haben nur selten die Möglichkeit, ihren Sexualpartner frei zu wählen, da dies Sache des Züchters ist – und wir wissen auch, dass das Streben nach bestimmten Merkmalen manche Züchter leider dazu bringt, Brüder mit Schwestern, Väter mit Töchtern und Mütter mit Söhnen zu verpaaren. In der freien Wildbahn führt Inzest zu einer verringerten genetischen Diversität der Nachkommenschaft, was auf lange Sicht bedeutet, dass Hunde, die zur Verpaarung mit Geschwistern neigen, sich auf Evolutionsebene nicht gut behaupten werden. Wenn Hunde sich auf der Suche nach Paarungspartnern hingegen weiter verstreuen, können neue Gene vorhandene Nischen nutzen und vielleicht sogar vom früheren Erfolg der Gene anderer profitieren. Wenn zum

Beispiel ein fortpflanzungsfähiger Rüde in ein neues Rudel kommt, genießt er den Vorteil kultureller Errungenschaften wie zum Beispiel von Jagdstrategien, die seine neue Gruppe über Jahre hinweg mühsam erarbeitet hat.

Kommunikation unter Hunden

Weil die hündische Kommunikation – mit Unterwürfigkeit der Rangniederen und stechenden Blicken der Ranghohen – so komplex ist, ist der Einsatz von Zähnen kaum jemals nötig. Genau so sollte es auch sein, denn sich auf einen Kampf einzulassen bedeutet zuzugeben, dass andere Strategien – inklusive Unterwerfung – nicht funktioniert haben und dass die Protagonisten zumindest gleichwertig sind, was ihr Potenzial an Ressourcenbesitz angeht. Kämpfe stören das feine Gleichgewicht innerhalb der Gruppe und erhöhen das Verletzungsrisiko. Aber auch wenn aggressive Begegnungen als Ergebnis von Konkurrenz selten sind, findet Kontakt zwischen den Gruppenmitgliedern auf jeden Fall eher dann statt, wenn es wenig andere Ablenkungen gibt (wie zum Beispiel hoch geschätzte Besitztümer). Gegenseitige Fellpflege ist ein gutes Beispiel. In menschlicher Obhut kommt sie häufiger unter Hunden vor, die gemeinsam aufgewachsen sind, als unter solchen, die sich erst als Junghunde oder Erwachsene kennengelernt haben. Wie wir bereits gesehen haben, sind die beliebtesten Stellen zur Fellpflege die Oberseite des Halses, rund um die Ohren und entlang der Rückenmitte. Dies lässt vermuten, dass es besonders schön ist, an diesen schwer erreichbaren Stellen gekratzt zu werden – vermutlich, weil dabei Oxytocin, das »Liebeshormon«, freigesetzt wird. Der »Gekratzte« signalisiert dem »Kratzenden« vermutlich durch Einnehmen einer bestimmten Position, wann er die richtige Stelle getroffen hat und wann er wieder aufhören soll.

Lecken im Gesicht

Das Lecken im Gesicht, vor allem um Maul, Ohren und manchmal Augen, ist die Art eines Hundes, mitzuteilen, dass er etwas möchte. Wenn ein Welpe einem Elternteil das Maul leckt, kann das heißen, dass er Futter haben möchte. Wenn er irgendeinem anderen älteren Hund ums Maul leckt, kann dies Anerkennung, Interaktion oder Bestätigung bedeuten – wenn nach dieser Art, ein Ansuchen vorzubringen, noch unterwürfige Gesten gezeigt werden, hilft dies, die soziale Ordnung aufrecht zu erhalten. Wenn ein Rüde einer Hündin die Ohren leckt, ersucht er damit um die Erlaubnis, ihr weitere Avancen machen zu dürfen.

Bellen

Hunde bellen mehr als Wölfe, nicht zuletzt deshalb, weil ihre Umgebung dazu stimuliert. Von enormer Wichtigkeit hierbei ist die soziale Interaktion, die erklärt, wieso ein bellender Hund alle anderen in Hörweite zum Mitmachen bringen kann. Wir alle haben schon einmal erlebt, wie regelrechte »Bellwellen« durch Dörfer oder Wohnviertel ziehen. Hunde bellen zwar öfter als Wölfe, aber nicht alle Hunderassen bellen gleich. Die alte afrikanische Rasse Basenji, die so gut wie gar nicht bellt, gehört zu den am wenigsten vokal veranlagten Rassen, wohingegen Pudel und Shelties sehr stimmbegabt sind. Und auch Bellen ist nicht gleich Bellen. Bellen kann verschiedene Bedeutungen haben und Menschen sind ganz gut darin, die jeweilige Stimmungslage des Hundes aus dem Bellen herauszuhören. Das mag nichts Neues für alle sein, denen schon einmal aufgefallen ist, dass Hunde in verschiedenen Situationen unterschiedlich bellen.

Gedankenfutter

Eine neuere Studie zum Bellverhalten hat gezeigt, dass der spezielle Ton des Bellens je nach Kontext variiert. Die Studie identifizierte drei Situationen, die verschiedenes Bellen hervorrufen: Spielen, Isolation und Störungen. Im Allgemeinen hält das störungsbedingte Bellen länger an und ist von der Tonlage her tiefer als das bei Isolation oder Spiel geäußerte. »Spielbellen« ist besonders hoch in der Tonlage und hat ungleichmäßige Abstände zwischen den einzelnen Belllauten. Dies stimmt auch mit den Ergebnissen ungarischer Wissenschaftler überein, die Unterschiede in der Vokalisation feststellten, wenn die Hunde alleine, verspielt oder in Gegenwart Fremder waren. Die gleiche Forschungsgruppe wies weiterhin nach, dass das Bellen eines Hundes auch emotionalen Inhalt an Menschen übermitteln kann. Sogar wenn den Menschen das Bellen einer anderen Hunderasse vertrauter war, konnten sie ziemlich genau bestimmen, welches Bellen aus welchem Kontext stammte. Sie wiesen dem »Isolationsbellen« korrekt die Merkmale Verzweiflung und Angst zu, dem Spielbellen Fröhlichkeit und dem Warnbellen bei der Begegnung mit Fremden Aggressivität. Vielleicht sind Rasseunterschiede im Bellen auch ein bisschen so etwas wie unterschiedliche Akzente beim Menschen.

Markieren

Weil Hunde evolutionsbedingt in einem definierten Gebiet leben, patrouillieren sie regelmäßig die Laufwege und wichtigen Punkte innerhalb ihres Reviers ab und versehen sie mit ihrem Geruch. Besonders motiviert zum Markieren sind sie dann, wenn sie den Geruch eines anderen Hundes über ihrem eigenen feststellen. Möglicherweise markieren auch Hündinnen deshalb mit Urin oder Kot rund um ihr Nest, um Eindringlinge zu warnen. Hunde markieren auch übriggebliebenes Futter und Stellen, an denen sie Futter gefunden haben.

Kontakt herstellen

Die meisten sozialen Tiere berühren sich regelmäßig, um die Gesellschaft zu pflegen oder kleinere Dispute zu lösen (schubsen und drängeln). Wenn Sie das erste Mal einen fremden Hund treffen, kann körperlicher Kontakt absolut entscheidend sein. Die neuesten Studien (insbesondere zu Tierheimhunden) zeigen, dass Körperkontakt in Form von Bürsten effektiver eine Bindung zwischen einem bedürftigen Hund und einem fremden Menschen herstellt als Training oder frei verteiltes Futter. Diese Erkenntnis sollte allerdings nicht rechtfertigen, dass Sie sich einem Hund aufdrängen, der Ihnen ganz klar mitteilt, dass Sie auf Abstand bleiben sollen! Diese Forschungsergebnisse sind deshalb wichtig, weil sie zeigen, dass Fellpflege Tierheimhunde nicht nur offener gegenüber Fremden (potenziellen neuen Besitzern) macht, sondern sie sich wahrscheinlich auch weniger aufregen, wenn sie von neuen Menschen getrennt werden.

Gedankenfutter

Meine Kollegen und ich haben einmal die umwelts- und geschlechtsspezifischen Faktoren untersucht, die mit dem Absetzen von Urin und Kot zu tun haben. In unserer Befragung berichteten die Besitzer, dass ihre Hunde in unbekannter Umgebung häufiger »mussten« als sonst. Wir klassifizierten diese Umgebungen je nachdem, wie häufig sie besucht wurden, in »regelmäßig besucht«, »gelegentlich besucht« und »neu«. Die nur gelegentlich besuchten Umgebungen wurden häufiger mit Urin und Kot bedacht als die regelmäßig besuchten. In neuen Umgebungen war die Rate aber am höchsten von allen. Das lässt vermuten, dass die Motivation zum Markieren mit Urin und Kot in bekannter Umgebung nachlässt. Unsere Studie ergab außerdem, dass auch das Hormonprofil der Hunde einen Einfluss auf das Markieren hatte. Unkastrierte Rüden urinierten und koteten in allen Umgebungen häufiger als Hündinnen und in regelmäßig sowie gelegentlich besuchten Umgebungen koteten sie mehr als kastrierte Rüden.

Nachdem wir den Besitzern all diese persönlichen Fragen zu den Toilettengewohnheiten ihrer Hunde gestellt hatten, gingen wir nach draußen und schauten uns an, was so in den Parks passierte. Eine meiner Kolleginnen erklärte sich bereit, die Hunde beim unangeleinten Freilauf zu beobachten. Sie schrieb auf, wie oft sie urinierten oder koteten und sammelte all die Häufchen ein, die sie hinterließen. Diese Studie bestätigte, dass unkastrierte Rüden öfter Kot und Urin absetzten als andere Hunde.

Als wir die Hinterlassenschaften aller Hunde analysierten, entdeckten wir außerdem, dass dieselben immer dünnflüssiger wurden, je häufiger sie abgesetzt wurden. Das ist wichtig, denn damit konnten wir eine Verbindung zwischen dem Drang zum häufigen Markieren und dem Risiko eines zu dünnen Stuhls herstellen – und damit eine mögliche Ursache für Durchfall identifizieren. Zusammengenommen lassen die beiden Haupt-

punkte dieser Studie vermuten, dass das Markieren mit Kot in unbekannten oder be-
sonders stimulierenden Umgebungen zu Durchfall führen kann und dass unkastrierte
Rüden besonders hiervon betroffen sind. Besitzer und Tierärzte sollten das wissen und
vielleicht weniger in unbekannten Gegenden spazierengehen, wenn Hunde Durchfall
haben.

Griesgrämige alte Hunde

Welpen kommen in der Regel prima mit anderen klar, aber ältere Hunde sind oft weniger tolerant. Die in etablierten Gruppen herrschende klare Kommunikation kann den Eindruck von Harmonie erwecken, aber Streitigkeiten können auch jahrelang unter der Oberfläche köcheln und überkochen, wenn ein Hund älter wird. Wenn eine Hündin altersschwach wird, werden ihre Signale zum Beispiel möglicherweise weniger subtil und nachdrücklicher. Je mehr sie die Intensität ihrer finsteren Blicke und des Lefzenhochziehens verstärkt, desto eher kommt irgendwann der Punkt, an dem sie sich auch zum Einsatz ihrer Zähne ent-schließt, um ihre Ressourcen zu verteidigen. Das kann zu Feindschaften führen, insbeson-dere mit anderen Hündinnen, weil die Grenzen nun getestet werden. An diesem Punkt wird ihre zunehmende körperliche Gebrechlichkeit möglicherweise so deutlich, dass sie ihre Po-sition nicht mehr halten kann. Die Brutalität eines Kampfes zwischen einer Althündin und ihren Herausforderinnen wirkt auf menschliche Beobachter oft schockierend. Und tatsäch-lich ist es so, dass auch erfahrene Experten oft nur zur dauerhaft getrennten Haltung raten können, wenn in einem Haushalt lebende Hündinnen miteinander zu kämpfen beginnen.

Wanderlust

Hunde sind eine soziale Spezies, weshalb die Vorteile eines Lebens in der Gemeinschaft meist gegenüber den Risiken und Nachteilen überwiegen, die das Verlassen des Rudels mit sich bringt. Natürlich wird bei Haushunden im Gegensatz zu wilden oder wild lebenden Hunden die Freiheit der Wahl, entweder zu bleiben oder aber Mutter, Geschwister und die Gruppe der Menschen zu verlassen, durch Halsbänder, Leinen und Zäune eingeschränkt. Aber warum verlassen wild lebende Hunde ihre Familiengruppen? Gehen sie von selbst oder werden sie vertrieben? Hunde neigen deshalb zum Verlassen ihrer Familie, weil die Verlockungen von neuen Bekanntschaften und Sex stärker sind als der Wunsch, beim Be-kannten zu bleiben. Anstatt nach einem fest eingezäunten Zwei-Hektar-Grundstück mit Familie zu streben, sehen sie lieber herumstreunenden Spielkameraden zu und wandern mit ihnen fort – frei, um neue Ressourcen zu entdecken und die Gruppe so lange wie mög-lich auszunutzen.

Rückkehr in den Familienverbund

Was passiert, falls wild lebende Hunde nach ihrer »Auswanderung« doch wieder zu ihrer Familiengruppe zurückkehren? Sie können wieder aufgenommen werden – oder auch nicht. Auf jeden Fall erhöhen sie ihre Chance, wieder akzeptiert und integriert zu werden, wenn sie sich untertänig geben und Unterwerfungssignale aussenden oder engen Kontakt vermeiden, bis sie sich sicher sind, wie die Lage ist.

Wenn Hunde ihre Beziehungen zu Menschen auf der gleichen Grundlage bauen wie die zu anderen Hunden, kann diese offensichtlich ablehnende Haltung der sozialen Gruppe vielleicht erklären, warum Hunde, wenn sie ihre Menschen nach einer zweiwöchigen Urlaubsreise wiedersehen, oft ein bisschen distanzierter und weniger freundlich sind als gewöhnlich. Diese Reaktion wird oft als Ärger oder Beleidigtsein des Hundes darüber interpretiert, dass man ihn alleine zurückgelassen hat, aber sie könnte auch einfach nur seine instinktive Reaktion sein, um Zusammenstöße nach einer Zeit der Trennung zu vermeiden. Denn wer kann schon sagen, was sich vielleicht in Abwesenheit des Hundes verändert hat? Möglicherweise wurde ja eine neue soziale Ordnung aufgestellt und es wäre folglich für den Fall der Fälle ratsam, vorerst niemandem seine allzugroße Verbundenheit zu zeigen.

Neue Familienmitglieder aufnehmen

Wenn neue Welpen im Szenario auftauchen, spielen die Erwachsenen – egal ob Rudelmitglieder oder nicht – entweder begeistert mit ihnen oder tolerieren sie nur so gerade eben. Andere Hündinnen außer der Mutterhündin können einem neugeborenen Wurf potenziell sehr gefährlich werden. Züchter berichten oft, dass eine Hündin (egal, ob sie gerade selbst einen Wurf hat oder nicht) oft fremde Welpen erschnüffelt, belauert und tötet, sobald sie von ihrer Mutter unbeobachtet gelassen werden. Bei Rüden wird dieses Säuglingsmord-Verhalten nicht beobachtet. Im Gegensatz zu einem neu ins Rudel gekommenen Löwen, der erst die Nachkommen seines Vorgängers tötet, bevor er das Rudel übernimmt, ist von männlichen Hunden nicht bekannt, dass sie Welpen anderer Rüden töten würden.

Man sollte einmal darüber nachdenken, wie die Väter von Welpen eigentlich eine Beziehung oder vielmehr Familienverwandtschaft erkennen. Es gibt zwar kaum Untersuchungen, die das unterstützen, aber es könnte sein, dass manche Rüden sie am ähnlichen Geruch erkennen – genauso wie man menschlichen Vätern nachsagt, dass sie an ihren neugeborenen Kindern unterbewusst die eigenen Gesichtszüge wiedererkennen. Man nimmt sogar an, dass menschliche Säuglinge beiderlei Geschlechts im sehr frühen Lebensalter deshalb ihrem Vater ähnlicher sehen als ihrer Mutter, weil dieser Mechanismus verhindert, dass keine von einem anderen Mann gezeugte »Kuckuckskinder« untergeschoben werden können. Vielleicht riechen ja auch Hundewelpen mehr nach ihrem Vater als nach ihrer Mutter.

Behandeln Hunde Menschen wie andere Hunde?

Hunde legen andere Hunde niemals an die Leine, schneiden ihnen nicht die Krallen und füttern sie nicht aus Näpfen. Es gibt also für jeden Hund deutliche Grenzen in seiner angeborenen Fähigkeit, unser Verhalten auf das hündische Sozialrepertoire zu übertragen. Wie viele Hunde gehen zu einem Menschen hin, der gerade ein Sandwich isst, und schubsen ihn genauso weg, wie sie es mit einem anderen Hund machen würden? So gut wie keine. Wenn wir also glauben, dass Hunde uns genauso wahrnehmen wie andere Hunde, dann ist das höchstwahrscheinlich nur die halbe Wahrheit. Vielleicht lassen sich deshalb Rangbeziehungen unter Hunden nicht wörtlich auf eine Hund-Mensch-Beziehung übertragen. Warum sollten sie auch? Schließlich sind unser Verhalten und unsere Kommunikation so komplett anders als die der Hunde: Wir laufen auf zwei Beinen herum, wir essen, schlagen und streicheln mit unseren Händen, wir zeigen die Zähne beim Lächeln, wenn wir glücklich sind und nutzen unseren Urin nicht zum Markieren, sondern deponieren ihn in einer großen Schüssel, die absolut akzeptables Trinkwasser enthält.

Haben Hunde ein Verständnis von Führung? Falls ja, sollten wir uns in unserem Verhalten nach den wohlwollendsten Anführern überhaupt richten, deren Rang außerhalb jeder Frage steht. Und der wohlwollendste Führer, mit dem sie je zu tun hatten, ist wohl ihre Mutter. Sie hat sie geführt, gefüttert, ihnen den Popo saubergeleckt und – ja – sie diszipliniert, wenn sie über die Stränge geschlagen sind. Was in keiner Weise je suggerieren soll, dass Menschen Hunde schlagen sollten. Jeder, der ein echter Rudelführer im wahren hündischen Sinne sein möchte, müsste erst einmal alle nötigen Körperteile seines Rudels ablecken, bevor er sich an die körperliche Disziplinierung machen würde. Auch wenn ich jetzt Gefahr laufe, etwas wirklich Banales zu sagen – Hunde sind die einzige Spezies, die mit Hunden so gut kommunizieren kann wie Hunde. Daher auch die Klarheit, mit der sie gegenseitig ihr Verhalten steuern können. Von Hand aufgezogene Welpen können sehr widerspenstig und anspruchsvoll sein – vermutlich deshalb, weil keine anderen Hunde ihnen immer wieder Grenzen gesetzt haben. So früh wir möglich einen Sinn für Ordnung/Rang/Status/Hierarchie zu lernen ist für eine so soziale Spezies wie den Hund entscheidend wichtig, und genau dabei helfen Wurfgeschwister. Wenn Sie einmal sehen möchten, was übermäßige Nachsicht aus einem Hund macht, dann suchen Sie sich einen aus einem Einzelwurf ohne Geschwister. Meiner Erfahrung nach sind dies notorisch dickköpfige, sture Tiere.

Rang verstehen

Hunde schätzen Ressourcen und den Zugang zu ihnen. Wir haben uns das Wertesystem von Haushunden schon in Kapitel 3 angeschaut und gesehen, dass zwei Hunde für verschiedene Ressourcen nur selten gleich stark motiviert sind. Haben Hunde einen Sinn für Rang? Ich glaube schon. Von einer Schlüsselressource vertrieben zu werden, so lernen sie, macht eine andere Ressource schwieriger zu verteidigen. Genau das ist es letzten Endes, worum es Tieren in einer Hierarchie geht. Kann ich die Ressource behalten, oder kann ich an sie herankommen, indem ich die anderen Tiere vertreibe?

Warum haben sie sich in der Evolution so entwickelt, dass die Beobachtung von Rang wichtig ist? Wenn die Beziehungen zwischen den Mitgliedern einer Familiengruppe vorhersehbar sind, bedeutet dies, dass Erwerb und Verteidigung von Ressourcen störungsfreier und mit weniger Verletzungsgefahr geschehen. Diese Beziehungen werden größtenteils durch Unterwürfigkeit gestützt. Trotzdem wird der ein oder andere Hund gelegentlich beißen, um eine aktuell in seinem Besitz befindliche Ressource zu verteidigen. Aber – und das scheint entscheidend – Hunde versuchen nur selten, Menschen von in deren Besitz befindlichen Ressourcen zu vertreiben. Eine klare Grenzziehung zwischen menschlichen Ressourcen (einschließlich Essen, Schlafbereich und Spielsachen) und Hunderessourcen hilft, das Risiko solcher Zusammenstöße zu verringern.

Eins der Probleme mit dem Rang ist, dass sich jeder Hund anders verhält, wenn es um die Wertschätzung und Verteidigung bestimmter Ressourcen geht. So könnte zum Beispiel in einem Haushalt ein Hund ungestörten freien Zugang zu einem bestimmten Schlafplatz haben, aber nicht zu Verteidigung von Futter in der Lage sein. Ändert sich der Rang mit dem Kontext? Das obige Beispiel legt eindeutig nahe, dass dem so ist. Das einfachste Beispiel dafür ist der Wert, den Spielzeuge für einen Hund innerhalb seines Territoriums haben: Der Inhaber des Territoriums wird diese Spielzeuge höher schätzen als es zu Besuch kommende Hunde tun. In diesem Fall bedeutet »Besitz« die Vertrautheit mit einem Territorium und seinen Ressourcen sowie die Investition dort hinein. Das ist auch der Grund dafür, warum man unbedingt alle Knochen und Spielzeuge wegräumen sollte, bevor man neu hinzugekommene Hunde mit bereits heimischen im Hof oder Garten miteinander alleine lässt.

Steigt der Rang mit dem Alter? In der Regel ja. Jungtiere können von den Älteren von den meisten Ressourcen vertrieben werden. Im Fall wild lebender Hunde bedeutet »Alter« in der Regel, dass ein bestimmter Hund am längsten in der Gruppe ansässig ist. Es ist auch logisch, den älteren Individuen höheren Status zuzuerkennen – sie wissen buchstäblich, wo der Hase läuft, sprich wo die besten Jagdgründe, das beste Trinkwasser, der kühlste Platz im Sommer oder die geschütztesten Höhlen für den Winter sich befinden.

Ändert sich der Rang, wenn eine Hündin Nachkommen hat? Dies ist ein strittiger Punkt, denn bei wild lebenden Hunden ist es meistens die Alphahündin des Rudels, die Nachwuchs bekommt. Mehr als ein Wurf im Rudel gleichzeitig ist ungewöhnlich, kann aber Anzeichen dafür sein, dass eine andere Hündin aufstrebt und mehr Zeit mit den ranghohen Männchen verbringt, sprich sie ist schon zum Zeitpunkt der Befruchtung im Rang gestiegen gewesen und es war nicht erst die Geburt der Welpen, die sie im Rang nach oben gebracht hat. Natürlich sind Hündinnen aggressiv, wenn sie spüren, dass ein Eindringling eine Gefahr für ihre Welpen darstellen könnte – warum sollte es auch anders sein? Manchmal töten Hündinnen auch den Wurf einer anderen, wenn sie Zugang dazu bekommen. Dies ist Teil der Strategie, die einer Hündin die Fortpflanzung ermöglicht und sicherstellt, dass das Rudel alle Ressourcen ihren Nachkommen zur Verfügung stellen wird.

Im Licht dieser kurzen Einführung in die Hund-zu-Hund-Beziehungen können wir nun untersuchen, wie wir als Hundebesitzer dieses Wissen am besten für unser Leben mit unseren eigenen Hunden nutzen können. Wir könnten dazu die bekannten Begriffe benutzen: Rudelführer und Alpha. Diese Begriffe sind aber problematisch, denn wie wir gesehen haben, kann die Rolle des Rudelführers geteilt werden und ein schlechter Alpha kann ein Tyrann sein. Wir haben offenbar früher alles daran gesetzt, Menschen zum Nachahmen von Rollen zu zwingen, die nur von Hunden wirklich übernommen werden können – Rollen, die zudem auch nur für das Zusammenleben von Hunden untereinander relevant sind und nicht für das von Hund und Mensch. Ich fürchte, wir haben uns von Schlagworten vereinnahmen lassen, die für Menschen eingängig klingen, aber am Kern der Sache vorbeigehen, was für Hunde wirklich wichtig ist. Schließlich binden sich Hunde deshalb an uns, weil wir für sie als Versorger und Gesellschaft wichtig sind, nicht, weil wir Alphas oder Rudelführer sind.

Der Aberwitz der Dominanz

In den 1980er Jahren waren Hundetrainer der Meinung, bei Gevatter Wolf wären die Antworten auf alle Fragen zu finden und dass die in Hunde- und Wolfsrudeln beobachteten Hierarchien identisch mit der sozialen Struktur von Hund-Mensch-Beziehungen seien. Damit hatte sich die Sache auch schon erschöpft. Die Prämisse lautete: Wenn wir einfach das tun, was einige Wölfe untereinander tun, werden wir harmonisch mit unseren Hunden kommunizieren. Obwohl die meisten Hunde, wie wir gesehen haben, sich Menschen gegenüber ständig unterwerfen, brachte diese Theorie Trainer und Tierärzte dazu, die Auffassung zu vertreten, Menschen müssten aktiv die Rolle des Alphas übernehmen, damit die Hunde beispielsweise mit geringerer Wahrscheinlichkeit beißen würden, um ihre Ressourcen zu verteidigen. Leider und traurigerweise förderte dies aber auch Handgreiflichkeiten gegenüber den Hunden wie zum Beispiel die sogenannte Alpha-Rolle. Der Mensch sollte sich über den Hund stellen und ihn anstarren, ihn bedrohen und sogar packen, bis er sich unterwürfig auf den Rücken rollen sollte. Diese Technik hat in absolut gesunden Mensch-Hund-Beziehungen jede Menge Schaden angerichtet.

Den rohen Signalen der Menschen setzten die Hunde verschiedene Versuche entgegen, die Menschen zu beschwichtigen. Vernünftigerweise wanden sich einige Hunde auch, kämpften und leisteten Widerstand gegen diese Praxis. Dem wurde dann oft mit noch mehr Gewalt von Seiten des Menschen begegnet: die Hunde wurden auf den Boden gedrückt und versuchten manchmal, sich mit Beißen zu verteidigen. Wenn das nicht funktionierte oder zu noch mehr Gewalt führte, urinierten oder koteten die Hunde vor Angst. Sie befanden sich wirklich in einer Krise. Und die ganze Zeit über standen wohlmeinende Trainer hinter den naiven Hundebesitzern und brachten ihnen bei, wie sie diese Misshandlung ausführen sollten. Nach viel zu langer Zeit leistete die freundliche Welt des positiven Hundetrainings endlich Widerstand und wandte sich gegen die handgreifliche Durchsetzung von Ranganspüchen. Das »Hände weg-Training« wurde geboren und überall begannen Hunde seine Vorteile zu spüren.

Führung ohne Dominanz

Die Hauptbetonung verlagerte sich im modernen Hundetraining darauf, dass man eine Führungsrolle ohne Dominanz, Zwang oder Gewalt einnehmen solle. Das ist freundlich, human und effektiv. Es sind auch gute Neuigkeiten für das Wohlergehen der Hunde, denn es hindert Menschen daran, sich in Kämpfe mit ihren Hunden einzulassen. Manche Top-Dogs haben es noch nicht einmal nötig, ihre Rudelmitglieder anzuknurren – sie müssen einen anderen Hund nur mit festem Blick anstarren, um ihn zu disziplinieren oder um eine Unterwerfungsgeste von ihm zu erhalten. Wir sollten uns das Verhalten dieser Hunde zum Vorbild nehmen. Auch wenn Hunde sehr gut den Unterschied zwischen einem Hund und einem Menschen kennen: Das Fehlen jeglicher körperlicher oder auch nur visueller Herausforderungen kann uns als klare Führungspersonen positionieren. Die Idee von Führung hat also die von Status ersetzt.

Gibt es Unterschiede in der Führerschaft?

Sie könnten auch fragen: Was ist der Unterschied zwischen einem Führer und dem hochrangigsten Rudelmitglied? Oft gibt es da kaum einen. Der effektive Rudelführer holt das Beste aus den Ressourcen heraus, aber das tut auch das hochrangigste Rudelmitglied. Beide können andere vom Zugang zu Futter, Wasser, Schlafplätzen, bevorzugten anderen Rudelmitgliedern und so weiter vertreiben. Beide geben Gegenständen dadurch einen höheren Wert, indem sie mit ihnen spielen. Beide unterstützen Aktivitäten und Interessen der Gruppe. Solange es keine Verwirrung in Bezug auf die Rangordnung gibt (zum Beispiel durch eine Änderung in der Gruppenzusammensetzung), ist das hochrangigste Rudelmitglied selten, falls überhaupt jemals aktiv aggressiv. Es setzt nur die minimal nötige Kraft ein, um seine Ziele zu erreichen. Die Parallelen erscheinen bemerkenswert. Gibt es also überhaupt irgendeinen wesentlichen Unterschied zwischen einem Alpha und einem Anführer?

Unter den Experten für Hundeverhalten wird Dominanz heutzutage oft nur noch als »das D-Wort« bezeichnet. Die Erwähnung des Begriffs »Dominanz« ist mit einigem emotionalem Ballast beladen und ruft vor dem geistigen Auge Bilder von Herrschaft und Herrschern hervor. Und wie wir gesehen haben, kann dies leider als Freifahrtschein für den Einsatz von Gewalt fehlgedeutet werden. Wir möchten nicht, dass Hunde uns von Ressourcen vertreiben – also müssen wir eine Beziehung haben, die Konflikte vermeidet und uns hilft, ungeschoren davonzukommen. Wir können unsere Interaktion mit Hunden so gestalten, dass wir unseren Rang eher mit Hilfe von Unterwerfung von Seiten des Hundes und der Frage »wer bewegt wen« gestalten, aber vor allem ist wichtig, dass all dies nicht mit Groll geschieht. Anführer sind in der Regel diejenigen, die Aktivitäten initiieren, während Alphas zuverlässig niederrangigere Gruppenmitglieder von Ressourcen wegbewegen. Ein Anführer, der Gewalt benutzt, läuft schnell Gefahr, als »schlechter Chef« abgestempelt zu werden. Die Kontexte, in denen diese Individuen sich identifizieren, sind also unterschiedlich. Das erklärt, warum die ausschlaggebenden Unterschiede zwischen den Konzepten von wohlwollendem »Alphatum« (Dominanz) und Führung sich um das Wohlergehen von Hunden drehen.

Mit Ungehorsam umgehen

Lassen Sie uns nun die Ideen einmal testen und schauen, wo sie uns hinführen. Stellen Sie sich vor, Sie haben es mit einem Hund zu tun, der auf das Bett oder Sofa geklettert ist und sich nun weigert, wieder herunterzukommen. Ihr starrer, drohender Blick bringt Ihnen höchstens eine müde Erwiderung oder ein eifriges Klopfen mit der Schwanzspitze ein. Der Befehl zum Heruntergehen führt bei diesem Hund zu keiner Reaktion und Sie können nun sicher sein, dass es gleich Probleme gibt. Wenn Sie den Hund schubsen oder am Halsband packen, beginnt er zu knurren. In alter Währung hätte man das als »dominanten Hund« bezeichnet. Wenn Sie zurückweichen (sich unterwerfen), geht die Bedrohung auf die Ressource des Hundes zurück und sein Knurren wird belohnt, was es wahrscheinlicher macht, dass er beim nächsten Mal wieder knurrt.

Die neue Denkschule sagt nun, dass dieser Hund Führung braucht. Ich dagegen würde einfach sagen, dass er Training braucht, um a) das Kommando »runter!« zu lernen und b) zu lernen, dass diese Art von Konfrontation oder Herausforderung sich niemals auszahlt. Ich möchte kein Knurren mehr hören, also muss ich dem Hund den damit verbundenen Vorteil nehmen und ihn einen gewissen Preis zahlen lassen. Wenn das wirksam ist und ich das Verhalten für die Zukunft weniger wahrscheinlich gemacht habe, habe ich es streng genommen bestraft, allerdings nicht mit Gewalt oder Misshandlung. Ich rate Besitzern von Hunden, die nicht sofort auf Aufforderung von Möbeln heruntergehen, immer zu der bewährten Methode, eine lange Leine am Halsband zu befestigen. Ein Kommando, und wenn der Hund nicht folgt, treten Sie sofort in Aktion. Sie müssen nicht mit den Händen ans Halsband fassen und ganz gewiss keine Gewalt anwenden. Der Hund hört das Kommando und hat die Wahl, entweder freiwillig vom Sofa zu gehen oder nach und nach heruntergezogen zu werden. Wir werden uns mehr von dieser Art des Trainings noch in den folgenden Kapiteln anschauen.

Diejenigen, die die Philosophie einer ausschließlich freundlichen Führung vertreten, raten mir in diesem Fall allerdings, der beste Weg, um diesen Hund vom Sofa herunterzubringen, sei, in einem Nachbarraum eine Ablenkung zu schaffen. Ich vermute, dass meine eigenen Hunde das zwar seltsam finden, sich davon aber nicht in ihrer gemütlichen Liegestunden auf Bett oder Sofa unterbrechen lassen würden. Also frage ich mich: »Würde ein hündischer Führer sich Gedanken um die Schaffung von Ablenkungen machen?« Die Botschaft »Hierarchie ist unwichtig« wird von sehr wohlmeinenden Menschen verschickt. Aber wenn wir das Konzept der Hierarchie aufgeben, laufen wir Gefahr, das Kind »soziale Ordnung« zusammen mit dem leicht dominanzverschmutzten Badewasser zusammen auszugießen.

Aggressionen verstehen

Die Motivation eines Hundes zu verstehen, der Aggressionen gegenüber Menschen zeigt, kann recht herausfordernd sein. Wie können wir uns beispielsweise über die Motivation eines Hundes sicher sein, der beim gemeinsamen Ballspielen ein Kind gebissen hat? Hat das Kind vielleicht in genau dem gleichen Moment nach dem Ball gegriffen wie der Hund und wurde so versehentlich gebissen? Hat der Hund das Kind gebissen, damit es den Ball loslässt? Wurde der Hund in irgendeiner Weise von dem Kind bedroht, das ihn am Halsband festhielt, bevor es ihn dem Ball hinterherlaufen ließ? Es gibt zu viele Möglichkeiten.

Verglichen mit anderen Formen der Aggression ist futterbezogene Aggression recht leicht zu erklären: Verteidigung der Nahrungsressource. Dieses Problem, von dem etwa 15% aller australischen Hundehalter berichten, stand im Mittelpunkt einer kürzlich durchgeführten Studie zur Mensch-Hund-Bindung. Wir untersuchten die möglichen Ursachen futterbezogener Aggression, indem wir die Hundebesitzer baten, den täglichen Umgang mit ihren Hunden und alle unerwünschten Verhalten zu beschreiben. Bei folgenden Kriterien fiel ein Zusammenhang mit erhöhter Aggression in Bezug auf Futter auf: Hunde, die schon älter waren, als sie in den Haushalt kamen; Fütterung des Hundes jedes Mal beim Nachhausekommen; es leben mehr als eine erwachsene Frau oder mehr als ein Hund im Haushalt.

Die meisten dieser Tendenzen lassen sich leicht erklären. Hunde, die schon älter waren, als sie in ihr neues Zuhause kamen, haben vielleicht schon in ihrem früheren Heim gelernt, nach Menschen zu knurren, schnappen oder beißen, wenn es um Futter ging. Wenn der Hund immer sofort beim Nachhausekommen gefüttert wird, bedeutet dies vermutlich, dass er sein Fressen bekommt, bevor er die Menschen ihre eigene Mahlzeit essen gesehen hat (was er als Unterwerfung interpretieren könnte). Und wenn mehr als ein Hund im Haus lebt, erhöht dies den Wettbewerb und damit die Bewachung der Ressourcen. Nicht herausfinden konnten wir, warum in Haushalten mit mehr als einer erwachsenen Frau das Risiko höher war, dass der Hund sich rund um sein Futter aggressiv verhielt. Auch konnten wir nicht herausarbeiten, ob Aufregung, Frustration oder Bewegung vor dem Füttern irgendeinen Einfluss auf das Verhalten des Hundes hatten. Ganz klar ist hier noch weitere Forschung nötig. Besonders hilfreich wäre es, eine sehr große Gruppe von Familienhunden von Welpenalter an durch ihr ganzes Leben hindurch zu beobachten, um die Risikofaktoren für unerwünschtes Verhalten, insbesondere Aggression, identifizieren zu können.

Hunde, die während des Trainings Futterbelohnungen bekamen, zeigten mit geringerer Wahrscheinlichkeit ein höheres Niveau an futterbezogener Aggression – im Gegensatz zu denen, die während des Abendessens etwas abbekamen. Auch wenn keine Ursachen-Wirkung-Beziehung gefunden werden konnte, so könnten doch Menschen, die während ihrer Mahlzeiten Leckerchen verteilen, von den Hunden als Gruppenmitglieder betrachtet werden, die oft auf Nahrung verzichten. Das Gegenmittel liegt also nah. Interessanterweise wurde futterbezogene Aggression besonders oft bei Hunden festgestellt, die den Berichten nach auch unter Trennungsangst litten.

Trennungsangst verstehen

Unserer Vorstellung nach ist der Stress, den Hunde beim Verlassenwerden durch ihre Besitzer zeigen, ganz ähnlich dem, den kleine Kinder empfinden, wenn sie von ihrer Mutter getrennt werden. Dies wird durch eine Theorie gestützt, nach der Mütter und Hundebesitzer als »Bindungsfiguren« bezeichnet werden, ohne die Kinder respektive Hunde nicht zurechtkommen. Trennungsbedingter Stress ist ein wichtiges Thema, weil einige Studien nahelegen, dass er fast die Hälfte der gesamten Hundepopulation betrifft und weil bisher nur wenig über seine Vorbeugung bekannt ist. Hier scheint sich die Frage zu lohnen, ob Menschen für manche Hunde die beste aller Möglichkeiten darstellen. Wenn dem so wäre, vermissen sie vielleicht eher ihre »Ressourcen« als ihre »Mütter«.

Ein verlässlicher Gefährte sein

Hunde haben (von ihrer Mutter abgesehen) keinen durch und durch wohlwollenden Anführer – warum sollten sie also im Laufe der Evolution einen wohlwollenden (menschlichen) Führer zu schätzen gelernt haben? Oder warum sollten sie einen solchen erkennen oder voraussagen können, dass sie sich auf ihn verlassen können? Hunde als Anführer füttern sich nicht gegenseitig, also funktioniert auch hier wieder die Eins-zu-Eins-Übertragung von Hund-Hund- auf Mensch-Hund-Beziehungen nicht. Als Opportunisten, so ist anzunehmen, bleiben Hunde sicherlich bei der Sache, wenn sie einmal etwas Gutes gefunden haben. Ein ruhiger menschlicher Anführer könnte so als ein verlässlicher Erfüller der körperlichen und geistigen Bedürfnisse des Hundes wertvoll sein. Wenn wir es einmal aus der Perspektive des Hundes betrachten, könnte es wichtiger sein, dass wir ihm Lebens-Coach und Gefährte anstatt Führer oder Alpha sind. Ich lehre allen meinen Tiermedizin-Studenten die Prinzipien guten Trainings, denn meiner Meinung nach müssen sie diese zuerst verstehen, bevor sie mit Etikettierungen dafür zu hantieren beginnen, wie die perfekte Beziehung zwischen Hund und Mensch und umgekehrt aussehen sollte.

Das Leben unserer Hunde bereichern

Die besten Besitzer helfen ihren Hunden dabei, jede Gelegenheit zu nutzen, um mit möglichst wenig Frustration und Konflikt durchs Leben zu kommen. Und sie profitieren davon, indem sie die glücklichsten und erfolgreichsten Hunde haben. Vielleicht wäre es für unsere Hunde und unser Zusammenleben mit ihnen also besser, wenn wir uns selbst weniger als »Alphahunde« oder »Rudelführer«, sondern stattdessen eher als Lebens-Coaches verstehen würden. Als solche können wir ihnen Möglichkeiten verschaffen, zu lernen, wie sie Spaß haben und ganz allgemein das Beste aus dem Leben machen können, während sie gleichzeitig eigentlich genau das tun, was wir von ihnen möchten.

Natürlich haben die Konzepte von Anführer und Alpha auch etwas für sich, aber ihre grundlegende Schwachstelle ist die neueste wissenschaftliche Entdeckung, dass Hunde und Menschen sich in der Evolution gemeinsam entwickelt haben. So funktionieren die Regeln der Hundewelt zwar für Struppi Streuner, aber sie treffen niemals zu 100% zu, wenn *Canis familiaris* Nutzen aus *Homo sapiens* zieht und umgekehrt. Wir müssen nicht in die Welt der Hunde passen. Es macht mich zwar traurig, es zuzugeben, aber die Menschen entscheiden, wer vernachlässigt, kastriert oder euthanasiert wird – und so sind es in erster Linie die Hunde, die in die Welt der Menschen passen müssen. Anstatt uns unseren Hunden gegenüber als Alphas oder Rudelführer zu benehmen, sollten wir uns unserer gemeinsamen evolutionären Entwicklung bewusst sein. Meiner Meinung nach ist unsere Rolle als ihr Lebens-Coach viel ehrlicher, spannender und einzigartiger als es jeder Versuch, ein Pseudo-Hund zu sein, je sein könnte. Im Rest dieses Buches wird es darum gehen, welche Merkmale die besten Lebens-Coaches für Hunde ausmachen.

Das Netzwerk-Spiel spielen

Als die Peter Pans der Tierwelt und im Gegensatz zu Gevatter Wolf spielen Hunde bis ins hohe Alter. Wenn die ungewöhnliche Vorliebe für Spiel ein typisches Merkmal für *Canis familiaris* ist, würden wir gut daran tun, sie zu studieren. Von weiteren Vorteilen einmal abgesehen könnte das uns helfen, die Bedürfnisse unserer Hunde besser zu verstehen und sicherzustellen, dass wir sie auch erfüllen können.

Hunde haben für verschiedene Spielgefährten unterschiedliche Spielstile. Einer meiner Hunde zum Beispiel, Wally, weiß, dass er bei kleinen Hunden nicht mit einem flotten, spannenden und kernigen Spiel rechnen kann und nähert sich ihnen deshalb konsequent auf eine gewisse herablassende Art und Weise. Und, welch Überraschung, nur sehr wenige kleine Hunde zeigen ihm gegenüber Spielaufforderungen. Sicher sind uns allen schon solche Vorurteile bei unseren Hunden aufgefallen. Und auch wenn es dafür noch keine wissenschaftlichen Beweise gibt, so vermute ich doch stark, dass manche Hunde lernen, verschiedene Rassen voneinander zu unterscheiden. Sie lernen, dass Hunde einer bestimmten Rasse in der Regel ganz tolle Spielkameraden sind, während andere vielleicht nicht so anziehend sind. Im Ergebnis dessen, was man eine sich selbst erfüllende Prophezeiung nennen könnte, können sie da erstaunlich konsequent sein – etwas, das wir durchaus in Betracht ziehen sollten. Wenn wir diese Vorlieben und Vorurteile im Hinterkopf behalten, können wir damit bei der Einführung neuer Spielkameraden helfen, erfolgreiche Netzwerke für unsere Hunde aufzubauen.

Hunde miteinander bekannt machen

Ein erstes Kennenlerntreffen zwischen zwei Hunden zu planen ist alles andere als kompliziert. Kämpfe zwischen normalen Rüden und normalen Hündinnen sind extrem selten. In der Regel ziehen sich die unterschiedlichen Geschlechter gegenseitig an, denn Hunde haben keine Ahnung, dass sie kastriert sind und behalten immer ein gewisses Restinteresse an der Möglichkeit, Welpen zu machen. Trotzdem ist natürlich immer auf Sicherheit zu achten. Wenn die Aggression so überhand nimmt, dass die Hunde tatsächlich miteinander zu kämpfen beginnen, trennen Sie sie und haken den Tag ab.

Sehr wichtig ist in der Tat ein für beide Hunde neutrales Territorium, was natürlich schwierig – wenn auch nicht unmöglich – zu finden sein kann. Am besten sind eingezäunte Grundstücke, aber sie müssen groß sein. Entscheidend ist vor allem, dass der Ort nicht von anderen Hunden besetzt ist. Das Hauptaugenmerk muss auf dem Treffen der beiden Hunde liegen, sie müssen sich aufeinander konzentrieren können. Ein dritter Hund könnte sich mit einem der beiden anderen verbünden, und ein solches Bündnis könnte dann sogar zu einer Ressource werden, die es zu verteidigen lohnt: das kann dann jederzeit in Aggression eskalieren.

Stellen Sie sicher, dass die Hunde nicht abgelenkt werden, indem Sie alles wegräumen, was besessen werden könnte. Die Idee dabei ist, dass die Hunde sich auf den Spaß konzentrieren sollen, den sie miteinander haben können und nicht auf irgendetwas, das sie als Spielzeug wahrnehmen könnten. Beschränken Sie also die Ressourcen immer auf ein Minimum. Denken Sie daran: Die Hunde sollen sich miteinander beschäftigen, wenn sie zusammen die neue Umgebung erkunden, nicht mit Ihnen, nicht mit dem Besitzer des anderen Hundes und ganz gewiss nicht mit irgendwelchen herumliegenden Spielzeugen, Bällen oder Stöckchen. Auch ist es besser, weiterzugehen anstatt stehenzubleiben und sich zu unterhalten oder den Hunden zuzuschauen. So vermeiden Sie, dass einer der Hunde sein Basislager neben den Menschen aufschlägt und sie zu bewachen beginnt.

Ohne gute Planung kann es recht unerwartet zugehen, wenn man zwei Hunde miteinander bekannt macht: Vielleicht verstehen sie sich so fantastisch, als ob sie sich schon immer gekannt hätten, oder sie rasen vielleicht wie zwei Raketen aufeinander zu, um dann aneinander vorbei in verschiedene Richtungen zu flitzen, um dort nach etwas viel Spannenderem zu schnüffeln. Wenn die Hunde sich nicht sofort gut verstehen oder sich gegenseitig völlig ignorieren, nehmen sie sich vielleicht gerade Zeit, um sich gegenseitig besser abzuschätzen.

Spielgefährten können für die meisten normalen Hunde zu einer sehr geschätzten Ressource werden. Der Besitzer sollte diese Ressource unter seiner Kontrolle haben. Damit meine ich, dass sie es schaffen sollten, Ihren Hund ins Sitz zu bringen oder ihn ein anderes trainiertes Verhalten zeigen zu lassen, bevor Sie ihn ableinen oder zur Tür hinauslassen, damit er zu seinem Spielkameraden kann. Ebenso lohnt es sich auch, den Hund aus dem Spiel mit anderen Hunden zurückzurufen, ihn dann anzuleinen, mit ihm ein paar Schritte von den anderen Hunden wegzugehen, ihn zu belohnen und dann wieder freizulassen. Das verwässert für ihn den einschränkenden, jede Freiheit beendenden Charakter der Leine und verhindert, dass der Hund lernt, Ihnen aus dem Weg zu gehen, wenn Sie ihn anleinen möchten. Auf jeden Fall lohnt es die Zeit und Mühe, einen Notfall-Rückruf zu üben, bei dem der Hund in einem Notfall auf jeden Fall zu Ihnen zurückkommt. In Kapitel 12 unter »Feinabstimmung« werden wir uns anschauen, wie man einen felsenfesten Rückruf aufbauen kann. Ich erwähne ihn deshalb hier schon, weil es wichtig ist, eine gute Rückrufreaktion in Gegenwart anderer Hunde zu testen und zu trainieren. So verhindern Sie, dass Ihr Hund einer von den Tausenden wird, die zwar sehr schön auf viele Kommandos hören, aber nur, solange keine anderen Hunde oder äußeren Ablenkungen da sind.

Feinde und Bündnisse

Wie Hunde Beziehungen zueinander eingehen, hängt von ihrer Rasse ab, von den gemachten Erfahrungen und dem Kontext, in dem sie sich treffen.

Einsame Spaziergänger

Auch wenn viele Hunde ihr ganzes Leben lang gerne mit anderen spielen, so ist es doch bei einer gewissen und gar nicht so kleinen Anzahl nicht so. Mit dem Älterwerden entwickeln sie Vorurteile, Schmerzen, Zipperlein und erlernte Spielstile, die vielleicht bei anderen Hunden nicht so gut ankommen. Solche Hunde sollten natürlich nicht auf Freiaufflächen geschickt werden. Interessanterweise werden sehr viele Stadthunde mit diesen Neigungen spät abends oder nachts spazieren geführt: Ihre Besitzer haben herausgefunden, dass es so viel stressfreier ist, weil sie mit viel geringerer Wahrscheinlichkeit auf andere Hunde treffen. Im Umkehrschluss heißt das natürlich auch, dass Hunde, die Sie im Dunkeln treffen, mit größerer Wahrscheinlichkeit aggressiv auf andere Hunde reagieren. Solange Sie sich nicht vom Gegenteil überzeugt haben, rate ich Ihnen deshalb: Gehen Sie davon aus, dass Menschen, die ihre Hunde im Schutz der Dunkelheit ausführen, dies aus gutem Grund tun. Gehen Sie ihnen aus dem Weg.

Spielpartner

Solange schlechte Erfahrungen oder hohes Alter nicht dagegen sprechen, hat jeder normale Hund irgendwo einen Spielgefährten. Sie lernen, wie man miteinander spielt. Bei jedem Hund sind die Nuancen, wie er mit einem anderen Hund spielt, sehr subtil unterschiedlich. Mit dem einem Spielkumpel vokalisiert er vielleicht, dem anderen gegenüber zeigt er ständig Spielaufforderungen, mit wieder anderen spielt er vielleicht Nachlaufen. Je länger Hunde miteinander spielen, desto eher entwickeln sie raffinierte Spiele und teilen gleichmäßig auf, wer verliert und wer gewinnt.

Wir wissen, dass die meisten Hunde trotz ihres unzweifelhaften Bedürfnisses nach Gesellschaft in Ein-Hund-Haushalten leben. Dies spricht für eine weitverbreitete Spezies-Isolation und trägt möglicherweise zu vielen der Problemverhalten bei, die Hunde in dem Versuch annehmen, mit dem Druck des modernen Lebens an der Seite der Menschen zurechtzukommen. Unsere Umfrage zu Trennungsangst ergab allerdings, dass die Zahl der im Haushalt lebenden Hunde keinen Einfluss auf das Risiko der Entstehung von Trennungsangstproblemen hatte, ein Ergebnis, zu dem auch frühere Studien schon gekommen waren. Einen zweiten Hund als Therapiemaßnahme anzuschaffen wird das Problem also nicht notwendigerweise verringern. Schließen Sie deshalb aber nicht die Möglichkeit aus, für Ihren

Hund einen Spielkameraden anzuschaffen, denn das Spielen mit anderen Hunden wirkt belebend – wie Joggen auf uns Menschen. Spielen mit *bekannten* Hunden ist extrem spannend, weil die Teilnehmer den Spielstil des jeweils anderen lernen. In mancher Hinsicht ist es besser, wenn regelmäßig ein Hund zu Besuch kommt, als einen zweiten Hund anzuschaffen, weil der Besuchshund so immer seinen Neuheitswert behält. Wenn die Hunde sich miteinander müde spielen, kann man es mit dieser Strategie schaffen, die Anzeichen von Trennungsangst zu verringern.

Filetstückchen

- Die Übersiedlung in ein neues Zuhause bringt für Welpen eine Reihe von Herausforderungen mit sich.

- Die Rivalität unter Geschwistern kann bei Hunden erheblich sein.

- Hunde kommunizieren auf sehr komplexe Weise – Unterlegenheitsgesten, gegenseitige Fellpflege, Gesichtslecken und Bellen sind nur einige der Möglichkeiten.

- Wenn sie nicht daran gehindert werden, neigen Hunde zum Streunen. Die Vorteile des Lebens in der Gemeinschaft sind jedoch in der Regel größer als die Risiken und Nachteile, die durch Verlassen des Rudels entstehen.

- Hunde haben unterschiedliche Spielstile für verschiedene Spielkameraden.

- Der Wert von Ressourcen ändert sich mit dem Kontext.

- Hunde sollten nie die Gelegenheit haben, zu lernen, dass sie ihre Zähne an Menschen einsetzen können.

- Wir sollten nie handgreiflich werden, um Hunde von irgendwo fortzubewegen.

- Fehlinterpretationen des Begriffs der sozialen Ordnung haben zahlreiche Hunde zu Tierschutzfällen gemacht.

- Die Unterwürfigkeit nimmt in der Regel mit dem Alter ab.

- Trennungsangst kommt bei Hunden häufig vor. Ein regelmäßiger »Besuchshund« ist oft eine bessere Lösung als die Anschaffung eines Zweithundes.

- Für Ihren Hund ist es viel hilfreicher, wenn Sie sich als sein Lebens-Coach bewähren anstatt zu versuchen, ein »Leithund« zu sein.

Welpen lernen soziale Fähigkeiten von ihren Wurfgeschwistern und von ihrer Mutter.

Erhöhte Ruheplätze sind attraktive Aussichtspunkte. Dies könnte erklären, warum untergeordnete Gruppenmitglieder von bevorzugten Ruheplätzen vertrieben werden können.

KAPITEL 6

Geschlecht

Wie verschieden sind Rüden und Hündinnen?

Wenn zwei erwachsene Hunde sich zum ersten Mal begegnen, scheint es für sie unmittelbare Priorität zu haben, herauszufinden, ob sie es mit Freund oder Feind zu tun haben. Was sollte ich mit dem da machen: Flirten oder kämpfen? Beide Geschlechter haben den gleichen grundlegenden, neutralen Schaltkreis für typische Verhaltensmuster, was die Ähnlichkeiten darin bewirkt, wie sie zum Beispiel fressen, spielen oder schlafen. Unterschiede in ihren Gehirnen hängen davon ab, in welchem Maß derzeit das feminine oder das maskuline System aktiviert sind. Selbst schon vor der Pubertät (bevor biologisch bedeutsame Konzentrationen von Geschlechtshormonen im Körper zu zirkulieren beginnen) sind Hunde fein darauf eingestimmt, sich wie Männchen oder Weibchen zu verhalten. Männliche Welpen verhalten sich anders als weibliche Welpen, auch wenn sie nicht auf Fortpflanzung aus sind.

Gedankenfutter

Manche Hündinnen zeigen mehr »typisch männliches« Verhalten als andere. Einige Tiermediziner sind der Ansicht, dass dies an der Zusammensetzung des Wurfs liegt, in dem die Hündin geboren wurde. Man nennt dies einen »intrauterinen Effekt«, weil er in der Gebärmutter stattfindet. Es ist noch nicht klar, wie genau die Gesellschaft, mit der zusammen ein weiblicher Welpe die 63 Tage der Tragezeit verbringt, das Verhalten in ihrem späteren Leben beeinflusst, aber es gibt zwei Möglichkeiten. Eine ist: Wenn die Hündin sich in utero zwischen zwei Rüden entwickelt, wird sie teilweise durch die männlichen Geschlechtshormone (Androgene) maskulinisiert. Diese diffundieren durch die Membranen, die einen Fötus vom anderen trennen. Oder es hat mit dem Blutfluss zu tun, der in der Gebärmutter von hinten nach vorn verläuft (vom Zervix/Gebärmutterhals nach vorn zu den Eierstöcken, und so vielleicht von näher am Zervix liegenden männlichen Welpen Androgene mit zu näher an den Eierstöcken liegenden weiblichen Welpen schwemmen könnte.

Uneingeweihte sind naiverweise häufig der Meinung, Rüden seien die einzigen Beinchenheber der Hundewelt (was ich zum Teil bereits in Kapitel 2 widerlegt habe), aber die Besonderheiten im Verhalten von Rüden sind damit noch nicht erschöpft. Nach einer 1985 von Hundeverhaltensexperten in den USA durchgeführten Studie gibt es viele Verhalten, die bei Rüden deutlicher zutage treten als bei Hündinnen, einschließlich Aggression und schwieriger Trainierbarkeit. Die Rüden waren rüpeliger zu ihren Besitzern, aggressiver zu anderen Hunden, zerstörten mehr Dinge, waren verspielter und neigten eher dazu, nach Kindern zu schnappen. Die Hündinnen schnitten bei den oben genannten Verhaltensweisen besser ab, waren leichter zur Stubenreinheit zu erziehen und generell besser trainierbar. Nach dieser Studie war der einzige Nachteil, eine Hündin zu besitzen, der, dass Hündinnen dazu neigen, mehr Zuneigung einzufordern.

Warum also sollte überhaupt irgendjemand einen Rüden haben wollen? Nun ja, die Antwort besteht aus einer Kombination von Tradition, Vorurteilen und Vorlieben. Manche Männer hatten schon immer Rüden und sind der Meinung, dass diese härter seien; andere glauben, dass sie von einem Rüden »mehr Hund« bekämen und dass sie die Welt durch die Augen eines Rüden besser sehen könnten, weil Rüden sich unverfälschter, eher wie »Rohhunde« verhalten würden. Die Tatsache, dass Obedience-Wettkämpfe traditionell in Rüden- und Hündinnenklassen eingeteilt werden, bedeutet, dass Hundefreunde die Existenz elementarer Unterschiede akzeptiert haben und dass beide Geschlechter in verschiedenen Teilbereichen einer Obedienceprüfung gut sein können. Das wiederum wäre ein Hinweis darauf, dass die Ergebnisse der Studie von 1985 eher veraltet sein könnten. Da man heute in der Welt des Hundetrainings mehr und mehr Wert auf Motivation durch Spiel legt, könnte es sein, dass die größere Verspieltheit der Rüden und damit deren höhere Punktzahl im Wettbewerb nun als »bessere Trainierbarkeit« übersetzt wird.

Welche Hunde sind leichter trainierbar?

Auch wenn wir von unseren Vorurteilen beeinflusst werden können lohnt es sich immer, den Fallberichten von Hundetrainern zu ihren Erfahrungen zuzuhören. Manche sind der Ansicht, dass Rüden im Obediencering verlässlicher seien als Hündinnen. Auch wenn dies nicht immer vorteilhaft ist, werden Rüden häufiger als stärker emotional von ihren Hundeführern abhängig beschrieben, besonders, wenn es sich bei den Führern um Frauen handelt. Hündinnen sagt man nach, dass sie in Obedienceprüfungen intuitiver seien und stärker auf die Stimmung ihrer Handler achten würden. Manchmal würden sie auch deren Ängste übernehmen und dann deshalb schlechtere Leistungen zeigen. Da ich einmal erlebt habe, wie eine junge Hündin in einer Agilityprüfung den Platz an meiner Seite verließ und in Richtung Damentoilette rannte, kann ich mich damit identifizieren!

Hündinnen werden auch oft als »zu schlau, als für die Besitzer gut ist« beschrieben – sie greifen neue Verhalten immer schneller auf als Rüden und vor allem schneller, als ihre Besitzer es je vorhersehen könnten. Das ist zwar beeindruckend und verlangt sicher nach genauerer wissenschaftlicher Überprüfung, aber vielleicht auch ein wenig übertrieben und wirft die Frage auf: »Wie schlau sind die Besitzer?« Ich muss dabei immer an eine Notiz denken, die wir in unserer Kleintierpraxis oft auf Karteikarten geschrieben hatten: H.I.A.B. (Hund intelligenter als Besitzer).

Die Hündin in der Hitze

Hündinnen kommen zwei Mal jährlich für je etwa drei Wochen in die Hitze (Östrus), sofern es sich nicht um Basenjis handelt oder sie gerade die Erdhalbkugel gewechselt haben. Während des Proöstrus, der direkt vor dem Östrus stattfindet, verhält sich die Hündin dem Rüden gegenüber verspielter, aber sie bellt und knurrt ihn auch an und erlaubt ihm nicht, sie zu besteigen. Man kann sich das durchaus wie eine Werbekampagne vorstellen, in der die Hündin den Rüden der Umgebung mitteilt, dass sie sich auf die Party vorbereiten sollten. Mit dem Fortschreiten der Hitze neigt die Hündin zum häufigeren Urinieren und verbreitet so (über den Duft) die Nachricht, dass sie nun bereit ist. Der Urin einer läufigen Hündin ist für einen Rüden interessanter als Vaginalsekrete. Später in der Hitze, zwischen dem neunten und zwölften Tag, wird die Hündin aktiv nach männlicher Gesellschaft suchen, ihren Verehrern den Hof machen und ihre Rute passiv entspannen, sodass diese bequem auf einer Seite der Vulva liegt. Das kennzeichnet sie zusammen mit ihrem eher provokanten Verhalten als empfängnisbereit – die sprichwörtliche »heiße« oder läufige Hündin.

Hundesperma kann Eier noch bis zu sechs Tage nach der Besamung befruchten, sodass es vor allem vom Eisprung abhängt, ob die Paarung erfolgreich war. Die meisten Hündinnen akzeptieren schon mehrere Tage vor dem Eisprung (Ovulation) die Annäherung des Rüden und stehen für ihn still. Das bedeutet: Auch wenn die gesamte Hitze etwa drei Wochen lang dauert, führen daraus nur drei oder vier Tage zu einer Befruchtung. Und auch wenn manche Züchter in geradezu religiöser Überzeugung ihre Hunde immer nur am 10. oder 13. Tag (zum Beispiel) verpaaren, gibt es wirklich keinen »magischen Tag« und nur erstaunlich wenige Hündinnen scheinen das Lehrbuch gelesen zu haben. Der variable Zeitpunkt der Ovulation kann bedeuten, dass die eine Hündin ihren Eisprung am achten Tag hat, die andere aber bis Tag 32 wartet. Wenn die Hündin sich nicht gerade am gleichen Ort befindet wie der Deckrüde und ständig auf ihre Empfängnisbereitschaft hin beobachtet werden kann, macht diese Variabilität es eher schwierig, den richtigen Tag zu finden. Der einzig wirklich zuverlässige Weg wäre, regelmäßig Blutproben der Hündin zu nehmen und den Hormonschub zu überprüfen, der mit der Ovulation einhergeht.

Jede gute Struppi Streunerin ist promiskuitiv. Sie paart sich mit mehr als einem Rüden, was bedeutet, dass Würfe von frei umherstreunenden Hunden in der Regel mehrere Väter haben. Dies könnte vorteilhaft für ihre Gene sein, weil es die genetische Vielfalt erhöht. Junge geschlechtsreife Rüden kopulieren erfolgreicher als ältere. Der allererste Proöstrus und Östrus einer Hündin ist dagegen kürzer und die Konzentration der entscheidenden Hormone ist eher niedrig. Dies erklärt, warum Rüden sich ab der zweiten Hitze stärker von Hündinnen angezogen fühlen.

Die sich fortpflanzende Hündin ist während ihrer Hitze anderen Hündinnen ihrer Gruppe gegenüber in der Regel aggressiver. Weil der Läufigkeitszyklus von Hündinnen so oft zusammenfällt, sind wir der Ansicht, dass dies eine Strategie ist, die Bedeckung anderer Hündinnen zu verringern oder zu verhindern.

Die vier Stadien der Hitze bei der Hündin

- Proöstrus: Die Hündin wirkt attraktiv auf Rüden, hat einen blutigen Scheidenausfluss und eine angeschwollene Vulva. Der Proöstrus dauert etwa neun Tage, während derer die Hündin keine Paarung zulässt.
- Östrus: Während dieser Phase, die ebenfalls etwa neun Tage lang dauert, akzeptiert die Hündin den Rüden. Der Zeitpunkt des Eisprungs variiert enorm, findet in der Regel aber in den ersten 48 Stunden des tatsächlichen Östrus statt.
- Diöstrus: Während dieser Phase stehen die Geschlechtsorgane unter der Kontrolle des Schwangerschaftshormons Progesteron, egal ob die Hündin trächtig wird oder nicht. Er dauert 60 bis 90 Tage.
- Anöstrus: Keine sexuelle Aktivität findet statt. Der Anöstrus dauert zwischen drei und vier Monaten.

Scheinschwangerschaften, in denen die Hündin Anzeichen einer Trächtigkeit zeigt, obwohl sie gar nicht aufgenommen hat, finden in der Regel während des Diöstrus statt. Sie werden durch das Schwangerschaftshormon Progesteron ausgelöst und sind gekennzeichnet durch Anschwellen der Milchzitzen, in Extremfällen auch durch Veränderungen im Verhalten und durch Laktation. Man nimmt an, dass diese Verhalten ein altes Erbe von Gevatter Wolf ist: Wenn nur die Alpha-Wölfin sich paaren durfte, durchlebten die anderen weiblichen Rudelmitglieder eine Scheinschwangerschaft und gaben so zur gleichen Zeit Milch wie die Alphawölfin mit ihren Welpen. Diese »Tanten« konnten so als Kindermädchen und Ammen dienen, was dem Überleben der Jungtiere nutzte. Auch der Rüde spielt eine Rolle in Schutz und Pflege der Welpen.

Kastration von Hunden

Kastration ist in den meisten westlichen Industrieländern die Norm. Tierschützer sind der Ansicht, dass die Vorteile – weniger Streunen und weniger unerwünschte Welpen – den Nachteilen für den einzelnen Hund gegenüber überwiegen. Zu diesen Nachteilen zählen eine höhere Wahrscheinlichkeit für Übergewicht, sofern die Futtermenge nach der Kastration nicht reduziert wird, sowie ein höheres Risiko für Knochenkrebs und Prostataerkrankungen. Durch schnelles Nachzählen der vorhandenen Hoden können wir einen kastrierten Rüden auf den ersten Blick erkennen. Kastrierte Hündinnen sind visuell schwieriger zu entlarven – allerdings können die meisten Menschen bei älteren kastrierten Hündinnen eine gewisse Kräftigkeit erkennen, die bei den unkastrierten Artgenossinnen nicht vorhanden ist. Man darf wohl annehmen, dass Rüden und Hündinnen nur wenig von der Entstehung und Auswirkungen von Hormonen verstehen, kein chirurgisches Fachwissen haben und nicht wissen, ob sie oder ihre Hundefreunde kastriert wurden.

Hunde nutzen eher olfaktorische (geruchliche) Hinweise als visuelle Information, um festzustellen, ob sie es mit Freund oder Feind zu tun haben. Nach der Beobachtung von

Verhalten zu schließen, scheinen erwachsene kastrierte Rüden ganz ähnlich wie junge Rüden zu riechen und erwachsene kastrierte Hündinnen wie junge Hündinnen. Wenn erwachsene intakte Rüden auf kastrierte Rüden treffen, kämpfen sie nur selten mit ihnen – vermutlich, weil sie sie nicht als ernsthafte Bedrohung betrachten. Erwachsene Rüden mit noch vorhandenen Hoden sind natürlich in erster Linie daran interessiert, läufige Hündinnen zu finden. Trotzdem sind sie aber auch an jungen Hündinnen interessiert, weil diese zukünftige Paarungspartnerinnen darstellen könnten. Aus dem gleichen Grund interessieren sie sich auch für Hündinnen mit dem Hormonstatus des Anöstrus, die sich also zwischen zwei Hitzezyklen befinden. Rüden scheinen also eine Hündin, die sich zwischen zwei Zyklen befindet, nicht von einer kastrierten Hündin unterscheiden zu können und werden beide auf Anzeichen sexueller Bereitschaft hin untersuchen.

Gibt es ein Leben nach der Kastration?

In verschieden starkem Maße gibt es ein Leben nach der Kastration. Wie bereits gesagt, können Rüden nicht wissen, dass sie entmannt wurden. Sie wissen zwar, dass ihr Skrotum schmerzt und angeschwollen ist, aber sie können nicht wissen, dass die entfernten Hoden die Hauptquelle ihres Körpers für Testosteron und ihre einzige Chance auf Vaterschaft waren. Sie leben einfach weiter wie zuvor, auch wenn ihr Testosteronspiegel drastisch gesunken ist. Bei Rüden, die nach der Geschlechtsreife kastriert wurden, bedeutet das, dass sie häufig auch weiterhin Hündinnen nachstellen und, falls sie schon sexuelle Erfahrungen hatten, sich auch mit diesen zu paaren versuchen.

Ebenso unterscheiden in der Hitze befindliche oder kastrierte Hündinnen nicht zwischen einem erwachsenen, kastrierten Rüden und einem Jungrüden. Beide werden komplett zurückgewiesen werden, sollten sie ihnen sexuelle Avancen machen. Wobei es dem intakten Rüden vermutlich etwas besser ergeht. Er schafft es möglicherweise noch ein Schrittchen weiter, bevor er zum Teufel gejagt wird. In krassem Kontrast dazu steht das Verhalten intakter Streunerinnen, die mitunter bis zum Tod um den Zugang zum bevorzugten Rüden kämpfen. Als Ergebnis der weit verbreiteten Kastrationen sehen wir bei unseren Haushunden viel weniger Werbungsverhalten als in Streunerpopulationen. Und da ein Großteil der Hund-zu-Hund-Aggressionen mit Sex und Geschlecht zu tun hat, wird so allgemein das Vorkommen von Raufereien reduziert.

Gedankenfutter

Es gibt neuere Erkenntnisse darüber, dass Männer und Frauen verschieden mit Hunden umgehen (Männer halten Hunde in bedrohlichen Situationen zum Beispiel länger fest) und dass Hunde anhand der Stimme und sogar der Gesichter zwischen männlichen und weiblichen Menschen unterscheiden. Wenn man bedenkt, wie wichtig das Thema Geschlecht für Hunde ist, ist es eine Schande, dass es bisher so wenige Untersuchungen zum Verhältnis Hunden beiderlei Geschlechts zu Menschen beiderlei Geschlechts gibt. So gibt es zum Beispiel immer wieder Berichte darüber, dass Rüden ihr Verhalten verändern, wenn im Haushalt lebende Frauen menstruieren. In ihrer stark vom Geruchlichen geprägten Welt sind sich Hunde physiologischer Veränderungen viel stärker bewusst, als wir es ihnen zugestehen.

Kastration von Hündinnen

Manche Besitzer berichten, dass kastrierte Hündinnen aggressiver seien und gieriger fressen würden als ihre unkastrierten Artgenossinnen. Ich frage mich aber, ob die berichtete erhöhte Aggression nicht eine gewisse Verallgemeinerung ist. Wissenschaftliche Untersuchungen haben ergeben, dass nur Hündinnen, die im Alter von unter 12 Monaten kastriert worden waren, aggressiver waren und auch zuvor schon aggressives Verhalten gezeigt hatten. Nach dem 12. Lebensmonat kastrierte Hündinnen zeigten keine erhöhte Aggression. Eine überzeugende Erklärung für diese Tendenzen weist in Richtung des beruhigenden Effekts von Progesteron, das etwa zwei Monate lang nach jeder Hitze im Hormonsystem der Hündin zirkuliert. Wenn zu kurz nach einem Hitzezyklus kastriert wird, sinkt der Progesteronspiegel zu plötzlich ab, und das zu einem Zeitpunkt, wo er am höchsten sein sollte. Dies könnte bewirken, dass die Hündin irritiert oder aggressiv ist.

Die Kastration kann die Neigung zu Übergewicht dadurch erhöhen, dass die Konzentration von Androgenen bzw. Östrogenen verringert wird – Hormone, die unter anderem energieverbrauchende Aktionen ankurbeln, die mit der Fortpflanzung zu tun haben, wie zum Beispiel Umherlaufen auf der Suche nach einem Partner. Östrogene helfen außerdem, den Appetit zu zügeln, sodass ihr Fehlen zu übermäßiger Nahrungsaufnahme führen kann. Die Neigung zum vermehrten Fressen nach der Kastration kann auch mit Störungen in der Insulin- und Leptinaktivität sowie reduziertem Glukoseverbrauch zu tun haben. Ohne ihre Keimdrüsen werden die Hunde also stärker an Futter interessiert und verbrennen weniger davon.

Kann eine Kastration Problemverhalten bei Rüden hemmen?

Kastrationen wegen Verhaltensproblemen sind immer noch ein heiß diskutiertes Thema. Viel zu lange haben Tierärzte die Kastration als Allheilmittel für alle Problemverhalten angepriesen, obwohl die Verbindung zwischen Testosteron und Bellen, Beißen oder Buddeln als mehr als schwach zu bezeichnen ist. Es stimmt zwar, dass männliche Verhaltensweisen mit der Kastration geschwächt oder eliminiert werden, aber nicht alle Rüden ändern ihr Verhalten nach einer Kastration. Nach einer unter Hundebesitzern durchgeführten Umfrage führte die Kastration bei 90% der Rüden zu weniger Streunen, aber nur bei 50-60% der Hunde war auch eine spürbare Abschwächung oder Ausrottung der Verhalten Urinmarkieren, Besteigen und Kämpfen festzustellen. Der vom Geschlechtstrieb verursachte Feuereifer lässt Rüden streunen und erklärt, warum sie Türen öffnen, Zäune überwinden oder Tunnel graben. Vom Streunen abgesehen, scheint die Kastration im Hinblick auf Verhaltensänderung bei Hunden weniger zu bewirken als bei Katzen, und es ist kaum vorhersagbar, ob sich ein Tier nach der Kastration verändern wird oder nicht. Auch Erfahrungen mit sexueller Aktivität sind nur ein schwacher Anhaltspunkt.

Krankheiten

Es lohnt sich, das Thema Krankheiten einmal näher zu betrachten, denn die Bedürfnisse unserer Tiere können sich sehr stark verändern, wenn sie sich nicht wohlfühlen. Erkrankungen bleiben aber oft auch unbemerkt, wenn sie chronisch sind oder sich so schleichend entwickeln, dass der Hund Zeit genug hat, sich daran anzupassen. Erst recht fallen sie nicht auf, wenn sie die Leistungsfähigkeit des Hundes bei Sport oder Arbeit nicht beeinträchtigen.

Gedankenfutter

Eine neue Studie aus Neuseeland hat ergeben, dass mehr als 10% der Blindenführhunde unter Kurzsichtigkeit (Myopie) leiden. Trotzdem schnitten die kurzsichtigen Hunde in den Standard-Prüfungen für Führhunde, in denen sie zum Beispiel großen, am Rand ihres Sichtfelds befindlichen Objekten ausweichen müssen, genauso gut ab wie Hunde mit uneingeschränktem Sehvermögen.

Auch wenn Hunde nicht wie wir Menschen Angst vor dem Unbekannten oder dem Tod haben, sollten wir doch bedenken, was sie wissen oder fühlen könnten. Selbst eine einfache Fahrt zu einer Tierarztpraxis kann belastend sein, genauso wie die Behandlungs- oder Vorbeugungsmaßnahmen. So kann zum Beispiel neben dem eigentlichen Pieks der Spritzennadel auch die bei Routinemaßnahmen wie Impfungen injizierte Flüssigkeit ein brennendes Gefühl hervorrufen, besonders wenn ihr pH-Wert wegen der längeren Haltbarkeit nicht neutral ist.

In einer Tierarztpraxis oder Klinik kann selbst das ruhigste Tier durch den Angstgeruch von Artgenossen alarmiert werden. Katzen sind der Begegnung mit Hunden ausgesetzt, Besitzer können ungewöhnlich aufgeregt sein oder der Fußboden ist schrecklich rutschig. Der Tierarzt befühlt während seiner Untersuchung vielleicht schmerzende Körperteile. Und wenn das Tier in der Praxis oder Klinik zurückgelassen wird, weil vielleicht noch Tests durchgeführt werden müssen, kann es nicht wissen, ob es seine Besitzer jemals wiedersehen wird.

Lassen Sie uns als kurzes Fallbeispiel einmal einen Hund mittleren Alters betrachten, bei dem ein Osteosarkom (eine Art Knochenkrebs) am Oberschenkelknochen festgestellt wurde. Die Krankheit, ihre Behandlung und die Reaktion des Besitzers auf beides kann seine Lebensqualität beeinträchtigen. Wir müssen die Lahmheit selbst betrachten, die Art und Weise, wie das Bein zur Untersuchung berührt, gestreckt und gebeugt wird; die in der Klinik verbrachte Zeit und die Sedierung (wie sie zum Beispiel vor dem Röntgen nötig ist). Es kann gut sein, dass die Behandlung auch die Schmerzen einer Amputation und das Unwohlsein bei einer Chemotherapie beinhaltet. Es kann auch zu postoperativen Schmerzen kommen und Schwierigkeiten, das Laufen und Halten des Gleichgewichts auf drei Beinen zu lernen. Insgesamt kann die Krankheit also sowohl körperliche als auch psychologische Folgen für den Hund haben. Es ist deshalb sehr wichtig, dass wir uns über Möglichkeiten Gedanken machen, wie wir unsere Hunde an medizinische Prozeduren gewöhnen können und damit ihren Stress verringern können, wenn diese wirklich nötig werden. Wir könnten zum Beispiel den Hund vor einigen Mahlzeiten so abtasten, wie es der Tierarzt bei einer Routineuntersuchung tun würde. Zur Habituation könnten auch »Welpenpartys« in Tierarztpraxen gehören oder dass man mit dem Hund (egal welchen Alters) zu ruhigen Zeiten mit wenig Betrieb einen reinen Freundschaftsbesuch ohne medizinische Absichten in der Tierarztpraxis macht. Sie könnten zum Beispiel nichts weiter tun, als den Hund im Wartezimmer zu füttern. Auch wenn Hunde nach regelmäßigen Klinikbesuchen vielleicht aus Erfahrung lernen, dass die Aufenthalte immer nur vorübergehend sind, können sie im Grunde nicht wissen, dass sie nur für kurze Zeit und nur zu ihrem eigenen Wohl dort sind. Man sollte sich deshalb durchaus Gedanken über die Vorteile von tierärztlichen Hausbesuchen machen, und schön wäre es auch, wenn in Zukunft mehr an der Entwicklung und Anwendung begleitend unterstützender Psychopharmaka für kranke Hunde gearbeitet würde, wo diese sinnvoll sind.

Definitionsgemäß verursacht eine Erkrankung wahrscheinlich mittlere bis schwere Leiden. Im folgenden Abschnitt werden wir uns kurz ansehen, wie die verschiedenen Krankheiten Hunde und ihre körperlichen Systeme beeinträchtigen – die Atemwege (Staupe), das Nervensystem (Gehirntumore), Herz-Kreislauf-System (chronische Herzschwäche), die Haut (Ektoparasiten), Skelett und Muskeln (Frakturen), das Verdauungssystem (Parvovirose) und den Stoffwechsel (Diabetes). Auch wenn wir immer nur ein System für sich betrachten werden, lassen Sie mich doch darauf hinweisen, dass im richtigen Leben stets mehr als nur ein System betroffen sein kann.

Atemwege

Keuchen, Niesen, Schnarchen, Husten oder Würgen sind alles Anzeichen für Erkrankungen der Atemwege, welche die normale Atmung des Tieres unterbrechen und möglicherweise das Wohlbefinden beeinträchtigen. Staupe ist ein gutes Beispiel dafür. Die Erkrankung beinhaltet in der Akutphase eine Verstopfung der Nase, verursacht mit weiterem Fortschreiten dann aber Hirnschäden sowie in der chronischen Form eine Verdickung des Nasenschwamms und der Pfotenballen (daher auch der Name »Hartballenkrankheit«). Vom Niesen abgesehen, das normale Aktivitäten unterbricht, erschwert akute Staupe dem Hund das Atmen und damit auch das Laufen und natürlich Aufnehmen von Gerüchen. Jedes größere Hindernis in den Atemwegen eines Hundes verursacht ein leichtes Ansteigen des Kohlendioxyds, was wiederum bewirkt, dass das Blut saurer wird. Diese als Azidose bekannte Erkrankung wird beim Menschen in Zusammenhang mit Depressionen gebracht. Für viele Betrachter ist ein Hund, der schnüffelt und allem Möglichen nachjagt, ein glücklicher Hund mit einer zufriedenstellenden Lebensqualität. Ein übersäuerter, schniefender Unglückswurm mit laufender Nase und allgemein schlechtem Befinden kann dagegen sein Leben nicht genießen: Er kann sich nicht vernünftig bewegen und nicht einmal sein Futter riechen.

Nervensystem

Neurologische Erkrankungen können mit sehr unterschiedlichen Symptomen auftreten, von leichten Gesichtskrämpfen (oder »Ticks«) über einen wackligen Gang (Ataxie) bis hin zu Demenz. Da ein Gehirntumor all diese Symptome verursachen kann, lassen sie uns diesen als Beispiel nehmen. Bei einem Hund mit einem Hirntumor (Neoplasie des Gehirns) können sehr allmähliche Verhaltensänderungen einsetzen, die dem Besitzer erhebliche Sorgen bereiten. Wenn ein Hund bekannten Menschen gegenüber Aggressionen zu zeigen beginnt, wird dies negative Konsequenzen nach sich ziehen, die von Vermeidung bis zum Ausschluss aus dem Haushalt führen können. Weil Hunde so soziale Wesen sind, kann das Urteil einer Trennung sehr schlimm für sie sein, wenn sie eine starke Bindung zu ihrem Besitzer hatten. Der Besitzer könnte auch so reagieren, dass er den unglücklichen Hund schlägt, so dass zu seinem Leiden auch noch Schmerzen und Angst hinzukommen. Trotz der immer noch verbreiteten Ansichten der alten Schule à la »Hunde muss man hart behandeln, nur dann werden sie glücklich« geht die Wirkung körperlicher Bestrafung in aller Regel nach hinten los, während konsequente Freundlichkeit sich deutlich auszahlt. Wenn ein Hund verwirrt ist, ist seine Lernfähigkeit beeinträchtigt, weshalb wenig Aussicht darauf besteht, dass ein von dieser Art der Erkrankung betroffener Hund es vermeiden kann, sein unerwünschtes Verhalten zu wiederholen. Im Ergebnis können die Bestrafungen eskalieren, zumindest so lange, wie der Hund noch nicht tierärztlich behandelt wurde. Wenn sich Tumore (und andere Platz einnehmende Gebilde wie z.B. Abszesse) im Gehirn vergrößern, machen sie das Verhalten des Hundes schlimmer, verursachen Orientierungslosigkeit und wachsende Verwirrung. Wenn dann noch eine Ataxie entsteht, kann sich das Tier selbst verletzen, weil es hinfällt, irgendwo anstößt oder gegen Möbel läuft. Der Verlust der Kontrolle über die Darmfunktion schließlich kann beim Besitzer Wut und Ekel auslösen sowie Stress beim ansonsten stubenreinen Hund.

Herzkreislaufsystem

Die Fähigkeit zur Flüssigkeitszirkulation ist natürlich von zentraler Wichtigkeit für die physiologische Funktion. Ein Beispiel, das einige der langfristigeren Konsequenzen von Herzkreislauferkrankungen illustrieren kann, ist chronische Herzschwäche beim Hund. Wie beim Hund aus dem vorigen Beispiel wird auch in diesem Fall unser Patient nicht mehr zu so viel Bewegung fähig sein und ist deshalb möglicherweise frustriert, wenn er einen Ball nicht mehr erhaschen kann – insbesondere unter seinen fitteren Spielkumpels. Wenn sich Lungenödeme bilden, kann er beim Aufstehen und nach Anstrengungen unter lang anhaltenden Hustenanfällen leiden. Auch er kann wieder übersäuern und folglich depressiv werden. Er bekommt vermutlich ausschwemmende Mittel, sogenannte Diuretika, verschrieben, die seinen Wasserhaushalt, seine Blasenfüllung und seine Toilettengewohnheiten so sehr beeinflussen, dass er nicht anders kann, als ins Haus zu urinieren – und folglich wird er möglicherweise für den Rest seiner Tage zur Existenz außerhalb des Hauses verbannt.

Hautreizungen

Hunde verbringen normalerweise eine geraume Zeit mit der Pflege ihres eigenen Fells, aber übermäßiges Belecken und Beknabbern kann ein wichtiges Anzeichen für Stress oder eine Reaktion auf eine Erkrankung sein. Die häufigste Ursache für Hautreizungen sind Ektoparasiten. Die von ihnen verursachten Irritationen können einen ganzen Teufelskreis von allergischen Reaktionen, Selbstverletzung und juckender Wundheilung in Gang setzen. Die Fellpflege kann dann fast zur Besessenheit werden und sogar die Mensch-Hund-Beziehung beeinträchtigen, weil sich kratzende Hunde eher weniger anziehend wirken. Wenn sich dann noch eitriger Pustelausschlag (Pyoderma) bildet, der einen typischen, ekelerregenden Fäulnisgeruch absondert, sind sogar die hingebungsvollsten Besitzer meistens abgeschreckt. Man weiß heute noch nicht genau, warum Ektoparasiten wie zum Beispiel Räudemilben und Flöhe besonders bei schwachen Tieren und solchen mit einem gestörten Immunsystem zum Problem werden. Manche Hunde scheinen dann aber regelrecht aufzugeben, als ob sie sich damit abgefunden hätten, dass sie ohnehin nichts gegen den Juckreiz tun können. Es gibt auch Besitzer, die der Meinung sind, eine echter Hund müsse sich eben auch mal kratzen. Mit einer effizienten Flohkontrolle fühlen Hunde sich aber wesentlich wohler und sind weniger aufgedreht, irritierbar und ruhelos – und in der Regel auch weniger aggressiv.

Skelett und Muskeln

Sicherlich werden viele Besitzer der Aussage zustimmen, dass ein Teil der Freude dessen, ein gesunder Hund zu sein, darin besteht, sich sportlich bewegen zu können. Wir haben schon gesehen, wie Krankheit die Bewegungslust eines Hundes beeinflussen kann. Aber was ist, wenn Bewegung nicht nur beschwerlich, sondern schmerzhaft wird? Frakturen sind ein gutes Beispiel dafür. Solange sie nicht stabilisiert sind, verursachen sie Schmerzen beim Stehen, wenn das Tier versucht, Gewicht auf diese Gliedmaße zu bringen oder sogar wenn es liegt. Zur tierärztlichen Erstbehandlung gehört oft eine Untersuchung des betroffenen Beins, die noch mehr Schmerzen hervorruft. Die Ruhigstellung von Brüchen schließlich kann zum Entstehen neuer Probleme führen – von zu engen und unbequemen Verbänden bis hin zu unerreichbaren juckenden Stellen.

Verdauungsapparat

Tiere mit Störungen des Verdauungsapparats verweigern oft ihr Futter, ein sicheres Anzeichen dafür, dass sie sich nicht wohl fühlen. Jeder, der schon einmal einen Hund mit Parvovirose behandelt hat, wird zustimmen, dass die Erkrankung in ihrer akuten Phase ernsthafte Behinderungen verursacht. Neben dem Erbrechen steht das ständige erschöpfende Bemühen, den Darm zu entleeren. Durch den Flüssigkeitsverlust kann eine Dehydratation entstehen, die wiederum zu der Art von Lethargie und Kopfschmerzen führt, wie wir Menschen sie von einem ordentlichen Kater nach einer durchzechten Nacht kennen. Der Elektrolytverlust kann sowohl zu einer Azidose als Ergebnis des Durchfalls oder zum Gegenteil – einer Alkalose – als Ergebnis des Erbrechens führen. Da Parvovirose vor allem jüngere Hunde betrifft, kann sie die Erziehung zur Stubenreinheit und damit auch die Mensch-Hund-Beziehung negativ beeinflussen. Bei älteren, stubenreinen Hunden kann der plötzliche Kontrollverlust über die Darmfunktion zu Beunruhigung und sogar Scham führen.

Hormonsystem

Schwankungen im Hormonhaushalt können nicht nur die Physiologie, sondern auch die Stimmung beeinflussen. Schilddrüsenerkrankungen können sich auf Stoffwechsel und Temperament auswirken, sind aber heute ein wenig zu einer Modediagnose geworden. Diabetes ist vielleicht ein besseres Beispiel, nicht zuletzt deshalb, weil sie häufiger vorkommt. Sie kann das Wohlbefinden des Hundes in vielen der Punkte, die wir bereits besprochen haben, beeinflussen, darunter die Fähigkeit zur Bewegung, zum spielerischen Wetteifern mit anderen Hunden und zum Einhalten des Urins über Nacht. Der Tierarzt rät möglicherweise zur Verringerung der Futtermenge als einer Möglichkeit, die Diabetes unter Kontrolle zu halten. Dies kann beim Hund aber zu erheblicher Frustration führen, besonders, wenn er hungrig ist und zusehen muss, wie die Menschen essen oder andere Hunde gefüttert werden. Diabetische Hunde können eigentlich nie genug Wasser bekommen. Manche Besitzer kommen dann auf die Idee, den Zugang zum Wasser einzuschränken, damit sie nicht mitten in der Nacht aufstehen und den Hund nach draußen lassen müssen. Ich kann hiervon nur strengstens abraten, weil die Folgen von Dehydratation zahlreich, vielschichtig und potenziell lebensbedrohlich sind.

Fettleibigkeit

Fettleibigkeit ist eine der häufigsten Ernährungsstörungen beim Hund, die weltweit etwa 20-40% aller Hunde betrifft. Sie ist von extremer Wichtigkeit, weil die Häufigkeit ihres Vorkommens immer weiter steigt und sie fast alle Körpersysteme betreffen kann. Von Fettleibigkeit oder Übergewicht spricht man definitionsgemäß dann, wenn das Gewicht eines Tieres 15% über seinem Idealgewicht liegt. Sie geht mit einer ganzen Reihe von medizinischen Zuständen einher, die Lebensqualität und Lebenserwartung des Hundes sehr wahrscheinlich reduzieren. Zu den gesundheitlichen Folgen von Übergewicht zählen Erkrankungen des Herzkreislaufsystems, des Bewegungsapparats und des Stoffwechsels. Andere mit Übergewicht in Verbindung stehende Erkrankungen sind erhöhte Reizbarkeit und Atemnot. An Diabetes leidende Hunde sehen nicht gerade nach ihrer Bestform aus, was durch ihr mangelndes Interesse an Spiel und Bewegung wiederum ihre Besitzer verprellen kann. Kurzum – übergewichtige Tiere haben ein reduziertes Allgemeinbefinden, das die Mensch-Hund-Beziehung unterminieren und die sozialen und gesundheitlichen Vorteile der Hundehaltung zunichte machen kann. Weil Übergewicht so weitreichende Folgen auf Gesundheit und Wohlbefinden der Tiere hat, ist es für Besitzer sehr wichtig, es zu vermeiden und für Tierärzte, es zu behandeln.

Als mögliche Ursachen für Übergewicht werden Wohnungshaltung, zu wenig Aktivität, mittleres Lebensalter, Kastration, Mischlingsabstammung und bestimmte Ernährungsfaktoren aufgeführt. Wie wir schon gesehen haben, kann eine Kastration die Stoffwechselrate herabsetzen, weshalb Tierärzte sich bewusst sein sollten, dass sie bei bestimmten Rassen zu einem erhöhten Risiko für Gewichtsprobleme führen kann. Folglich sollten sie die Besitzer darauf hinweisen, dass sie die Futtermenge reduzieren oder kalorienärmeres Futter geben sollten, bis der Hund seine Geschlechtsreife erreicht. Zu den besonders gefährdeten Rassen zählen Cocker Spaniel, Labrador Retriever, Collies, Langhaardackel, Shetland Sheepdogs, Cairn Terrier, Bassets, Cavalier King Charles Spaniel und Beagles.

Mit Essensresten gefütterte Hunde scheinen ein höheres Risiko für Übergewicht zu haben, genau wie Hunde, die im Alter von 9-12 Monaten zu dick waren: Ihr Risiko, als Erwachsene übergewichtig zu sein, ist anderthalb Mal so hoch. Mehrere Hunde im Haus beugen zwar eindeutig der Übergewichtigkeit bei Katzen vor, aber ob sie auch gegenseitig diesen Effekt auf sich ausüben, ist noch unklar. In einem Mehrhundehaushalt lebende Hunde haben zwar einerseits mehr Spielgelegenheiten, aber andererseits könnten sie auch einem gewissen Gruppenzwang unterliegen, der ihre Fressgier steigert.

Besitzer überfüttern ihre Hunde aus den verschiedensten Gründen. Satte Hunde neigen nicht so zum Weglaufen, Plündern von Müll oder Verschlucken von Fremdkörpern. Durch die endlose Werbung der Futtermittelhersteller, in der immer wieder die positiven Aspekte promotet werden, setzen manche Besitzer vielleicht das Füttern mit der Demonstration von Liebe und Freigiebigkeit gleich. Haustiere lernen die Erwartung, von Menschen Futter zu bekommen und wissen, wie sie es einfordern können. Füttern kann zwar kurzfristig lästiges aufmerksamkeitsheischendes Verhalten abstellen, aber auf lange Sicht macht es das Betteln natürlich schlimmer, wenn man dem Druck nachgibt. Mit steigendem Alter sowie abnehmender Stoffwechselrate und Aktivität kommt Übergewicht häufiger vor. Außer bei sehr alten Hunden ist Übergewicht bei Hündinnen häufiger als bei Rüden. Man hat auch schon vermutet, dass übergewichtige Besitzer auch das Risiko für Fettleibigkeit bei ihren Tieren fördern. Unklar ist aber, ob dies daran liegt, dass dicke Besitzer ihren Hunden weniger

Bewegung verschaffen oder daran, dass sie das Übergewicht bei ihren Hunden vielleicht gar nicht als solches wahrnehmen.

Die Qualität der Mensch-Hund-Beziehung ist scheinbar der Dreh- und Angelpunkt in der Behandlung, denn ein interessierter und engagierter Besitzer wird die Ernährung seines Hundes eher umstellen und das Zielgewicht zu erreichen versuchen als ein gleichgültiger Besitzer. Neben einem Programm zur Gewichtsreduktion, das am besten unter tierärztlicher Aufsicht stattfinden sollte, ist auch ein Trainingsprogramm für mehr Bewegung ein wichtiger Bestandteil der Behandlung.

Denken Sie immer daran, dass Maßnahmen zum Abnehmen die Mensch-Hund-Beziehung beeinflussen können. Wenn Hunde weniger Futter bekommen, neigen sie dazu, Mülltonnen zu plündern oder sogar auszubüchsen, was für die Besitzer übergewichtiger und fettleibiger Hunde ein echtes Problem ist. Kauknochen können hier als Ersatz für Mahlzeiten nützlich sein, weil sie die tägliche Kalorienzufuhr nicht nennenswert erhöhen und außerdem das Gewissen des Besitzers beruhigen, das er vielleicht hat, weil er seinem Hund weniger oder weniger schmackhaftes Futter gibt. Das Müllplündern und Abfallstehlen auf Spaziergängen kann mit einem Maulkorb verhindert werden, was aber den Nachteil hat, dass Maulkörbe von anderen meist mit dem Schutz vor Aggressionsverhalten in Verbindung gebracht werden. Das wird sich in Zukunft vielleicht ändern, wenn noch mehr Hunde als bisher Kopfhalfter tragen.

Eine der schwierigsten Aufgaben im Kampf gegen Übergewicht bei Haustieren ist es, die Besitzer taktvoll davon zu überzeugen, dass ihr Hund zu viel wiegt. Vielleicht könnte das Bewusstsein der Besitzer in dieser Hinsicht verbessert werden, wenn man Tabellen mit Standardgewichten auf Hundefutterverpackungen aufdrucken würde. Die Futterindustrie sollte hiervon zu überzeugen sein, wenn unabhängig von der Marke auf jeder Packung die gleichen Standardgewichte angegeben würden. Und vielleicht sollten kalorienarme Futtersorten billiger sein als reguläre.

Altern

Mit dem Älterwerden scheinen Hunde das Leben und sich selbst ernster zu nehmen, genau wie es viele ältere Menschen auch tun. Und je älter sie werden, desto dementer können sie auch werden – wiederum ganz ähnlich wie Menschen. Der Hund wird sogar als nützlicher Beispielvergleich für Demenz beim Menschen betrachtet. Für Tierärzte ist es zwar nichts Neues, dass bei geriatrischen Hunden unerwünschte Verhaltensänderungen auftreten können, aber Veränderungen, die mit zugrundeliegenden Erkrankungen des Nervensystems zusammenhängen, werden nur selten näher untersucht. Heute weiß man, dass eine ganze Reihe von klinischen Anzeichen und Verhaltensproblemen Symptome der Caninen Kognitiven Dysfunktion, auch »Hunde-Alzheimer« genannt, sind. Sie kommt selten bei Hunden unter neun Jahren vor. Die Patienten erscheinen weniger aufmerksam und weniger aktiv, dabei aber unruhiger, kommen mit dem Treppensteigen nicht mehr zurecht, neigen zum Umherwandern oder Weglaufen und sind orientierungslos. Obwohl die Sinnesfunktionen dieser Hunde noch intakt sind, finden sie sich plötzlich in ihrer vertrauten Umgebung zuhause nicht mehr zurecht – genau wie Menschen, die auf einmal Schwierigkeiten mit dem Öffnen einer Tür haben, die sie zuvor jahrelang benutzt haben.

Besonders anstrengend für Besitzer sind Störungen im Schlaf-/Wachzyklus des Hundes, besonders, wenn er sie mehrmals nachts aufweckt – oft durch anhaltendes Bellen. Manche Hunde entwickeln auch einen veränderten Schlafrhythmus und schlafen tagsüber, sind dafür aber die ganze Nacht lang aktiv oder unruhig. Diese dem Zusammenleben eher abträgliche Schicht-Verschiebung geht oft mit ruhelosem Umherlaufen einher, das sich nachts noch verschlimmern kann. Diese Rastlosigkeit ist für die Hunde ebenso stressig wie für die Besitzer, die sie mit ansehen müssen. Manche Hunde entwickeln dabei auch eine Inkontinenz, die keine anderen medizinischen Ursachen hat und die Verschmutzungen mit Kot oder Urin im Haus führen kann.

Die von unserem eigenen Labor durchgeführten Untersuchungen zum Altern und kognitiven Verfall bei über eintausend alten Hunden haben ergeben, dass Veränderungen in den Bewegungsmustern, vor allem Im-Kreis-Laufen und rastloses Umherlaufen, die nützlichsten Hinweise auf Demenz sind. Es ist zwar mitunter schwierig, bei alternden Tieren rein neurologisch bedingte Störungen von orthopädischen Störungen des Bewegungsapparats zu unterscheiden, aber viele Besitzer berichten, dass ihr Hund viel weniger Enthusiasmus bei der Begrüßung und allgemein im Umgang zeigt. Andere stellen fest, dass der Hund seinen eigenen Namen oder den von Familienmitgliedern nicht mehr erkennt. Dieses Spektrum an Verhaltensproblemen ähnelt ganz klar dem, das man bei Menschen mit der Alzheimer-Krankheit beobachtet. Zum Glück gibt es heute Medikamente und Futtermittel, die den Verlauf der Caninen Kognitiven Dysfunktion verlangsamen können. Und letzten Endes gibt es auch kaum Hinweise darauf, dass solcherart beeinträchtigte Hunde irgendwelche Scham über ihr regressives Verhalten empfinden würden. Entscheidend wichtig ist hierbei wohl, zwischen tatsächlicher Lebensqualität und unserer Vorstellung von Lebensqualität zu unterscheiden. Als Menschen haben wir viel mehr Angst davor, zu einem Pflegefall zu werden, als Hunde sie je empfinden könnten.

Tod

Die Auswirkungen chronischer Erkrankungen auf das Wohlbefinden von Hunden können tiefgreifend sein. Sie können sich auch anhäufen, weil mehrere oder alle der oben beschriebenen Störungen gleichzeitig bei einem Hund vorkommen können. Wie schnell ein Hund altersschwach wird, hängt von der Rasse ab. Deutsche Doggen zum Beispiel altern schnell, während Toy- und Kleinpudel in der Regel bis ins hohe Alter fit bleiben. Die Geschichten von Hunden, die sich zum Sterben an einen versteckten Ort schleppen, scheinen für die Existenz einer Todesahnung zu sprechen, könnten aber in Wahrheit auch einfach nur Unzufriedenheit mit den gewohnten Ruheplätzen widerspiegeln, ein Anzeichen für Demenz oder das Bedürfnis nach Ruhe und Frieden sein. Auf jeden Fall verdienen sie sicherlich eine genauere wissenschaftliche Untersuchung.

Hunde bereichern unser Leben auf mannigfaltige Weise. Die Menge an Geld, die Besitzer für das Wohlergehen ihrer Tiere auszugeben bereit sind, spricht für die ständig steigende Wertschätzung, die wir ihnen entgegenbringen. Und wenn sie sterben, hinterlassen sie dem nächsten Hund ein Halsband, eine Leine und ein Körbchen und machen es diesem erst einmal schwer, sie zu ersetzen. Wir weinen, wenn unsere Hunde sterben, weil wir unseren eigenen furchtbaren Verlust betrauern. Aber während wir Tränen vergießen und ihnen damit Ehre erweisen, sollten wir versuchen, lieber an die vielen Jahre der Freude zu denken, die sie uns gebracht haben anstatt nur an ihre letzten Tage.

Filetstückchen

- Es gibt klare Unterschiede im Verhalten zwischen Rüden und Hündinnen, sogar schon vor dem Einsetzen der Pubertät.

- Hündinnen kommen zwei Mal im Jahr für jeweils etwa drei Wochen in die Hitze (Östrus).

- Rüden oder Hündinnen können kastrierte nicht von unkastrierten Artgenossen unterscheiden.

- Kastrierte Hunde haben ein höheres Risiko für Übergewicht.

- Man weiß noch nicht endgültig, ob man mit Kastration unerwünschtes Problemverhalten bei Rüden loswerden kann.

- Der beste Kumpel für Ihren Hund ist ein Hund des jeweils anderen Geschlechts.

- Die Bedürfnisse unserer Hunde verändern sich erheblich, wenn sie krank sind.

- Fast die Hälfte aller Hunde in westlichen Industrieländern sind zu dick.

- Mit dem Älterwerden scheinen Hunde das Leben und sich selbst ernster zu nehmen.

- Hunde aktiv und verspielt zu halten hilft, sie geistig und körperlich gesund zu halten.

Erwachsene Hunde spielen viel mehr als erwachsene Wölfe. Wir tun also gut daran, mit unseren Hunden zu spielen und den Wert des Spielens zu schätzen, damit wir es indirekt im Training einsetzen können. Selbst im Alter von 13 Jahren ist Wallys Lebensfreude noch ungebrochen.

Bekannte Hundekumpel werden von Hunden sehr geschätzt. Harmonische soziale Strukturen ermöglichen es Hunden beiderlei Geschlechts, gut als stabile Gruppe zu funktionieren.

Kapitel 7

Jahrelang haben Hundetrainer immer wieder den »Spieltrieb« und den »Beutetrieb« ins Gespräch gebracht, wenn sie das Interesse am Spielen und die Neigung zum Zeigen von Beuteverhalten beschrieben haben. Heutzutage wird es aber als veraltet betrachtet, von Trieben zu sprechen, weil dieser Begriff ein zu stark vereinfachendes Bild wachruft: Als ob es sich um einen ständig Aufbau von Energie handeln würde, die nur durch eine bestimmte Art von Aktivität wieder abgebaut werden könnte. Besser beraten sind wir, wenn wir stattdessen von Aufmerksamkeit (*Hörst du mir zu?*), Priorität (*Ist es dir wichtig?*), Motivation (*Kannst du dazu bewegt werden?*) und Sättigung (*Hattest du genug?*) sprechen. Von diesen Begriffen ist Motivation vermutlich der wichtigste – fragen Sie nur einmal einen Trainer in einer Greifvogelshow, wo die Vögel ohne Weiteres ins endlose Blau entschweben könnten. Wenn die Vögel nicht durch Futter motiviert sind (*hungrig genug*), das trainierte Ziel (*den Teil des Vorführrareals, an dem sich das Futter befindet*) zu erreichen, werden sie von anderen Ressourcen motiviert sein und die Bühne nach links verlassen. Tiere treffen Entscheidungen aufgrund ihrer Motivation, ihrer Erfahrung und der Vorhersage der wahrscheinlichen Konsequenzen ihrer Handlungen. In diesem Kapitel werden wir uns Möglichkeiten anschauen, wie man Motivation aufbauen und steuern kann.

Gedankenfutter

Es gibt Trainer, die mir berichten, sie könnten herausfinden, was ihre Tiere denken. Dies ist die Sorte Leute, die für sich beansprucht, sie würden »die Absicht belohnen«. Als Ethologe untersuche ich aber das Verhalten und behaupte, dass man nur Verhalten belohnen kann, das man auch sieht. »Denken ist doch ein Verhalten«, sagen Sie jetzt vielleicht. Stimmt, aber ein komplett verdeckt stattfindendes. Es mag zwar durchaus Verhaltensäußerungen geben, die darauf hinweisen, dass ein Tier Informationen verarbeitet, also denkt, aber solange wir die Kognition bei Tieren noch nicht besser verstehen und damit beginnen können, die Hirnfunktionen bei nicht eingeschränkten Tieren bildlich aufzuzeichnen, sollten wir ungenaue Mutmaßungen vermeiden und uns stattdessen auf das sichtbare Verhalten konzentrieren. Damit können wir auch sehr subtile Hinweise darauf einfangen, dass das Tier gleich die gewünschte Handlung ausführen wird – und das natürlich belohnen. Tatsächlich nutzen Toptrainer solche minimalen, eine Absicht erkennbar machende Bewegungen als Ausgangspunkt für das Formen von Verhalten. Belohnen Sie die erste Andeutung eines erwünschten Verhaltens und Sie werden mit höherer Wahrscheinlichkeit irgendwann das komplette Verhalten bekommen.

Welche Bedeutung haben Namen?

Menschen benutzen Namen, um sich gegenseitig zu erkennen und anzusprechen. Nachnamen haben die spezielle Funktion, Beziehungen zwischen Familienmitgliedern anzugeben. Struppi Streuner und sein Rudel benutzen niemals Namen. Sie haben andere Etikette, an denen sie ihre Freunde oder Feinde erkennen. Sie können aktuell sein, wie die Form und Farbe des Hundes, der gerade auf sie zurennt, oder rückblickend funktionieren, wie zum Beispiel der Geruch einer Stelle, wo andere wichtige Hunde gelegen haben.

Wenn Züchter ihren Welpen Namen geben, bilden sie eine Zusammensetzung aus dem Zwingernamen und häufig Teile von Namen der Eltern, um eine extravagante Bezeichnung zu kreieren, die meistens auch noch mit einigen Superlativen gesprenkelt ist. So kommt es zu Namen wie »Kobelco My Heart«. Den Hunden selbst sind solche klangvollen Titel natürlich herzlich egal. Wenn Sie einem neuen Welpen einen Namen geben, versuchen Sie vermutlich, damit etwas zum Wesen und Charakter auszudrücken, das sie gerne in ihm sehen würden. Was den Hund natürlich auch nicht schlauer macht. Die Spitz- und Kosenamen dagegen, die Ihrem Hund im Laufe der Zeit anhängen werden, spiegeln tatsächlich Wesen und Charakter des Hundes wider, den Sie inzwischen etwas besser kennen.

Wir benutzen Namen, um die Aufmerksamkeit des Hundes zu bekommen und stellen sie einem Kommando voraus. Was bedeutet der Name also tatsächlich für einen Hund? Er kann meinen »*Achte auf den Menschen, weil die Geräusche, die er gleich macht, für dich bedeutsam sein könnten*« oder »*Geh zum Menschen zurück, weil er für dich bedeutsam geworden ist*«. Für manche unglücklichen Hunde kann er aber auch bedeuten »*Hör auf mit dem, was du gerade tust!*« oder gar »*Höchste Zeit, sich zu verstecken!*« . An dieser Stelle muss ich an Harold denken, einen sehr liebenswerten Mops, der sich immer abends, wenn er gerufen wurde, unter dem Küchentisch versteckte, weil sein Körbchen draußen stand und er es hasste, hinausgeschickt zu werden. Das weniger Erwähnenswerte an Harold war, dass er, wie die meisten Möpse, sehr liebenswürdig war und schrecklich verstopfte obere Atemwege hatte, sodass er beim Atmen immer recht laute Geräusche machte. Das wirklich Erwähnenswerte aber war: Wenn er kurz vor dem Ausschalten des Lichts zur Nacht gerufen wurde, versteckte er sich nicht nur, sondern schien auch den Atem anzuhalten, als ob er sich des Röchelns bewusst wäre, dass er verursachte und damit der Entdeckung zu entgehen versuchte. Heißt das, dass er sich kognitiv seiner selbst bewusst war? Vielleicht schon – es könnte aber auch einfach bedeuten, dass er irgendwann einfach gelernt hatte, dass Veränderungen in der Art seines Atmens seine Verbannung nach draußen verzögerten.

Habe ich deine Aufmerksamkeit?

In der Regel wissen die Besitzer die Fähigkeit ihres Hundes, aufmerksam zu sein, zu schätzen. So zeigte zum Beispiel eine kürzlich durchgeführte Studie, dass Besitzer einen engen Zusammenhang zwischen Aufmerksamkeit, Intelligenz und Gehorsam sehen. In den meisten Situationen braucht ein Haushund die Fähigkeit zur Aufmerksamkeit, um mit komplexen sozialen Interaktionen zurechtzukommen. Andersherum können Defizite in dieser Hinsicht die Mensch-Hund-Bindung belasten und manche unerwünschte Verhaltensweisen erklären. Interessanterweise lässt sich dies auch durch wissenschaftlich erhobene Daten stützen, insbesondere durch die wegweisende Studie über Hunde im Spiel von Alex Horowitz. Sie zeigt, dass Hunde ihr Verhalten je nachdem anpassen, ob sie die Aufmerksamkeit ihres Spielpartners haben oder nicht. Sie benutzen aufmerksamkeitsheischende Strategien wie Bellen, Anrempeln oder scheinbar unabsichtliches Fallenlassen von Spielzeugen, und zwar besonders dann, wenn der beabsichtige Empfänger der Nachricht gerade wegschaut. Diese Entdeckung lässt vermuten, dass Hunde sich bewusst sind, wie wichtig der Blickkontakt nicht nur zu anderen Hunden, sondern auch zu Menschen ist. Von vielen Beweisen unterstützt ist die Tatsache, dass Hunde Menschen (vorzugsweise ihre Besitzer) anschauen, wenn sie sich mit einem Rätsel konfrontiert sehen. Neuere japanische Studien weisen allerdings darauf hin, dass Hunde sich eher auf die Ausrichtung unserer Köpfe als auf unseren Blick konzentrieren, wenn sie unsere Kommandos befolgen.

Wie reagiert Ihr Hund, wenn Sie *Hallo* sagen? Wenn Sie einen Besucher bei sich zuhause mit *Hallo!* begrüßen, ist der Tonfall ein ganz anderer als der, den Sie zur Begrüßung Ihres Hundes benutzen. Wenn Sie mir nicht glauben – probieren Sie es einfach einmal aus. Wenn Sie und Ihr Hund einmal einen Moment Zeit haben und niemand in der Nähe ist, schauen Sie einfach einmal von ihm weg und sagen so *Hallo!*, als ob Sie einen willkommenen Gast begrüßen würden. Sie werden merken, dass er sich nach einem vermeintlichen Ankömmling umschaut. Dies steht in deutlichem Gegensatz zu der Reaktion, die er zeigt, wenn Sie in seine ungefähre Richtung schauen und in dem Ton *Hallo!* sagen, in dem Sie ihn normalerweise begrüßen. Der Ton macht allein den Unterschied und informiert den Hund, wie relevant das ist, was Sie gerade sagen. Er sagt dem Hund auch, ob Sie gerade in schlechter Stimmung sind und ob er Ihnen besser aus dem Weg geht. Eine erhobene Stimme, wie man sie zum Erteilen von Befehlen benutzt, ist oft effektiver als eine gedämpfte. Und aus den gleichen Gründen ist es ratsam, den Namen Ihres Hundes niemals in ärgerlichem Tonfall zu sagen, wenn Sie möchten, dass er weiterhin nur Gutes mit diesem Wort verknüpft. Sich an diese Maxime zu halten, kann den entscheidenden Unterschied machen, wenn Sie Ihren Hund einmal in einer Notsituation rufen müssen, zum Beispiel, wenn er sich gerade in Gefahr befindet.

Es mag banal klingen, aber um die Aufmerksamkeit eines Hundes zu bekommen, müssen Sie relevant für ihn sein. Wenn der Hund gelernt hat, die Signale zu erkennen, die einen Spaziergang mit seinem Besitzer ankündigen, wird sich zuverlässig vorhersagbar aufregen, weil er zu wissen scheint, dass es bei dem Spaziergang »nur um ihn« geht. Sie sind relevanter für ihn geworden, weil sie die Ressourcen für ihn verfügbar machen. Gute Hundeführer bringen ihre Hunde mit wenig Mühe dazu, dass sie sich die größte Mühe geben. Sie gehen taktvoll mit ihren Hunden um und setzen Energie strategisch ein, um ihre Aufmerksamkeit zu bekommen. Wie der legendäre britische Hundeverhaltensspezialist John Rogerson sagt: »Wer die Spiele kontrolliert, kontrolliert den Hund« – mehr dazu später. Gute Trainer kontrollieren nicht nur ihre Hunde, sondern schaffen auch Situationen, die es ihren Hunden leicht machen, das gewünschte Verhalten zu zeigen. Wenn sie zum Beispiel möchten, dass der Hund einen bestimmten Gegenstand wie zum Beispiel einen Schlüsselbund aufheben soll, schaffen sie alle anderen Ablenkungen wie Leinen, Taschen, Schuhe und so weiter weg, wenn sie das Verhalten zum ersten Mal trainieren. Aber egal wie gut diese Trainer darin sind, dem Hund das Zeigen des gewünschten Verhaltens leicht zu machen: Auch die am unauffälligsten agierenden Trainer müssen die geformten Verhalten unter Signalkontrolle setzen. Dies bedeutet, dass der Hund das Verhalten jedes Mal dann zeigt, wenn er das Signal dazu bekommt, und zwar nur dann. Für diesen Schritt des Trainingsprozesses benötigen Trainer die Aufmerksamkeit ihres Hundes.

Der Durchschnittshund im Durchschnittszuhause wird die meiste Zeit über nicht angesprochen und lernt schnell, den meisten menschlichen Stimmen nicht viel Beachtung zu schenken. Er weiß, dass er unter bestimmten Voraussetzungen eine Rolle spielt und dass die Menschen ihn dann mit größter Wahrscheinlichkeit rufen. Er besetzt beispielsweise die Diele, wenn jemand an die Haustür kommt, und es gibt keinen Grund dafür, warum er diese Rolle nicht ernst nehmen sollte. Die Evolution hat ihn schließlich gelehrt, das Rudel auf die Annäherung von Ankömmlingen aufmerksam zu machen, und außerdem erhält er in der Regel die ungeteilte Aufmerksamkeit des Rudels, wenn er zu bellen anfängt.

Innen im Haus ist der Hund ein sitzendes Ziel für ankommende Reize. Auch wenn er sich im geschlossenen Raum bewegen kann, ist er für grundlegende Änderungen wie Verlassen des Hauses oder der Wohnung bzw. das Zurückkommen dorthin auf die Gnade seines Besitzers angewiesen. Auf weniger tiefgreifender Ebene nimmt der Besitzer durch einfache Handlungen ständig Einfluss auf den Hund: das Anschalten des Lichts kann die vom Hund wahrgenommene Tageslänge beeinflussen oder das Bedienen des Fernsehers kann plötzlich bellende Hunde im Wohnzimmer auftauchen lassen, die dann genauso schnell wieder verschwinden und von einer menschlichen Stimme abgelöst werden, die Werbung für Waschmittel macht. Oder der Besitzer verbreitet beim Kochen Essensdüfte, die ihre Verheißung für den Hund nur sehr selten erfüllen, weil sie sich kaum jemals als Häppchen in seinem Napf materialisieren.

Die Freuden des Spazierengehens nutzen

Die Anblicke, Geräusche und Gerüche auf einem Spaziergang mögen vorhersagbarer sein, sind aber trotzdem aufregend. Wenn der Hund abgeleint ist, kann er sich entscheiden, ob er sich ihnen nähert oder ihnen lieber aus dem Weg geht. Ein Hund, der mit seinem Besitzer spazieren geht, denkt vielleicht, dass er dessen ungeteilte Aufmerksamkeit hat und eine gewisse Autonomie ausüben kann. Das unterscheidet sich oft sehr von dem, wie die Dinge zuhause liegen. Überlegen Sie nur einmal, wie sich Hunde in ein normales menschliches Zuhause einpassen müssen, wenn sie nicht das Hauptziel der Aufmerksamkeit sind – was für die meisten Hunde den größten Teil der Zeit der Fall ist. Der Spaß, den ein Spaziergang macht, hat also zum Teil auch mit Kontrolle zu tun und der Frage, wer wen spazieren führt. Mangelnde Kontrollmöglichkeit über die eigene Umgebung wird in der Regel mit schlechter Lebensqualität gleichgesetzt. Wenn der Hund hier also einmal derjenige ist, der die Kontrolle hat, kann er daran unglaublich großen Spaß haben.

Alleine zuhause sein bringt nicht den gleichen Mangel an Kontrollmöglichkeit mit sich wie mit dem Rudel zusammen zuhause sein. Es ist viel, viel schlimmer. Nur bestimmte, besonders geschätzte Mitglieder des Rudels initiieren Spaziergänge – die Menschen. Ohne sie hat das Haus keine Spaziergänge zu bieten. Und schlimmer noch: All diese nur dürftig versteckten Ressourcen, von denen der Hund genau weiß, dass sie da sind, könnten so leicht von den Individuen geplündert werden, die vermutlich am besten wissen, wo genau sie sind – von seiner eigenen sozialen Gruppe. Es könnten neue Bündnisse geformt werden, die den Hund entweder ein- oder ausschließen. Ich möchte hier nicht behaupten, dass dies die Dinge sind, die einem alleine zuhause gelassenen Hund durch den Kopf gehen, sondern eher darauf hinweisen, dass es uns nicht überraschen sollte, dass so viele Hunde alles nur in ihrer Macht Stehende tun, um von ihrem Rudel auf einen Spaziergang mitgenommen zu werden.

Was wir einen Spaziergang nennen, sollte eigentlich besser als Abenteuer-Schaufenstergucken-Bekanntetreffen-Sport-Sex-Tour bezeichnet werden. Viele Hunde freuen sich bei der Aussicht darauf täglich ein Loch in den Bauch. Warum auch nicht? Für Hunde stirbt die Hoffnung nie. Zugebenermaßen gibt es auch diese ganz seltenen Ausnahmeexemplare von Hunden, die draußen beim Spaziergang an der Leine überhaupt gar keinen Spaß zu haben scheinen. Aller Wahrscheinlichkeit nach haben sie gelernt, dass sie an der Leine nur wenig Wahlfreiheit haben und sind damit Beispiele für erlernte Hilflosigkeit. Von einigen Kritikern wurde die Meinung geäußert, dass manche Blindenführhunde so aussehen würden.

In der Regel gehen Hunde bei jedem neuen Spaziergang vom Motto »Im Zweifel immer Gutes erwarten« und ziehen mit absolutem Optimismus los – jeder Aufbruch bedeutet den Beginn eines Abenteuers. Einen Spaziergang an einem Regentag halten sie erst dann für eine schlechte Idee, wenn sie die Tropfen auf ihrem eigenen Kopf spüren. Kein Wunder, dass sie sich in dem Moment aufzuregen beginnen, wenn die ersten vielversprechenden Hinweise gegeben werden: Schuhe werden hervorgeholt, Jacken vom Haken genommen, Schlüssel klimpern – allesamt Omen für ein kurz bevorstehende Öffnung der Tür. Und dann, die wichtigste Bestätigung überhaupt: Das Geräusch der Leine.

Wehe all den Besitzern, die es versäumen, ihre Hunde anzuschauen, wenn all diese Signale gegeben werden, denn sie verpassen die Chance, mit einem hochmotivierten Hund zu arbeiten. Weniger mit einem leicht zu trainierenden als mit einem aufgeregten Hund. Weniger mit einem beständig gehorsamen als mit einem, der unbedingt seine Belohnung haben möchte. Als Hüter der Belohnung sind die Besitzer ganz wunderbar in der Position, genau auf das Verhalten des Hundes warten zu können, das sie haben möchten. Aber wie viele leisten sich den Moment Zeit, ihren Hund einmal genauer zu beobachten? Denn eigentlich möchten sie nur, dass dieses Winseln, Herumhüpfen, Drängeln und Kratzen endlich aufhört. Und was macht es schon, wenn das Winseln, Herumhüpfen, Drängeln und Kratzen dann von angestrengtem Zerren an der Leine abgelöst wird? Dies ist die Sorte von Besitzer,

die die Leine einhakt und genau das tut, was der Hund ihnen sagt: Endlich auf den ver-
dammten Spaziergang gehen! Und beim nächsten Mal ist das Winseln, Herumhüpfen, Drängeln und Kratzen so schlimm wie immer. Und wenn der Besitzer zu beweisen versucht, dass
er stärker als der Hund ist und ihn kontrollieren kann und ihn zu einem Sitz zwingt, wird
das Winseln, Herumhüpfen, Drängeln und Kratzen nur noch schlimmer. Wie wir in Kapitel
9 noch sehen werden (in dem es um das Löschen von Verhalten geht) werden die Dinge in
dem Moment, wenn die Belohnung zurückgehalten wird, fast immer schlechter, bevor sie
besser werden.

Einen Clicker benutzen

Wir werden uns das traditionelle Clickertraining und den Einsatz von Futterbelohnungen
noch eingehender in Kapitel 10 mit dem Titel »Die opportunistischen Hunde« ansehen.
Kurz gesagt verwenden Trainer einen Clicker als sekundären Verstärker, indem sie den Hund
trainieren, dessen Geräusch mit Futter zu verknüpfen.

Einen aufgedrehten, aufs Losstürmen wartenden Hund durch Herunterdrücken seines
Hinterteils zum Sitzen bringen zu wollen funktioniert fast nie. Eine gespannte Leine ist das
gleiche – sie gibt dem Hund nur etwas, gegen das er anziehen kann. Sarah Whitehead, eine
führende Spezialistin für Hundeverhalten aus dem englischen Berkshire, hat den Begriff
»Hände-weg-Training« geprägt, um zu verdeutlichen, dass wir den Hund führen und gute
Reaktionen aus ihm hervorlocken sollten (echte Bildung) anstatt ihn mit Drücken der
Hände, Zug an der Leine oder den verschiedensten anschnallbaren Hilfskonstruktionen
zum Gehorsam zu zwingen. Der Schlüssel ist hier, sich die Motivation zunutze zu machen
und einen Clicker zu benutzen, um dem Hund zu sagen, dass er gerade das Richtige getan
hat. In diesem Fall ist die einzige Sache, die den Hund im Moment wirklich stark motiviert,
der Spaziergang. Der Besitzer sollte also sofort dann clicken und zum Spaziergang aufbrechen, sobald er auch nur die leichteste Verbesserung im Verhalten im Vergleich zum vorigen
Tag sieht (ruhiges Verhalten, mehr Sitzen, weniger Bellen). Den Clicker immer dann zu benutzen, wenn es eine Verbesserung im Verhalten des Hundes gibt, kann dem Timing des
Besitzers helfen und die Frustration des Hundes senken, weil er als Versprechen auf eine
gleich kommende Belohnung fungiert. So kann sich etwas von der freudigen Spannung,
die von der Aussicht auf das Öffnen der Tür ausgeht, auf den Clicker übertragen, weil er
dem Hund mitteilt, dass der Zeitpunkt des Türeöffnens nun gekommen ist.

Was hält einen Hund motiviert?

Die Werte eines Hundes können angeboren oder erlernt sein. Angeborene Werte bestimmen zum Beispiel die Spiele, die Hunde einer bestimmten Rasse am liebsten spielen, weshalb die meisten Rottweiler gerne Zerrspiele machen und die meisten Collies Jagdspiele
lieben. Erlernte Werte können das Ergebnis früherer Erfahrungen sein. Ein Hund, der früher
Angst vor Wasser hatte, kann zum Beispiel schnell vom Gegenteil überzeugt sein und zur

Wasserratte werden, sobald er gelernt hat, dass der Spaß des Schwimmens es mehr als wert ist, nass und kalt zu werden.

Erfolg zieht Erfolg nach sich. Wenn ein Hund es geschafft hat, an eine Ressource zu kommen, wird er dadurch unvermeidbar für das Verhalten bestärkt, das ihn zum Erfolg geführt hatte. Auf der anderen Seite scheinen Enttäuschungen einen Hund auch demoralisieren zu können – wenn man zum Beispiel immer nur Spiele mit ihm spielt, die er höchstwahrscheinlich verlieren wird. Insgesamt ist Defätismus bei Menschen allerdings sehr viel weiter verbreitet als bei Hunden, die größtenteils vom echten olympischen Geist beseelt sind: Mitmachen ist viel wichtiger als gewinnen!

Gedankenfutter

Bis vor Kurzem nahm man an, dass man Hunde, die zu »dominant« sind, dadurch erfolgreicher zurückstufen könne, indem man sie in Konkurrenzspielen wie zum Beispiel Seilzerren, in denen es um den Besitz eines Gegenstands geht, immer verlieren lässt. Neuere Erkenntnisse zeigen jedoch, dass das Gewinnen sämtlicher Konkurrenzspiele andere Aspekte des Hundeverhaltens wie zum Beispiel das Streben nach Status nicht beeinflusst. Ein Schwachpunkt dieser Studie war jedoch die Tatsache, dass sie nur eine einzige Rasse untersuchte, nämlich den Golden Retriever, der unabhängig von Erfolg oder Misserfolg von Natur aus schon zum Festhalten von Gegenständen motiviert sein könnte.

Hunde lernen flott, dass Sitzen ihnen Futterbelohnung, bewundernde Blicke und Streicheln einbringen kann. Sich hinzusetzen ist ein kleiner Preis für solche Verstärker. Manchmal ist die Motivation aber auch weniger offensichtlich. Alte, lahme Hunde jagen immer noch Bällen nach, obwohl ihre Körper ihnen sagen, dass sie besser langsam tun und den Ball erst einmal den Jüngeren überlassen sollten. Die Spannung der Jagd lässt sie aber den Schmerz beim Laufen vergessen. Ebenso bleiben Hunde, die Autos nachjagen, meist in dem Moment stehen, in dem auch das Auto anhält: Das Verfolgen war der größere Spaß als das Fassen der Beute.

Manchmal kann das Verfolgen eines bestimmten Verhaltens auch zu miteinander konkurrierenden Ergebnissen führen – zu attraktiven und zu aversiven. Hunde, die Kämpfe gewinnen, Ratten töten oder erfolgreich ihr Futter verteidigen, werden dies in Zukunft noch bereitwilliger tun – auch wenn es für sie bedeutet, dass sie einen Preis in Form von Schmerz (zum Beispiel durch Bisse ins Gesicht) zahlen müssen. Auch wenn sie einen Preis bezahlen mussten, wurden sie durch die Freude über das Erhalten der Belohnung oder möglicherweise sogar durch die Herausforderung selbst bestärkt.

Der andere Motivator, der leicht übersehen wird, ist das Überraschungselement. Kürzlich durchgeführte Studien haben ergeben, dass Hunde, genau wie Kinder, auf unerwartete Ereignisse damit reagieren, dass sie ihnen stärkere Aufmerksamkeit widmen. Überraschend kommende Belohnungen scheinen irgendwie wertvoller zu sein als die, die mit erwarteter Regelmäßigkeit ins Leben des Hundes tröpfeln. Und seien wir ehrlich: Manche Besitzer sind für ihre Hunde ganz schrecklich vorhersehbar. Andere sind sogar schlichtweg langweilig. Wieder andere dagegen stecken voller freudiger Überraschungen. Zwar müssen wir uns darum bemühen, eine Balance zwischen Spannung und Verlässlichkeit in unserem eigenen Verhalten zu finden, aber es ist nicht schwer nachzuvollziehen, warum Hunde Besitzer bewundern, die sie dazu inspirieren, das Leben als ein Abenteuer zu leben. Solche Besitzer sind nicht nur eine verlässliche Quelle für Nahrung, sie lassen auch viele für den Hund magisch wirkende Dinge geschehen: Sie können Wasserhähne auf- und zudrehen, Türen öffnen, Autos fahren und störende Grasspelzen finden, die sich im Fell an der Brust verfangen haben. Ein aufmerksamer Besitzer ist eine hoch geschätzte Ressource – der mobile Warenladen für Hunde! In Kapitel 15, wenn wir die Welt des Arbeitshundes entdecken, werden wir uns noch weitere Wege anschauen, wie Menschen Hunde coachen können, ohne deren unmittelbare Gesellschaft zu suchen.

Das größte an einem Spielzeug ist für einen Hund dessen Neuigkeitswert. Und wenn Sie einen Spielkameraden für ihn finden, der nicht unbedingt ständig verfügbar ist, haben Sie damit eine tolle Möglichkeit, für seine Unterhaltung zu sorgen. Manchmal ist das Arrangement mit einem Nachbarshund ein besserer Weg, dem Hund Gesellschaft und Spielmöglichkeiten zu verschaffen, als der Kauf eines zweiten Hundes.

Veränderliche Motivation

Zu wissen, was Ihren Hund in freudige Erregung versetzt, heißt zu wissen, wie er tickt. Hunde brauchen Aktivität wie die Luft zum Atmen und sind gern mit wirklich inspirierenden Menschen zusammen – nicht zuletzt deshalb, weil diese für sie eine Quelle von Aktion sind. Dies erklärt, warum viele Hunde, die Faulenzern und Sofarutschern gehören, diesen plötzlich untreu zu werden scheinen, wenn sie aktivere, dynamischere und damit interessantere Menschen treffen. Wir alle kennen auch Hunde, die nach den Aktivitäten eines Tages nach Hause kommen, komplett abschalten und so lange schlafen, bis am nächsten Tag wieder der verlässliche Hinweis auf den Aufbruch kommt. Sie haben einen Rhythmus entwickelt, der zu dem des Besitzers passt. Der Teamleiter bestimmt, was geschieht und wann. Dies kombiniert mit der Flexibilität des Hundes bedeutet, dass solche Hunde nicht unbedingt nur vom Hell-Dunkel-Rhythmus bestimmt sind, auch wenn sie tagsüber am aktivsten sind. So werden Hunde, die vornehmlich im Dunkeln aktiv werdenden Jägern gehören (ja, ich denke hier zum Beispiel an Schützen, die in tiefster Nacht losziehen, um dann Wildtiere mit Taschenlampen zu blenden), ihren Tag-Nacht-Rhythmus umkehren und über Tag schlafen, um neue Energie zu tanken.

Wirken sich die Jahreszeiten auf die Motivation aus?

Der Wechsel der Jahreszeiten kann sich ganz gewiss auf Verhalten und Motivation auswirken. Besitzer unkastrierter Hündinnen zum Beispiel sind sich des jahreszeitlich bedingten Einsetzens der Hitze und der damit einhergehenden Veränderung in Motivation und Prioritäten sehr bewusst. Erwachsene Hündinnen kommen zwei Mal pro Jahr in die Hitze, es sei denn, sie gehören der alten afrikanischen Rasse der Basenjis an, deren Ursprünglichkeit noch dadurch betont wird, dass sie mit der gleichen Frequenz in die Hitze kommen wie alle Wildcaniden. Dieser Nebeneffekt der Domestikation hat es Hundezüchtern ermöglicht, öfter Tiere zur Weiterzucht selektieren zu können, als das beispielsweise Kuratoren von Zoos tun können, die nur aus einem Wurf pro Jahr auswählen können.

Gedankenfutter

Für Gevatter Wolf hatten die Jahreszeiten einen tiefgreifenden Einfluss auf das Angebot von Nahrung, Wärme und Komfort. In geringerem Maß werden auch einige moderne Hunde von den Jahreszeiten beeinflusst. Jeder Tierarzt wird Ihnen bestätigen, dass Hunde, die ins Haus dürfen, mehr oder weniger das ganze Jahr über im Fellwechsel sind, sprich haaren. Wir wissen nicht genau, was diese Abweichung vom einmal jährlichen Fellwechsel vom Winter- zum Sommerfell im Frühling verursacht, wie er bei draußen lebenden Hunden stattfindet, aber höchstwahrscheinlich liegt es an den im Haus herrschenden kontrollierten Umweltbedingungen. Die beiden Hauptkandidaten sind Heizung und Licht. Davon wiederum spielt Licht wahrscheinlich die größere Rolle, denn länger oder kürzer werdende Tage sind das, woran der Körper eines Wildhundes erkennt, dass sich die Jahreszeit verändert. Die natürlichen Veränderungen der Tageslänge werden durch künstliche Beleuchtung einfach weggewischt. Anders gesagt: Künstliches Licht, sofern es hell genug ist, bringt die biologische Uhr von Tieren leicht durcheinander. Züchter von Vollblutpferden nutzen dieses Phänomen, um ihre Stuten früher rossen zu lassen. Das ganze Jahr über haarende Hunde sind ein Ausdruck exakt des gleichen Effekts. Viele Besitzer stellen fest, dass ihre Hunde weniger haaren, wenn sie ihnen mehr Bewegung im Freien verschaffen. Dies könnte entweder daran liegen, dass bei Bewegung viele Haare einfach ausfallen, oder daran, dass die Hunde mehr natürlichem Tageslicht ausgesetzt sind und damit besser dem eigentlichen Rhythmus folgen können. Das künstliche Licht, dem sie abends (und in geringerem Ausmaß morgens) ausgesetzt sind, fällt dann im Vergleich kaum noch ins Gewicht.

Der Rebound-Effekt bei der Einschränkung eines motivierten Verhaltens

Abstinenz von einem normalen Verhalten bewirkt selten, dass dieses aus dem Repertoire des Tieres verschwindet. Im Gegenteil, die meisten Verhalten können wertvoller und damit wahrscheinlicher gemacht werden, indem man den Zugang des Hundes zu ihnen beschränkt. Ein zuvor auf engem Raum eingesperrter Hund streckt sich danach viel öfter als gewöhnlich und ein Hund, der einen Maulkorb tragen musste, gähnt möglicherweise anschließend viel mehr als sonst. Die Praxis, Verhalten mit Hilfe einer inneren Motivation zu verhindern, kann sehr tierschutzrelevant sein, denn sie vermittelt Frustration und Leiden. Dies kann sich bei aktiv mit der Situation umgehenden Hunden in umgelenkten Verhalten oder sogenannten Ersatzverhalten wie zum Beispiel Selbstverstümmelung äußern. Bei passiv mit der Situation umgehenden Hunden kann die Frustration die Form von Apathie und Lethargie annehmen.

Verhalten, die ausschließlich von einem bestimmten Reiz ausgelöst werden, sind recht gut vorhersagbar. So kann zum Beispiel Sonnenlicht, das einen Hund aufweckt, ihn dazu bringen, dass er sich streckt und gähnt. Viele Verhalten haben aber nicht nur einen einzigen einfachen externen Auslöser – sie werden von einer Kombination aus inneren Veränderungen und äußeren Umständen ausgelöst. Verhalten mit einer inneren Motivation sind vom Gedanken des Tierschutzes her relevant, weil sie uns verstehen helfen können, welche Möglichkeiten und Ressourcen Hunde am meisten vermissen. Viele Hunde zeigen ein hoch motiviertes Verhalten öfter, wenn sie nach einer Zeit, in der sie daran gehindert wurden, wieder frei sind, dies zu tun. Ethologen nennen dies einen »post-inhibitorischen Rebound«, was etwa so viel bedeutet wie »Aufschwungeffekt nach einer Unterdrückungsphase«. Verhalten, die einen post-inhibitorischen Rebound zeigen, spiegeln eher verhaltensbedingte als körperliche Bedürfnisse wider.

Ein nützliches Beispiel für den post-inhibitorischen Rebound stammt aus längeren Autofahrten. Die Zeitspanne des Eingesperrtseins im Autoheck ohne die Möglichkeit zu viel Bewegung wird von den meisten Hunden klaglos ertragen. Sobald aber die Tür geöffnet wird und sie die Gelegenheit haben, ihre Beine zu strecken, werden die meisten fitten Hunde umhertraben oder -galoppieren. Sie tun viel mehr, als nur ihre Beine zu strecken – sie erfüllen ihr verhaltensbedingtes Bedürfnis nach kräftiger Bewegung. Es ist sehr einfach, das gleiche Prinzip auch im Training zu nutzen. Die Möglichkeit, einer normalen Aktivität nachzugehen, wird zum Beispiel sehr viel belohnender für den Hund, wenn er dies eine Zeitlang nicht tun konnte.

Aufdrehen und Zurückhalten

Auch wenn es gemein scheint: Belohnungen so lange zurückzuhalten, bis man eine Verbesserung eines bestimmten Verhaltens sieht, kann sehr effektiv sein. Wenn Sie im Training mit Futter arbeiten, sollten Sie einmal darüber nachdenken, was Ihrem Hund das Wasser im Mund zusammenlaufen lässt und wie Sie das Beste aus leckeren Belohnungen herausholen können. Futter vor der Nase Ihres Hundes zuzubereiten und es dann vor einer Übungsstunde eine halbe Stunde lang wegzustellen wird seine Leistung immer steigern.

Wenn Sie Spiel als Belohnung benutzen, reicht es bei einem verspielten Hund, ihn kurz anzubinden und außerhalb seiner Reichweite mit seinem Lieblingsspielzeug oder überhaupt irgendeinem Spielzeug zu spielen, um ihn auf Touren zu bringen. Das funktioniert allerdings nicht bei allen Hunden. Warum nicht? Kann es sein, dass manche Hunde durch nichts auf der Welt innerlich motiviert sind? Meiner Meinung nach ist dies unmöglich, sofern keine körperlichen Gründe wie zum Beispiel Wachstumsstörungen und Verkümmerungen vorliegen. Ein Welpe, der sich noch nicht einmal durch Futter motivieren lässt, ist auf bestem Weg zur miserablen Unterernährung. Solche Hunde gibt es aber heutzutage dank der günstigen, die Grundbedürfnisse erfüllenden Fertig-Hundefutter sowie der Effizienz der weiträumig eingesetzten und nicht teuren Entwurmungsmittel kaum noch.

Wenn Kunden mir sagen, dass ihre Hunde unmöglich zu motivieren sind, fordere ich sie immer dazu auf, ihre Meinung noch einmal gründlich zu überdenken. Zugegebenermaßen sind manche Rassen schwieriger zu motivieren als andere – Bassets zum Beispiel kommen mir da gerade in den Sinn. Es ist schwierig, aber nicht unmöglich, sie so richtig »aufzudrehen«. Was also ist los mit den Hunden, die als unmotivierbar und damit untrainierbar verschrien sind? Wenn wir einmal von den variablen Stärken innerer Motivation absehen, lernen manche Hunde ganz einfach, wenig Motivation zu zeigen, weil diese in der Vergangenheit entweder niemals belohnt wurde oder, was wahrscheinlicher ist, weil alle ihre unmittelbaren Bedürfnisse bereitwillig von ihren Besitzern (ihren Bediensteten?) erfüllt werden.

Das Gegenteil trifft also zu: Hunde, die wissen, dass sie für die von ihnen geschätzten Ressourcen arbeiten müssen, sind viel williger und im Zusammensein viel angenehmer als solche, die nie etwas zu schätzen gelernt haben. »Nichts ist kostenlos« wurde weltweit zur Maxime von Verhaltensexperten aus der Schule des Behaviorismus, mit der sie eine Verschiebung der Machtverhältnisse in der Mensch-Hund-Beziehung befürworten. Sie bitten die Hundebesitzer, auf ein erwünschtes Verhalten zu warten, bevor sie dem Hund irgendeinen primären Verstärker geben (s. Kap. 9). Damit wird der Hundebesitzer in Verantwortung für die Verwaltung der Ressourcen genommen und lernt zu verstehen, welche Spiele Hunde spielen und wie sie lernen. Dies wiederum fördert ein besseres Verständnis der Trainingsprinzipien. Ohne viele Worte zu machen bringen gute Trainer den Hundebesitzern bei, die Lerntheorie anzuwenden. In den Kapiteln 9 bis 12 werden wir uns die Prinzipien der Lerntheorie noch näher anschauen. Aber keine Panik, weil ich das Wort »Theorie« verwende: Ich werde sie so leicht verdaulich wie möglich präsentieren.

Lernen, wenn die Motivation nachgelassen hat

Die Auslöser oder »Trigger« für Essen und Trinken liegen im Hypothalamus des Gehirns und sind gemeinsprachlich auch als »An- und Ausschalter« bekannt. Einen Hund bis kurz vor dem Platzen zu füttern kann zu einem vorübergehenden Verlust seiner antrainierten Fähigkeiten führen. Und ihm zu viel Trockenfutter zu geben, kann seinen Appetit bremsen und damit einiges von der Knackigkeit und Unmittelbarkeit seiner Reaktionen kosten. Appetit hat mit der Feuchtigkeit im Mund zu tun. Ein Hund mit trockenem Maul kann nicht so schnell fressen wie ein gut hydrierter Hund, und auch seine Motivation zu fressen ist nicht so hoch.

Eins der besten Signale, die ich in meiner Trainer-Werkzeugkiste habe, ist »Alles alle!«. Es sagt dem Hund, dass die Möglichkeit, sich Belohnungen zu verdienen, für den Moment vorbei ist. Dem Prinzip der Nicht-Belohnung folgend (siehe Kapitel 4, wo es um die Wurfscheiben geht), stoppt es meine Hunde darin, mir Verhalten anzubieten, damit ich ihnen zum Beispiel den Ball werfe, sie streichle oder ihnen ein Leckerchen gebe. Das Geheimnis ist wie immer, konsequent zu sein. Wenn Sie das Signal einmal gegeben haben, belohnen Sie keine spontanen Verhalten mehr, weil der Warenladen quasi geschlossen ist. Das Signal ist für den Hund also ein Hinweis, sich zu entspannen. Hundetrainer sollten unbedingt üben, zu erkennen, wann die Motivation eines Hundes nachlässt. Dann werden sie nämlich auch keine Verhalten mehr vom Hund verlangen, die dieser höchstwahrscheinlich nicht zeigen wird. Das ist sehr hilfreich, denn wenn ein Hund schlechte oder unpassende Verhaltensweisen mit einem Kommando verknüpft, kann er eine Neigung dazu entwickeln, künftig diese schlechteren Versionen des Verhaltens anstatt der vorher perfekten zu zeigen.

Interessenskonflikte

Ein aus dem Gebüsch springendes und über eine Straße rennendes Kaninchen reicht aus, um einen Hund direkt in den fließenden Verkehr laufen zu lassen, so sehr sein Besitzer sich auch bemüht, ihn zurückzurufen. Konkurrierende Ziele können den Hund in ein Dilemma bringen, in dem er nicht mehr weiß, was er tun soll. Dies ist als Verhaltenskonflikt bekannt. Ein anderes Beispiel dafür ist der Hund, der nicht gern gebürstet wird. Er würde gerne die Bürste beißen oder die Hand, die sie festhält, aber er möchte dem Menschen gegenüber nicht aggressiv sein – also beißt er stattdessen in seinen eigenen Schwanz. Dies ist eine Form des umgelenkten Verhaltens. Hunde, die sich im Verhaltenskonflikt befinden, experimentieren oft mit verschiedenen Möglichkeiten, um die miteinander konkurrierenden Motivationen aufzulösen. Die Chancen, dass der Hund aus diesem Dilemma mit einem erwünschten Verhalten herauskommt, sind dünn, weshalb es am besten ist, den Hund gar nicht erst in einen Konflikt kommen zu lassen.

Filetstückchen

- Hunde treffen Entscheidungen aufgrund ihrer Motivation, ihrer Erfahrung und der Vorhersage möglicher Folgen ihrer Handlung.

- Zu wissen, was Ihren Hund in freudige Erregung versetzt, heißt zu wissen, wie er tickt.

- Um die Aufmerksamkeit Ihres Hundes zu bekommen, müssen Sie relevant für ihn sein.

- Eine erhobene Stimme ist zum Erteilen von Kommandos effektiver als eine gedämpfte.

- Sagen Sie den Namen Ihres Hundes niemals in einem ärgerlichen Tonfall.

- Besitzer, die alle Ressourcen verwalten, haben die am besten trainierbaren Hunde.

- Lernen Sie, die Begeisterung Ihres Hundes für angenehme Aktivitäten wie zum Beispiel Spazierengehen für sich auszunutzen.

- Was für einen Hund wertvoll ist, kann angeboren oder erlernt sein.

- Hunde lieben Überraschungen, vorhersehbare Belohnungen machen das Leben langweilig.

- Eine Zeit der Abstinenz kann ein Verhalten wertvoller und damit wahrscheinlicher machen.

- Hunde, die gelernt haben, für ihre Ressourcen zu arbeiten, sind im Zusammensein viel angenehmer als solche, die niemals den Wert von irgendetwas zu schätzen gelernt haben.

Hunde sind die größen Opportunisten der Tierwelt. Vielleicht war ihre Fähigkeit, die Angst vor Menschen zu überwinden, um sich von unseren Abfällen zu ernähren, ausschlaggebend in ihrer Domestikation.

Polizeihunde, die sogenannte Mannarbeit verrichten, sind vor allem durch die Aussicht auf ein Zerrspiel motiviert, nicht durch den Wunsch, ihrem Hundeführer gefallen oder Recht und Ordnung aufrecht erhalten zu wollen.

Kapitel 8

In diesem Kapitel werden wir uns die einzigartige, aus den fundamentalen Ähnlichkeiten zwischen Hunden und Menschen in mentaler Verarbeitung und Verhalten erwachsene Beziehung ansehen. Haushunde scheinen menschliche Kommunikation besser zu verstehen als jede andere Spezies und haben sich so an unsere sozialen Umstände angepasst.

Für Hunde ist es so etwas wie eine Lotterie, wenn sie in ein neues Zuhause kommen. Als die großen Opportunisten, die sie sind, müssen sie einen Menschen finden, der ihnen dabei hilft, an gute Gelegenheiten zu kommen – oder anders gesagt: sie müssen dazu angeleitet werden, Verhalten zu lernen, mit denen sie an Ressourcen gelangen. Diejenigen Hunde, die als Paradebeispiel für den Standard ihrer Rasse gelten, werden von Menschen ausgewählt, die gut darin sind, sie auf Ausstellungen zu zeigen und ihnen die Chance zur Fortpflanzung geben. Der Rest der Hundepopulation braucht Alltags-Coaches, die gut darin sind, aus *Canis familiaris* als Begleiter das Beste herauszuholen.

Die Rolle der Mensch-Hund-Bindung

Als Zement der Mensch-Hund-Bindung wird häufig Vertrauen genannt. Dieses Wort taucht häufig in Büchern über Tiere und Tiertraining auf, aber was bedeutet Vertrauen eigentlich für Struppi Streuner? Wie definiert es die Qualität seiner Beziehungen zu den übrigen Rudelmitgliedern? Ihr Hund vertraut darauf, dass Sie seine Brust kratzen, wenn Sie seine Hand nach ihm ausstrecken; er vertraut darauf, dass Futter in seinem Napf ist, wenn Sie ihn auf den Boden stellen und er vertraut darauf, dass Sie den Ball werfen, den Sie in der Hand haben. Gleichzeitig vertraut er darauf, dass Sie ihn nicht schlagen, ihm keinen leeren Napf hinstellen und ihn nicht mit einer leeren Wurfbewegung foppen. Warum? Weil Sie ihn normalerweise kratzen, seinen Napf auffüllen und den Ball werfen. Vertrauen beruht allein auf Beständigkeit.

Im Training treffen Sie eine Vereinbarung mit Ihrem Hund. Wenn Sie aber Ihr menschliches Regelwerk nicht nur dann anwenden, wenn Sie Ihren Hund formal trainieren, sondern immer dann, wenn Sie mit ihm zusammen sind, maximieren Sie diese Beständigkeit, was zu Vertrauen und damit wiederum einer Bindung führt. Deshalb kann Bindung beeinflussen, was wie Regelgehorsam aussieht. An ihre Besitzer gebundene Hunde warten oft auf deren Erlaubnis, bevor sie eine Aktivität beginnen, während »ungebundene« Hunde dies nicht tun. Wenn Sie zum Beispiel einen echten Gesellschaftshund mit einem Wachhund vergleichen, werden Sie feststellen, dass der getrennt von seinem Besitzer lebende Wachhund im Vergleich zu dem gebundenen Haushund geradezu autonom ist. Der Wachhund hat kein Auge für die Signale und Kommandos seines Besitzers, weil er nicht genug Zeit mit ihm verbracht hat, um die Relevanz dieses Menschen als Quelle für gute Gelegenheiten und damit als nützlichen Coach kennenzulernen.

Es besteht ganz klar ein Zusammenhang zwischen Bindungen und damit, ein effektiver Coach zu sein. Lobende Worte von einem Menschen, zu dem er keine Bindung hat, sind für einen Hund irrelevant. Die meisten Tierärzte lernen aus Erfahrung, dass einen Hund während der Untersuchung mit »Guuter Junge!« zu loben genauso nutzlos ist, wie ihm einen Einkaufszettel vorzulesen und dass sie besser beraten sind, wenn sie ihren Patienten stattdessen ein Stückchen getrockneter Leber geben oder ihnen die Brust kraulen. Das »Guuter Junge!« muss zuerst als sekundärer Verstärker erlernt werden, um geschätzt zu werden und der Mensch, der das Lob sagt, muss eine Bindung zu dem Hund haben, der das Lob empfängt.

Das Lob fremder Menschen kann also wertlos sein, aber auch bekannte Menschen können für den Hund genauso wenig vertrauenswürdig sein. Besitzer, die ihren Hund häufig hänseln und foppen, sind fälschlicherweise oft der Meinung, dass er diesen Spaß immer verstünde. Natürlich sind derart fehlinformierte Besitzer in höchstem Maße unbeständig und inkonsequent darin, die guten Vereinbarungen zu honorieren, die sie mit ihrem Hund getroffen haben. Wenn sie ihre Hunde *immer* hänseln würden, würden die Hunde ihnen aus dem Weg gehen oder sie beißen. Es lohnt sich, einmal darüber nachzudenken, warum manche Besitzer so inkonsequent sind, und das oft unbewusst. Manche möchten vor ihren Partnern oder Freunden ein wenig angeben. Andere sind schlichtweg gemein. Wieder andere trauen ihrem Hund zu viel Denkvermögen zu und glauben, dass er ja immer wüsste, dass sie nur Spaß machen. In der Hundesprache besteht aber die einzige Möglichkeit, einen gleich folgenden Spaß anzukündigen oder diese Ankündigung zu verstehen in einer Spielaufforderung. Dieses faszinierende Signal teilt dem Hund mit, dass die gleich folgenden Verhaltensweisen spielerisch gemeint oder zumindest nicht ernst zu nehmen sind. Seine entscheidende Bedeutung besteht darin, zu vermeiden, dass stürmische Spieleröffnungen missverstanden werden und in Kämpfe ausarten. Hundebesitzer sollten deshalb konsequent darauf achten, immer ihr eigenes »Spielsignal« als Warnung zu geben, bevor sie Nachlaufspiele beginnen, den Hund anstarren und verfolgen oder auch nur herzhafter mit ihm spielen.

Hunde lieben Sozialkontakt

Hunde haben ein tiefes Bedürfnis nach Kontakt zu einer sozialen Gruppe. Sie können Gefühlsveränderungen bei ihren menschlichen Gefährten erkennen und beobachten diese zum Beispiel länger, während diese einen lustigen Film anschauen und kürzer, wenn der Film traurig ist. Der Wunsch nach Sozialkontakt ist vielleicht das am stärksten hervorstechende Merkmal des Hundeverhaltens. Dies ist ja durchaus keine gewagte Behauptung, aber falls Sie mir nicht glauben, lesen Sie folgende Geschichte: Vor ein paar Jahren beobachtete ich einmal Pferdeverhalten im australischen Buschland. Ich wurde zu einer Herde Brumbies (australische Wildpferde) in einem Staatsforst geschickt, die in einer Autostunde

Entfernung von der nächsten befestigten Straße und in einer dreiviertel Stunde Entfernung vom nächsten Haus lebten. Ich machte mich mit einem alten Freund auf den Weg und wir trafen genau dort auf die Herde, wo der Ranger es uns vorhergesagt hatte. Wir krochen also langsam auf sie zu, um Daten zu sammeln. Da entdeckten wir zu unserem Erstaunen einen Hund bei den Pferden, einen kleinen schwarzen Kelpie-Mix, der von der Begegnung genauso überrascht war wie wir. Weit davon entfernt, unsere Gesellschaft zu wünschen, sprang er geschickt über einen umgestürzten Baum und floh, die Pferde im Stich lassend. Angesichts der weiten Entfernung zu jeder Art von menschlicher Aktivität nahmen wir an, dass er genau wie die Pferde wild lebte und dass er in die Gesellschaft der Pferde zurückkehren würde, wenn wir wieder zu unserer Feldstation gegangen wären.

Es ist faszinierend, zu spekulieren, warum dieser Hund sich an die Pferde gebunden hatte. Vielleicht hielt er sich deshalb eng bei der Herde, um den Kot der Fohlen zu fressen (der, da er viel verdaute Milch enthält, sehr nahrhaft für Hunde sein kann) oder vielleicht auch die Nachgeburten der Stuten. Eine andere, besonders verlockende Vermutung ist, dass er sich auf die wachsame Sicherheit verließ, die von so vielen Augenpaaren ausging. Tatsächlich waren es auch die Pferde, die uns zuerst entdeckten, als wir uns langsam auf sie zu bewegten. Der Hund reagierte faszinierenderweise auf den Blick der Pferde, als diese uns bemerkten und schien uns erst dann zu sehen und sich aus dem Staub zu machen – übrigens lange, bevor auch die Pferde sich von uns weg bewegten. Vermutlich lag für diesen Hund der Vorteil, den ihm der Aufenthalt in einer sozialen Gruppe brachte, in dem Schutz, den sie bot. Vielleicht hatte er im Gegensatz zu gewöhnlichen Hunden einen guten Grund, diese Situation zu nutzen – er musste zum Beispiel keine Ressourcen mit anderen Gruppenmitgliedern teilen, die, wenn sie Hunde gewesen wären, auch Konkurrenten dargestellt hätten.

Übermäßige Bindung und das Risiko der Trennungsangst

Psychologen sprechen von Bindung (»attachment«) und Ablösung (»detachment«), wenn sie die Beziehung zwischen menschlichen Kindern und ihren Eltern bzw. Versorgern beschreiben. Die uns haltenden Bande werden von Psychologen als »Bindungsbeziehungen« bezeichnet, ein Begriff, den man zunächst nur für die Bindung zwischen Mutter und Kind gebraucht hatte. Unter normalen Bedingungen knüpft der Prozess der Bindung ein starkes Band zwischen Welpen und ihrer Mutter, während der Ablösungsprozess es wieder schwächt und Raum für die Sozialisation mit anderen schafft. Man nimmt an, dass eine Bindungsbeziehung zwischen einem Hund und seinem menschlichen Versorger (der sogenannten Bindungsfigur) künstlich geschaffen werden kann, wenn der Mensch auf alle aufmerksamkeitssuchenden Forderungen des Hundes so reagiert, wie es die Hündin niemals tun würde. Eine Theorie ist, dass eine solche starke Bindung zu einer dysfunktionalen Über-Bindung führen kann. Diese Über-Bindung wird deutlich, wenn der Hund Stress bekommt, sobald er von seiner Bindungsfigur getrennt wird.

Die Frage, ob Hundebesitzer und Hunde eine übermäßige Bindung zueinander entwickeln können, ist sicherlich kontrovers, vor allem deshalb, weil diese Philosophie einen unnötigen Keil zwischen Hunde und Besitzer treiben kann, die anderenfalls eine vollkommen gesunde Bindung zueinander gehabt hätten. Den Ergebnissen einiger Studien zufolge verursachten hundebezogene Faktoren übrigens eher Trennungsangst als Elemente aus dem Verhalten der Hundebesitzer. Eine Studie zeigte zum Beispiel, dass Hunde, deren Besitzer sehr vermenschlichend mit ihnen umgingen, kein Gehorsamkeitstraining mit ihnen machten und sie nach Strich und Faden verwöhnten, mit keiner größeren Wahrscheinlichkeit unerwünschte Verhaltensweisen entwickelten als Hunde, die mehr Disziplinierung erfuhren.

Gedankenfutter

Einer kürzlich durchgeführten Studie zufolge entwickeln Hunde, die zusammen mit einem erwachsenen Single leben, mit etwa zweieinhalb Mal höherer Wahrscheinlichkeit Trennungsangst als Hunde, die mit zwei oder mehr Menschen zusammen leben. Je weniger Menschen da sind, desto höher scheint ihr individueller Wert zu sein. Die gleiche Studie zeigte, dass kastrierte Hunde mit drei Mal höherer Wahrscheinlichkeit Trennungsangst hatten als unkastrierte. Da heute mehr Hunde als je zuvor in Single-Haushalten leben und die Tendenz immer mehr zum Kastrieren geht, überrascht es nicht, dass Trennungsangst zu einem enormen Problem wird.

Wenn sich unangemessene Bindungen bilden, kann das Halten eines Hundes zu schwierig werden oder die Hunde müssen einfach ständig darum kämpfen, die Erwartungen ihrer Besitzer erfüllen zu können. Die enorme Präsenz des Trennungsangst-Problems macht der Heimtierindustrie Sorgen, die sich angesichts weltweit zurückgehender Zahlen in der Heimtierhaltung darum bemüht, mehr Menschen zur Anschaffung eines Hundes zu motivieren. Nur wenige scheinen sich von den möglichen Kosten der Gesundheitsfürsorge, die ihr Tier verursachen kann, abschrecken zu lassen. Wenn dem anders wäre, würden sie vor dem Kauf mehr Zeit in die Suche nach einem Welpen investieren, der frei von erblichen Krankheiten ist. Wenn solche Tierarztkosten nicht von der Anschaffung eines Hundes abschrecken, was tut es dann? Nun, es sieht so aus, dass viele Menschen den Spaß an der Hundehaltung durch bestimmte Verhalten des Vierbeiners verlieren, die sie als inakzeptabel betrachten.

Vielleicht erwarten wir zu viel von unseren Hunden. Sie müssen unserer Meinung nach wissen, dass wir wiederkommen, wenn wir sie alleine zuhause lassen und wir erwarten von ihnen das gesittete Sozialverhalten eines akzeptablen menschlichen Mitglieds der Gesellschaft. Die Tierärzteschaft hat berechtigtes Interesse daran, die Allgemeinheit und insbesondere Hundebesitzer mit Wissen auszustatten, das ihnen zu verstehen hilft, wie Hunde sich benehmen und wie man die unerwünschtesten – wenn auch normalen – Reaktionen minimiert.

Trennungsangst ist ein gutes Beispiel dafür, wie unsensibel Menschen gegenüber den Bedürfnissen von Hunden sein können. Tatsächlich lachen viele sogar, wenn sie gesagt bekommen, dass ihr Hund für eine solche Diagnose anfällig sein könnte. (Sie sind der Meinung, dass so etwas nur dann auftritt, wenn vollkommen verwöhnte Hunde auf vollkommen unterbeschäftigte Tierärzte treffen). Eine britische Studie ergab, dass zwar 50% aller Hunde Anzeichen für Trennungsangst zeigten, aber nur 3% dem Tierarzt zur Behandlung vorgestellt wurden. Dies könnte auch die Tatsache widerspiegeln, dass viele Besitzer Bellen nicht als Problem betrachten (obwohl dies der häufigste Grund für öffentliche Beschwerden im Zusammenhang mit Hundehaltung ist), weil es eben dann geschieht, wenn sie selbst irgendwo anders sind. Die Studie deutet außerdem darauf hin, dass nur wenige Besitzer den Veterinär als guten Arzt betrachten, wenn es um die Psyche ihres Hundes anstatt nur um seinen Körper geht.

Ein besseres Aussuchen von passenden Hunden zu passenden Besitzern und deren Lebensstil mag zwar übermäßiger Bindung vorbeugen, aber es ist trotzdem nur schwer einsehbar, wie der gleiche Hund zwar einerseits zuverlässig gebunden und anhänglich, andererseits aber vollkommen ungerührt sein soll, wenn das Objekt seiner Zuneigung sich entfernt. Die Lösung liegt vermutlich darin, Hunde für das Alleinsein zu trainieren, sodass sie es möglicherweise sogar genießen. Trennungsangst ist so weit verbreitet, dass wir Vorbeugungsstrategien anwenden sollten, um die Auswirkungen der Trennung von Schlüssel-Bindungsfiguren zu begrenzen. Dazu gehören Maßnahmen, die Besitzern den Aufbau einer Bindung zum neuen Welpen ermöglichen, ohne dass diese übermäßig wird. Der Einsatz einer Box oder eines Zimmerkennels ermöglicht es dem Besitzer zum Beispiel, selbst über die dem Hund zugestandene Zeit und Nähe zu entscheiden und dies nicht nur dem Hund zu überlassen. Die gleiche Herangehensweise kann auch bei frisch aus dem Tierheim übernommenen Hunden hilfreich sein, die ein besonders hohes Risiko für die Entwicklung von Trennungsangst haben. Das Problem ist so erheblich, dass die Heimtierindustrie meiner Meinung nach Forschungen unterstützen sollte, welche Strategien schon beim Züchter angewendet werden können, um das Risiko zur späteren Entwicklung von Trennungsangst bei den Welpen zu reduzieren.

Gedankenfutter

Eine kürzlich durchgeführte Studie zur Kortisol-Konzentration (der Stressreaktion) bei vorübergehend im Zwinger gehaltenen Hunden hat ergeben, dass der Spitzenwert erst am 17. Tag des Eingesperrtseins auftrat. Die Parallelen zwischen Tierheimen und Hundepensionen sind für die Hunde viel offensichtlicher als für uns Menschen: kein vertrautes Rudel, viele fremde Menschen und Hunde, von denen die meisten bellen. Das heißt, dass wir nach einem nur zweiwöchigen Aufenthalt in einer Hundepension mit einer sehr emotionalen Reaktion unseres Hundes rechnen müssen. Seine Stressreaktion ist in diesem Stadium noch in vollster Entstehung.

Manche Bindungen entstehen früh

Die frühen Erfahrungen eines Welpen haben entscheidenden Einfluss auf sein Verhalten im späteren Leben. Angeborene Signalsysteme spielen eine besonders wichtige Rolle in den Früherfahrungen, wie neuere Berichte zur Wirkung des Dog Appeasing Pheromone (DAP) unterstreichen. DAP wird aus den wachsartigen Substanzen gewonnen, die von der unmittelbar um die Zitzen der Hündin gelegenen Haut abgesondert werden und kann gestresste Hunde beruhigen. Damit ist es eine vielversprechende Möglichkeit in der Behandlung von Trennungsangst oder Geräuschphobien. Es wird außer in Tropfenform auch in Diffusern vermarktet, die man ähnlich wie einen Raumbedufter in die Steckdose steckt. Es ist besonders deshalb hilfreich, weil es selbst die einfachste Form von Lernen umgeht – die Habituation oder Gewöhnung. Der Besitzer muss noch nicht einmal anwesend sein, damit das DAP wirkt. Das Gute an solchen Innovationen ist, dass man damit nichts falsch machen kann und dass sie nur minimalen Aufwand bedeuten. Es handelt sich hier also um eine spannende Möglichkeit, aber wir sollten auch im Kopf behalten, dass es hier wie überall kein schnelles Patentrezept gibt und dass jede Intervention auch mit einer gleichzeitigen Verhaltensmodifikation einhergehen muss. Die besten Hundebesitzer sind diejenigen, die die Feinheiten der Lerntheorie beachten, auch wenn sie diese vielleicht gar nicht bewusst kennen.

Hunde geben uns ein Gefühl der Sicherheit

Ein erhöhtes Sicherheitsbedürfnis ist auch ein Teil der Begründung dafür, warum wir Hunde halten. Viele Menschen berichten, dass ihre Angst, Opfer eines Verbrechens zu werden, sich verringert hat, seit sie einen Hund besitzen. Ganz ähnlich berichten auch Besitzer von Signalhunden für Gehörlose, dass die Hunde nicht nur ihre Hauptaufgabe des Aufmerksammachens auf Geräusche erfüllten, sondern auch für ein größeres Gefühl der Sicherheit sorgten.

Gedankenfutter

Von einigen bemerkenswerten Ausnahmen abgesehen hat vieles aus dem Verhalten von Gevatter Wolf in seinen Nachkommen überlebt. Die Elemente einer Jagd wurden in vielen Hunderassen so kanalisiert, dass die Bedürfnisse des Menschen nach einem vierbeinigen Spezialisten an seiner Seite bei der Jagd nach Beute erfüllt wurden. Dabei ist es hilfreich, sich die verschiedenen Rollen anzuschauen, die Mitgliedern eines Wolfsrudels bei der Jagd zufallen können. So können einige Rudelmitglieder zum Beispiel gleichsam als Bewegungsdetektoren für die visuelle Überwachung zuständig sein, während andere sich auf wechselnde Gerüche einstellten (die Fährtensucher).

Die Bewegungsdetektoren machen die Gruppe auf die Bewegungen möglicher Beute-tiere aufmerksam, besonders auf solche, die sich in ihrem peripheren Gesichtsfeld befindet. Eine kooperative Jagd hängt vom feinen Gleichgewicht der Fähigkeiten im Team ab: eine Mischung aus Ortung der Beute (Erschnüffeln und Orten) und Ausführung (Fassen und Töten). Damit ein Team effektiv sein kann, muss der Enthusiasmus der visuell besonders talentierten Rudelmitglieder also durch andere Arten von Spielern ergänzt werden. Die Fährtensucher und Generalisten im Rudel lernen dabei schnell, Fehlalarme der Bewegungsdetektoren zu ignorieren.

Neue Gesichter treffen

Wenn Hunde auf ein neues Gesicht treffen, entscheiden sie innerhalb von Sekunden, ob sie es mögen oder nicht. Sie arbeiten heraus, welche der Parteien sich vermutlich wegbewegen kann, ohne dazu die Erlaubnis der jeweils anderen zu benötigen, was im Endeffekt eben Mögen oder Nichtmögen bedeutet. Zwar kann das Auftreten einer dritten Partei das Gleichgewicht der Kräfte stören und künftige Kämpfe um bestimmte Ressourcen bedingen, aber innerhalb eines Paares wird der Status in der Regel sehr schnell festgestellt. Genauso scheinen Hunde auch in ein, zwei Augenblicken herauszufinden, ob sie mit einem bestimmten Individuum ständig auf Kriegsfuß stehen werden: Die Regeln für das Kennenlernen anderer Hunde gelten auch für andere Spezies. Jede erste Begegnung, sei sie mit einem Hund, einem Pferd, einer Katze oder einem Menschen, wird den Erfolg künftiger Begegnungen mit dieser Spezies mitbeeinflussen. Wenn also die erste Begegnung entscheidend für die Harmonie ist, müssen wir uns mindestens zwei Fragen stellen: Sollten wir uns Gedanken um unsere Körpersprache machen, wenn wir einem Hund zum ersten Mal begegnen? Ja, indem wir es vermeiden, einen Hund anzustarren und uns über ihn zu beugen, können wir ihn dazu einladen, sich uns zu nähern und uns zu untersuchen. Und wenn die Dinge bei der ersten Begegnung schiefgelaufen sind, können sie dann je wieder zurechtgerückt werden? Gewöhnung und Belohnungen sind auf jeden Fall definitiv Wege zum Erfolg bei misstrauischen Hunden. Sie werden in den nächsten drei Kapiteln besprochen werden.

Kleinkinder sind eine ganz besondere Herausforderung an Besitzer, die ihre Hunde zu ruhigen und kinderlieben Tieren erziehen wollen. Besonders schwierig sind sie in dem Alter, wenn sie noch nicht sprechen können, denn sie machen alles Mögliche falsch, ohne natürlich selbst das Geringste dafür zu können: Sie kreischen, rennen, heben Spielsachen auf und sind leider nur zu oft mit Schokolade beschmiert. All das macht sie für verspielte junge Hunde unwiderstehlich, besonders für solche aus Arbeitshunderassen wie zum Beispiel dem Border Collie. Der Auftritt der tollen Border Collies in *Ein Schweinchen namens Babe* stellte sich als Desaster für die Rasse heraus, weil Kinder danach Hunde wie die freundliche, geduldige und zauberhafte »Fly« aus der Filmfarm haben wollten. So fanden sich wunderschöne Border Collies, die auf Farmen arbeiten sollten, in Stadtwohnungen wieder und taten das, was ihre Natur ist: sie jagten ... alles. In diesem Fall beinhaltete »alles« auch Kinderspielsachen, die kleinen Hände, die diese Spielsachen warfen und letztlich auch die Kinder selbst. Und so kam es, dass Massen von Border Collies in Tierheimen landeten – genau wie zuvor Bernhardiner nach *Ein Hund namens Beethoven*, Bordeauxdoggen nach *Scott & Huutsch* und Dalmatiner nach *101 Dalmatiner*.

Sprachbarrieren

Wir lachen, aber Hunde zeigen ihre Zähne; Hunde legen die Ohren an, wenn sie Angst haben, aber unsere sind dauerhaft angelegt; Hunde haben Ruten, wir nicht. Diese und andere anatomische Unterschiede machen es für uns eher schwierig, hündische Signale mit nennenswerter Feinheit nachzuahmen. Wenn Menschen in die Denkfalle tappen, dass sie die Hundesprache sprechen könnten, erkennen sie häufig nicht, welche negativen Auswirkungen einige ihrer Verhaltensweisen haben können und setzen die Hunde somit übermäßig unter Druck. Wenn unsere Körpersprache für Hunde irgendetwas bedeutet, dann entweder deshalb, weil sie etwas ähnelt, was andere Hunde tun oder weil sie mit etwas assoziiert wird, was andere Menschen schon zuvor getan haben. Man könnte viel Zeit mit dem Einüben von Gähnen, Lefzenlecken oder Zeigen von Unterwerfungsgesten und so weiter verbringen, nur um sie dann an einem Hund anzuwenden, der Menschen zu ignorieren gelernt hat, weil ihre Signale sich nicht einordnen lassen und damit einfach irrelevant sind.

Sich selbst für Hunde interessant zu machen kann eine undankbare Aufgabe sein. Vielleicht haben Sie schon einmal jemand bei dem Versuch beobachtet, sich mit einem fremden Hund anzufreunden – wie er sich bog, bückte und beugte, lockte, säuselte und liebkoste, mit offenem Mund und enthusiastischem, aber unnötigem Kopfnicken – und oft ohne Erfolg. Die meisten Hundeleute wissen, dass auf einen Hund, der sich über die Gelegenheit zu engem und persönlichem Kontakt mit einem Fremden freut, zehn andere kommen, die einfach vorbeigehen. Es ist sehr unwahrscheinlich, dass wir von Hunden je für andere Hunde gehalten werden, weshalb wir auch nicht erwarten sollten, dass wir für Hunde-fixierte Lebewesen von besonderem Interesse sein sollten. Wir laufen nicht auf vier Beinen und entsprechen daher auch nicht dem visuellen Signal, das einem Hund mitteilt, dass er es vielleicht mit einem anderen Hund zu tun hat. Davon abgesehen riechen wir auch nicht wie andere Hunde. Selbst wenn wir uns zuvor in Gesellschaft erwachsener, intakter (nicht kastrierter) Hunde befunden haben, geben wir nicht genügend ausgeliehenen Geruch ab, um entweder Werbungsverhalten oder Aggressionen auszulösen. Tierärzte sind ein Beispiel für die kleine Gruppe von Menschen, die regelmäßig mit verschiedenen Hunden zu tun haben und deshalb auch den Gerüchen verschiedenster möglicher hündischer Rivalen ausgesetzt sind. Trotzdem laufen sie sicherlich keine besondere Gefahr, Opfer von sexuellen Avancen oder Rüdenaggression zu werden. Das sollte eigentlich als Widerlegung der Annahme ausreichen, dass Hunde uns so riechen würden, als ob wir Hunde wären. Außerdem müssen wir akzeptieren, dass das Beschnüffeln von Menschen im Schritt zur regulären hündischen Begrüßung zählt und leider meist in den unpassendsten Momenten statt-findet, während das Beschnüffeln des Hinterns (eine wesentlich häufigere Aktivität von Hund zu Hund!) Gott sei Dank in Hund-Mensch-Interaktionen selten ist!

Hunde sind ewige Optimisten

Hunde haben ein kurzes Leben und scheinen unsere Gesellschaft außerordentlich hoch zu schätzen, und doch müssen wir sie häufig und wiederholt über längere Zeiträume alleine zurücklassen. Wir werden nie genau erfahren, welche Ängste sie in dieser Situation haben. Die gute Nachricht ist allerdings, dass Hunde nur selten ewig trauern. Selbst wenn sie bei unserem Weggang winseln und weinen, bleiben sie im Herzen doch einfallsreiche Opportunisten und werden fröhlich mit jemand anderem mitgehen, wenn dieser nur genug Verlockungen bietet. Der legendäre Edinburgher Hund »Greyfriar's Bobby«, der das Grab seines Herrchens niemals verließ, mag eine bemerkenswerte Ausnahme sein, aber vielleicht wurde er auch nur zufällig dazu trainiert, an diesem Ort zu bleiben – von der Großzügigkeit der Menschen, die ihm Futter brachten.

Aggressionen gegenüber Menschen

Trennungsbedingte Probleme stehen in der Regel ganz oben auf der Liste der Kunden, die beim Tierarzt Rat wegen Verhaltensproblemen suchen, werden aber häufig von Aggressionen gegen Familienmitglieder weit in den Schatten gestellt. Hunde beißen regelmäßig, um sich selbst zu verteidigen, und Tierärzte gehören zu den Hauptopfern. Am häufigsten beißen Hunde aber, wenn sie ihre Ressourcen verteidigen. Oft erkennen die Menschen nicht den Wert, den die Hunde manchen Dingen beimessen, was es kompliziert macht, Schwierigkeiten aus dem Weg zu gehen. Ein auf der Hand liegendes Beispiel wäre, einem Hund einen Knochen zu geben, während sich ein Kleinkind im Krabbelalter in der Nähe befindet. Zu den für uns weniger augenscheinlichen wertvollen Ressourcen zählen Gefährten und Territorien (und zu den am höchsten geschätzten würde ich die Hundewiese zählen, die häufig besucht und markiert wird).

Aber trotz der unangezweifelten Bedeutung des menschlichen Verhaltens in Hundebiss-Statistiken gibt es nur wenige anwendbare Strategien dafür, wie man es von vornherein vermeiden könnte, überhaupt Hunden mit solchen Neigungen zu züchten, auch wenn solche Tiere zunehmend inakzeptabler für die menschliche Gesellschaft werden. Ganz im Gegenteil, es wurde auch schon vermutet, dass Qualitäten wie »Ausstellungseignung«, »Präsenz« oder »Haltung«, die man im Ausstellungsring hoch schätzt, sich im Alltag als Statusstreben, Prädisposition zum Kämpfen mit anderen Hunden oder zur Verteidigung von Ressourcen vor Menschen ausdrücken.

Aggression kann angeboren oder erworben sein. Eine Zucht auf passendes Wesen kann sicherlich das Vorkommen von Aggression bei Hunden senken. Die Domestikation selbst liefert dafür ausreichend Beispiele, falls denn welche gebraucht würden. Hunde, die aggressiv gegen ihre Züchter sind, werden in der Regel sofort getötet. Aber solange wir noch auf Zuchtstrategien dafür warten, wie man das ideale Familienhund-Temperament schaffen könnte, müssen wir anerkennen, dass auch das Lernen eine entscheidende Rolle spielt. Ein Hund lernt zu beißen, wenn er damit die menschliche Hand loswird, die ihn bedroht. In diesem Fall könnten solche Drohungen zum Beispiel die Hand sein, die ihn vom Sofa zieht, die Hand, die verfilztes Fell entwirrt (besonders an Rute und Hinterbeinen), die Hand, die an Tabuzonen streichelt (über den Nacken bei einem Hund mit unangefochtenem Status) oder die Hand, die Futter wegnimmt. Wenn Sie je Ihre Hand vor einem knurrenden, schnappenden oder beißenden Hund zurückgezogen haben (was hätten Sie auch anders tun sollen?), haben Sie ihn dazu trainiert, in Zukunft lauter zu knurren und schneller und fester zu beißen. Einen Hund für solche Dinge zu schlagen ist auch niemals eine gute Idee, weil das dem Hund mitteilt, dass der Kampf jetzt eröffnet ist. Wir sollten unsere Hunde ab einem sehr frühen Alter darauf trainieren, sich angemessen zu verhalten, wenn unvermeidliche Unannehmlichkeiten wie zum Beispiel der Gang zum Tierarzt anstehen. Besonders nützlich ist dies bei Risikohunden wie zum Beispiel solchen, deren Rassen zum Einsatz ihrer Zähne gezüchtet wurden wie die Kampfhunde und manche Hütehunde.

Die in neueren Studien angeführten Vorhersage-Kriterien für Aggression bergen nur wenige Überraschungen. Einem Bericht zufolge waren besonders kastrierte Hündinnen kleiner Rassen besonders anfällig für Aggressionsverhalten. Auch müsste einmal näher untersucht werden, ob und welchen Einfluss es hat, dass eine bestimmte Sorte Mensch eher dazu neigt, bissige Hunde zu besitzen. Eine Studie zur Aggression bei English Cocker Spaniels hat unterdessen ergeben, dass die Besitzer weniger aggressiver Hunde in der Regel älter waren (65+) und eine engere Bindung zu ihren Tieren hatten. Sie zeigte auch, dass Faktoren, von denen man annahm, dass sie statusbedingte Aggression auslösen würden (wie zum Beispiel den Hund vor der eigenen Mahlzeit füttern, kein Unterordnungstraining mit ihm machen, Konkurrenzspiele mit ihm spielen), dies tatsächlich gar nicht taten. Dies alles ist nur ein verlockender kurzer Blick in die noch unergründeten Tiefen der Beziehung zwischen Hund und Hundebesitzer. Unbedingt müssen wir aber die Rolle berücksichtigen, die Menschen im Entstehen von Aggressionsverhalten und generell allen unerwünschten Verhaltensweisen bei Hunden spielen.

Lebens-Coach statt Leittier

Die Rolle von Menschen im Leben von Hunden kann Verwirrung, oder schlimmer noch: Konflikte bei und mit ihnen auslösen. Deshalb versuchen Verhaltensexperten erklärende Modelldarstellungen dafür zu finden, wie Hunde ihre menschlichen Gefährten sehen könnten. Aber diese Suche nach dem allgemeingültigen Erklärungsmodell birgt Probleme. Ändert sich die Rolle von Leittieren in Hundegruppen je nach Kontext? Und falls ja, können wir dann erwarten, von unseren Hunden unter allen nur denkbaren Umständen als Leittier betrachtet zu werden? Oder müssen wir nicht eher akzeptieren, dass zwischen einem Hund und einem Menschen nicht die gleiche Kommunikation erreichbar ist wie zwischen zwei Hunden? Auch hier bin ich wieder sehr für das Konzept eines Coaches, der dem Hund dabei hilft, die ökologische Nische »Familienhaushalt« so erfolgreich und angenehm wie möglich zu besetzen.

Einen Hund unter körperlichen Druck zu setzen und sogenannte Dominanz über ihn auszuüben könnte man formal als das Zufügen und Wegnehmen aversiver Reize und damit als legale Trainingsmethode betrachten. Aber wie wir schon in Kapitel 5 gesehen haben, bekommt der Begriff »Alpha« einen immer schlechteren Beigeschmack, weil er Dominanz und Permanenz impliziert. In Hundetrainerkreisen hat er einer neuen Auffassung von »Führerschaft« Platz gemacht. Aber Menschen als Anführer oder Leittier von Hunden zu betrachten bringt wieder neue, andere Probleme mit sich, denn hier wird impliziert, dass ein Hund einen Menschen als Leittier »respektiert«, sich an ihn gebunden hat oder ihm auch dann folgt, wenn andere Hunde in der Nähe sind, die ihn begrüßen, beschnüffeln oder mit ihm spielen möchten. Die Wahrheit ist natürlich, dass dies viel eher eine Sache des Trainings und Coachings ist als allein eines guten Verstehens von Hund und Mensch.

Natürlich aufgezogene Welpen (d.h. solche, die bei ihrer Mutter bleiben) werden immer Artgenossen als bedeutendere Anführer betrachten als Menschen. Vielleicht sollten wir einfach akzeptieren, dass wir bestenfalls Pfleger und Gesellschafter sind und wir sie dann, wenn wir ihnen gerade keine Pflege und Gesellschaft zukommen lassen, einfach coachen. Auch wenn es natürlich Überschneidungen zwischen Pflegen, Gesellschaft bieten und trainieren gibt, ist es auch sinnvoll, diese zu unterteilen. Das hilft uns dabei, jedes dieser Aktivitätenbündel mit klaren Erwartungen zu betrachten.

Genau wie sich Motivation mit dem Kontext ändert, so sind manche der Meinung, so ändert sich auch der Gewinner in jedem Wettbewerb um eine Ressource. Ziehen wir einmal einen Vergleich aus unserer menschlichen Welt: Für eine Expedition zum Südpol oder um uns in einer Gewerkschaft zu repräsentieren würden wir wahrscheinlich einen anderen Anführer auswählen als für die Aufgabe, uns zur besten Kneipe oder zum besten Nachtclub zu führen. Was von uns verlangt wird, ist, diejenige Person zu nominieren, die am besten für unser Überleben, unsere Repräsentanz oder unseren Spaß sorgen kann. Ich bin aber nicht ganz davon überzeugt, dass dieser Vergleich funktioniert, denn schließlich haben wir ein besseres Verständnis von den spezifischen Herausforderungen solcher Missionen als ein Hunderudel.

Es weist nur wenig darauf hin, dass Hunde solche Vorhersagen treffen können. Auch scheinen ihre Werte weniger variabel zu sein als unsere. Sie genießen es zwar auch, Spaß zu haben, aber überlegen wir einmal, welche Spiele sie spielen: Erobern, Jagen und Töten, Zurückbringen! Das alles sind ursprünglich Elemente der Jagd im Rudel und im Grunde Aktivitäten, die das Überleben sichern. Aus den drei genannten Beispielen aus unserer Menschenwelt wäre die Expedition zum Südpol wohl noch am besten geeignet, sich vorzustellen, wie wir unsere Anführer auswählen würden, wenn wir Hunde wären. Wir würden klare

Anleitung von jemandem erwarten, der beständig ist und Eindruck auf uns macht. Hilfreich wäre auch, wenn dieser Anführer uns begeistern könnte, und besonders gut zu wissen wäre, dass er von Natur aus ein gutartiger Mensch ist.

Inwieweit benehmen wir uns als Anführer unserer Hunde? Wir geben den Startschuss zu Ausflügen, Spielen, Essen und Fellpflege und geben normalerweise den Weg vor, der von der Gruppe genommen wird ... aber nicht immer. In vielerlei Hinsicht benehmen wir uns wie ein sehr schwacher Anführer. Wir trödeln auf Spaziergängen hinterher und zeigen kein Interesse an den vielen Reizen, die sich dem Hund dort draußen bieten. Wie viele Menschen schnüffeln an Bäumen und Laternenpfählen, geschweige denn, sie zu markieren? Würde ein Anführer nicht genau das tun? Und doch überlassen wir dies anderen Rudelmitgliedern. Also bewahrheitet sich auch hier wieder, dass die Auffassung vom Hundebesitzer als einem Alltags-Coach besser universell geeignet zu sein scheint als die eines Anführers.

Ein Leben an der Leine

Das Gehen bei Fuß ist fundamentaler Bestandteil des Obedience-Sports oder Hundetrainings generell und kann sich als unschätzbar wertvoll erweisen, wenn Sie einen Hund aus Schwierigkeiten heraushalten möchten und gerade keine Leine zur Hand haben. Aber weder an der Leine noch bei Fuß zu gehen sind normale Situationen für einen Hund. Überlegen Sie einmal einen Moment lang, wie sich das für einen Hund anfühlen muss. An der Leine zu sein bedeutet:

* Permanent in den persönlichen Raum eines Gruppenmitglieds (des Menschen, der die Leine hält) einzudringen
* Ständig Gefahr zu laufen, von beschuhten Füßen schmerzhaft auf die Pfoten getreten zu bekommen
* Nur mit Mühe in der Lage zu sein, den Menschen am anderen Ende der Leine sehen zu können, weil er oder sie nach vorne schaut und damit beschäftigt ist, Laternenpfosten zu umgehen.

Hunde sehen die Dinge nicht genauso wie Menschen. Zuerst einmal haben ihre Augen eine andere Optik, die zur einer anderen Vergrößerung und einem anderen Blickfeld führt – Faktoren, die damit einhergehen, dass die Augen des Hundes sich viel näher am Boden befinden als die selbst des kleinsten Menschen. Versuchen Sie sich einmal einen Augenblick lang vorzustellen, wie ein Hund einer sehr kleinen Rasse, sagen wir einmal ein Yorkshire Terrier, die Welt sehen muss, wenn er einen stark frequentierten Fußweg entlanggeht. Für ihn stellt sie sich wie ein Wald aus Füßen und Knöcheln dar, die sich ohne vorsehbares Muster auf und ab, vor und zurück bewegen. Als zusätzliche Herausforderung an den kleinen Hund kommt dazu, dass die Leine ihm gewisse Halsschmerzen verursacht, solange er noch nicht jeden einzelnen Schritt seines Besitzers genau vorhersagen und damit jede Korrektur vermeiden kann. Angesichts dieser beiden Alternativen ist es eigentlich nicht weiter überraschend, dass so viele kleine Hunde es schaffen, ihre Besitzer davon zu überzeugen, dass sie lieber getragen werden möchten.

Wenn wir einmal davon ausgehen, dass der Besitzer den Hund der Konvention entsprechend an seiner linken Seite führt, sind die meisten angeleinten Hunde an eine Körperseite des Menschen gefesselt, auch wenn auf beiden Seiten verlockende Dinge warten und Stadtplaner leider niemals so weit denken, Bäume auf beide Seiten zu pflanzen.

Gedankenfutter

Die althergebrachte Konvention, dass Hunde an der linken Seite des Menschen geführt werden müssen, hat ihre Ursprünge teilweise im Militär: Der formale Drill verlangte, dass die Diensthunde beim Führen alle nett gleichmäßig aussehen sollten (aus ähnlichem Grund wurde in den Reitschulen der Kavallerie der ausgesessene Trab eingeführt – damit die Köpfe der Reiter nicht unordentlich auf und ab hüpfen sollten). Das Führen links reicht aber auch in die schlimmen alten Zeiten zurück, in denen Würgeketten noch als normale Verbindung zwischen Hund und Mensch betrachtet wurden.

An dieser Stelle ein Anmerkung für diejenigen, die immer noch auf dem Gebrauch von Würgehalsbändern beharren: Seien Sie sich darüber im Klaren, dass Ihr Hund nie gefahrlos von Ihrer einen Seite auf die andere wechseln kann. Denn wenn er das tut, verwandelt er die gleitende Kettenschlaufe in eine einrastende, potenziell tödliche Würgeschlinge. Da die größten Fans von Würgehalsbändern aber leider auch die dümmsten Menschen sind, sind die Chancen gering, dass diese Mahnung alle Kettenwürger-Nutzer erreicht. Die einzige Möglichkeit scheint deshalb zu sein, die widerlichen Dinger zu verbieten.

Hat die Konvention des Führens an der linken Seite irgendwelche Auswirkungen auf die Hunde? Manche Besitzer schränken mit dem Befolgen dieser Tradition ihre eigene Führungsfertigkeiten ein. So sind zum Beispiel viele Menschen mit der rechten Hand geschickter und feinfühliger und benutzen die linke gewohnheitsmäßig eher für Korrekturen und negative Verstärkungen. Folglich könnten einige Hunde allein aus dem Grund benachteiligt sein, dass ihre Besitzer ausgeprägte Rechtshänder sind. Vielleicht kommen manche Hunde mit den Einschränkungen der Leine (inklusive Halsschmerzen, falls Würger benutzt werden) auch deshalb besser zurecht als andere, weil sie von Natur aus Rechts- oder Linkshänder sind. Wenn das linke Auge dominant ist, könnten sie eher von visuellen Reizen abgelenkt werden, weil es auf der linken Seite, wo das Bein des Besitzers nicht im Weg ist, mehr zu sehen gibt. In Kapitel 14, wo es um individuelle Unterschiede geht, werden wir noch näher darauf eingehen.

Führgeschirre und insbesondere Kopfhalfter, mit denen man den Kopf des Hundes lenken kann, werden immer beliebter. Es gibt heute eine riesige Auswahl an solchen Kopfhalftern, von denen jedes das Beste zu sein verspricht. Die Herstellungskosten dieser Gegenstände sind so gut wie zu vernachlässigen – wir sprechen hier lediglich von ein paar Nylonbändern, einem Metallring und einem Plastik-Schnappverschluss. Beim Anpassen eines Kopfhalfters (was am besten durch einen erfahrenen Trainer oder Tierarzt geschehen sollte) sind die entscheidenden Fragen, ob die Bänder zu nah ans Auge kommen (sprich ob das Halfter sicher ist) und ob das Halfter am Platz bleibt (sprich ob das Halfter funktioniert).

Eine andere Form von Führhilfe sind die Brustgeschirre. Sie können sehr hilfreich für Hunde sein, die Atemschwierigkeiten oder sehr empfindliche Luftröhren haben, wie es zum Beispiel bei Yorkshire Terriern mit sogenanntem Trachealkollaps, einer Abflachung der Luftröhre, häufig der Fall ist. Hunde, die an der Leine ziehen, sind nicht notwendigerweise gute Kandidaten für Brustgeschirre, weil diese das Ziehen noch weiter fördern, wie man an Schlittenhunden sehen kann. Sie werden übrigens überraschenderweise auch für eine Art Bodybuilding beim Hund eingesetzt, um die Hunde stärker zu machen. Die muskulöseren Rassen wie zum Beispiel Staffordshire Bullterrier haben leider eine wenig hilfreiche Fangemeinde um sich geschart, die durch eine hohe Rate an bis zu den Zähnen tätowierten Menschen besticht. In diesen Kreisen glaubt man, dass Geschirre mit Ringen, an denen man zusätzliche Tragegewichte befestigen kann, den Hund trainieren und kräftiger aussehen lassen. Ob dies tatsächlich einen die Muskulatur stärkenden oder auch nur kosmetischen Effekt hat, ist mehr als fraglich, aber das dahinterstehende Machotum blüht und gedeiht jedenfalls. Man fragt sich, welche anderen fraglichen Praktiken aus menschlichen Fitnessstudios noch an diesen armen Tieren ausprobiert werden.

Hundetrainer und Tierverhaltenstherapeuten haben oft mit einer ganzen Serie von Problemverhalten zu tun, die mit der Leine in Zusammenhang stehen. Manche nennen sie deshalb auch »Leinenfrustration«. Ein Hund mit Leinenfrustration ändert sein Verhalten immer dann zum Schlechteren, sobald er von Halsband und Leine eingeschränkt wird. Viele werden aggressiv zu anderen Hunden, aber nur, wenn sie an der Leine sind. Viele haben diese Reaktion dadurch erst erlernt, dass sie von ängstlichen Besitzern beim Anblick anderer Hunde stets bei Fuß gezogen wurden. Hunde mit Leinenfrustration ziehen oft sehr stark, was bedeutet, dass die Besitzer froh sind, wenn sie sie endlich losmachen können – also gehen sie auf dem kürzesten Weg zur Wiese oder Freilauffläche, wo sie die Leine aushaken können. Womit es der Job des Hundes ist, sie so schnell wie möglich zum Punkt zu ziehen, an dem die Leine gelöst wird ... und sich dann so schnell nicht mehr fangen zu lassen.

Filetstückchen

- Haushunde scheinen menschliches Verhalten besser zu verstehen als jede andere Spezies.

- Vertrauen beruht ganz und gar auf Beständigkeit.

- An ihre Besitzer gebundene Hunde reagieren auf Signale; ungebundene Hunde verhalten sich autonom.

- Hunde sind hochsoziale Lebewesen.

- Unrealistische Erwartungen verleiden so manch Einem den Spaß an der Hundehaltung.

- Viele Hundebesitzer messen dem Trennungsangst-Problem nicht genügend Bedeutung bei.

- Anatomische Unterschiede sind schuld, dass Menschen keine Hundesprache verstehen können.

- Wir sollten unseren Hunden gegenüber nicht nach Führerschaft und Dominanz streben, sondern lieber versuchen, Versorger und Freunde zu sein.

- Die ins Trainieren von Bei-Fuß-Gehen investierte Zeit ist sehr gut investierte Zeit.

Für manche Hunde kann der Blickkontakt zu Menschen bestärkend wirken und dadurch ein stürmisches Verhalten auslösen, das der Besitzer sich so nicht wünscht. Auf andere Hunde kann Blickkontakt dagegen herausfordernd wirken und Verteidigungsaggression hervorrufen.

Kapitel 9

Damit wir das Lernen bei Hunden und damit das Training von Hunden verstehen, ist es zunächst wichtig, sich über die Terminologie klarzuwerden. Bei meinen Recherchen zu einem früheren Buch über Tiertraining hatte ich festgestellt, dass unter vielen guten Trainern Begriffsverwirrung darüber besteht, was »Lerntheorie« ist. Da eins meiner Hauptziele in diesem Kapitel darin besteht, das Hundetraining zu entmystifizieren, müssen wir uns unbedingt auf die Bedeutung der Fachbegriffe einigen.

Einige hilfreiche Definitionen

Allgemein gesagt wird jede Veränderung in der Umgebung, die ein Lebewesen über seine Sinnesorgane wahrnimmt, als *Stimulus* oder *Reiz* bezeichnet. Eine Reaktion ist jedes Verhalten oder jedes physiologische Ereignis. Tiere haben angeborene oder instinktive Reaktionen auf Reize – so brauchen neugeborene Welpen zum Beispiel wenig Hilfe, um eine Milchzitze zu finden und junge Arbeitshunde suchen mit der gleichen Intuition Schatten, mit der sie auch Enten hüten.

Wir sagen, dass Tiere »gelernt« haben, wenn es eine relativ dauerhafte Veränderung in ihrer Reaktion auf einen Reiz gibt. Wenn sie dauerhaft einem Reiz ausgesetzt sind, der die Reaktionen (einschließlich Angst) *reduziert*, nennen wir das *Habituation*, während eine Wiederholung, die Reaktionen (einschließlich Angst) *steigert*, als *Sensibilisierung* bezeichnet wird. Neben den scheinbar einfachen Formen des Lernens wie zum Beispiel der Habituation umfasst die breite Definition von »Lernen« auch den Erwerb von Wissen – so wie zum Beispiel zu *wissen*, welche beiden Ereignisse meistens zusammengehören, wo im Revier sich wichtige Plätze befinden oder wann wichtige Ereignisse stattfinden. Hunde zeigen auch andere Arten des Lernens, die Veränderungen in den Gewohnheiten oder den Erwerb von Fähigkeiten zur Folge haben: Zum Beispiel zu *lernen,* wie man eine Türklinke so bewegt, dass die Tür aufgeht oder wie man dem Besitzer ein Signal gibt, damit er die Tür aufmacht. Ob ein Hund aber *weiß, warum* ein Ereignis stattfindet, ist sicherlich diskutabel.

Nicht alle Veränderungen im Verhalten sind Folge von Lernen. Motivationsbedingte Faktoren, physiologische Veränderungen oder Müdigkeit zum Beispiel können alle das Verhalten beeinflussen. Ein durstiger Hund, der fünf Stunden zuvor noch das Wasser verweigert hat und jetzt trinkt, hat in der Zwischenzeit nicht unbedingt etwas gelernt. Er hat einfach nur Durst. Und wenn ein verspielter Welpe sich vorübergehend von einem hüpfenden Etwas aus Zunge, Wedelschwanz und Ohren in eine schlummernde Fellkugel verwandelt, ist Müdigkeit hieran Schuld und nicht Lernen.

In meiner oben vorgeschlagenen Definition zum Lernen ist Erfahrung eine Grundvoraussetzung, denn die Definition schließt Verhalten aus, das mit dem Erreichen der Geschlechtsreife zu tun hat. Wenn zum Beispiel Rüdenwelpen vom Urinieren im Hocken zum Beinchenheben übergehen, haben sie nicht etwa gelernt, dass sie mit dieser neuen Körperhaltung anderen Hunden ihr duftendes Signal in besserer Nasenhöhe präsentieren können, sondern sie sind einfach reifer geworden und reagieren auf den erhöhten Testosterongehalt in ihrem Körper.

Das Verhalten eines Tieres ändern: Belohnungen und Strafen

Traditionell gibt es zwei Methoden, um das Verhalten eines Tieres zu verändern: »Zuckerbrot« oder »Peitsche«. Das Zuckerbrot öffnet den Weg zu Futter, Wasser, Sex, Spiel, Freiheit, sicherem Zuflucht und Gesellschaft. Weil es die Reaktionen, die zu diesen Dingen führen, verstärkt, ist es eine wirksame Belohnung (ein primärer Verstärker). Es gibt auch sekundäre Verstärker, deren Effektivität davon abhängt, welche Verknüpfungen zu primären Verstärkern bestehen. Die sprichwörtliche »Peitsche« schreckt von unerwünschtem Verhalten ab, ist also als Strafe definiert.

Gedankenfutter

Im Allgemeinen bevorzugen Tiere Dinge, die ihr Überleben begünstigen. Weniger komplexe Lebewesen haben eine begrenztere Bandbreite von Reaktionen, aber alle werden von attraktiven Reizen angezogen und potenziell schädigenden abgestoßen. Dieses Angezogen- und Abgestoßensein von Reizen kann oft durch Lernen modifiziert werden. Auch Wirbellose wie Fliegen, Nacktschnecken oder Ameisen können lernen, ihr Verhalten zu verändern. Ein Beispiel für eine simple Form des erlernten Verhaltens bei einem komplexeren Lebewesen wäre zum Beispiel ein Masthähnchen, das ein mit Schmerzmitteln versetztes Futter bevorzugt, weil dies die Schmerzen der chronischen Beinschwäche lindert. Die Schmerzlinderung, auch wenn sie erst verzögert eintritt, bestärkt sie in der Wahl dieses Futters gegenüber dem nicht-medikamentierten Futter.

Hunde lernen trotz uns

Ganz unabhängig von unseren Absichten lernen Hunde auf viele unterschiedliche Weisen. Die meisten Tierärzte werden Ihnen bestätigen, dass sie Nadeln sehr schnell zu fürchten lernen. Deshalb entwickeln viele Tierärzte ihre eigenen Injektionstechniken, die ihren Patienten den Anblick der Spritze ersparen. Man sollte sich auch einmal klar machen: Warum um alles in der Welt sollte ein Hund den Besuch in einer Praxis mögen, wenn der Tierarzt dort an einer schmerzenden Pfote herumdrückt, mit einem Auriskop ins Ohr schaut oder eine rektale Untersuchung durchführt? Und auch wenn der Tierarzt in der guten alten Tradition von Human-Proktologen dabei »Bitte ganz entspannt« murmelt, kann der Hund nicht wissen, wie er reagieren soll. Von einem gelegentlichen freundlichen Gesicht im Wartezimmer abgesehen gibt es nur wenig, das einen Tierarztbesuch zu einer positiven Lernerfahrung machen kann. Hunde lernen, dem Geruch des Wartezimmers zu misstrauen, während Katzen häufig schon die Biege machen, wenn sie nur die Transportbox erblicken.

Opportunistische Tiere lernen, die kleinsten Hinweise auf eine mögliche Belohnung zu erhaschen, selbst wenn Menschen diese Signale nur unbewusst aussenden. Seemöwen folgen den Fischkuttern mit sklavischer Hingabe, weil dort eine große Chance auf eine kostenlose Mahlzeit besteht. Als die Erz-Opportunisten des Tierreichs halten Hunde stets Ausschau nach Futter und Vergnügen. Manche lernen das Geräusch des Blinkers im Auto so zu deuten, dass die Hundewiese nur noch eine Abbiegung weit entfernt ist. Manche übererregten (oder unterbewegten) Hunde bellen vielleicht sogar jedes Mal, wenn der Fahrer irgendwo abbiegt. Genauso lernen Hunde, das Geräusch eines Dosenöffners mit dem Abendessen zu verknüpfen und kommen jedes Mal angerannt, sobald eine Dose geöffnet wird. Trainer sollten sich bewusst sein, dass die Hunde von sehr subtilen Reizen alarmiert werden können, die unabsichtlich mit ins Training einfließen. Traditionell in Unterordnung trainierte Hunde verknüpfen zum Beispiel vielleicht das unangenehme Geräusch einer Würgekette mit akkuratem Bei-Fuß-Gehen und werden ein bisschen von der Schmerzandrohung abhängig – sprich sie zeigen eine schlechtere Leistung, wenn sie das Würgehalsband nicht tragen.

Dies und das gehören zusammen

Fast alle Formen des Trainings beruhen darauf, dass das Tier bestimmte Ereignisse miteinander verknüpft. Schon im Jahr 350 vor Christus hatte der griechische Philosoph Aristoteles festgestellt, dass das wichtigste Prinzip der Assoziation oder Verknüpfung die sogenannte Kontiguität ist (die Nähe zweier Ereignisse zueinander). Je zeitlich näher zwei Ereignisse zueinander stattfinden, so behauptete er, desto wahrscheinlicher ist es, dass der Gedanke an das eine auch zum Gedanken an das andere führt. Diese Verbindungen müssen noch nicht einmal logisch sein (wie zum Beispiel wenn wir Gedichte auswendig lernen oder eine Reihe von Nonsens-Wörtern, die wir untereinander verknüpfen – jedes Wort wird zur Erinnerung für das nachfolgende). Eine Assoziation kann auf räumlicher oder zeitlicher Kontiguität oder auf beidem beruhen. So kann ein Hund zum Beispiel seinen Napf durch räumliche Kontiguität mit Futter verknüpfen und das Geräusch der Türglocke mit Besuch durch zeitliche.

Gedankenfutter

Die Prinzipien der Verknüpfung wurden erst gegen Ende des 19. Jahrhunderts systematisch untersucht. Die Forschung begann mit Versuchen zum menschlichen Gedächtnis und ging dann weiter mit der Frage, wie Tiere Verknüpfungen bilden. Fast zur gleichen Zeit, aber unabhängig voneinander führten ein schon berühmter russischer Physiologe, Ivan Pavlov, und ein damals noch unbekannter amerikanischer Psychologiestudent, Edward Thorndike, die ersten Versuche zum Lernen bei Tieren durch. Trotz ihrer unterschiedlichen Ansätze schufen ihre Forschungen die Grundlagen dafür, was später als klassische und instrumentelle Konditionierung bekannt wurde.

Klassische Konditionierung und die Pavlov'schen Hunde

»Konditionierung« bezieht sich auf eine Art des Lernens, bei der das Timing der Ereignisse besonders wichtig ist. Wie wir sehen werden, ist gutes Timing fast immer entscheidend, damit Hundetraining funktionieren kann. Zahlreiche Studien zur Konditionierung haben uns eine Reihe von Techniken an die Hand gegeben, mit deren Hilfe wir Verhalten verändern können. In diesem Kapitel werden wir diese Studien entdecken und ich werde erklären, wie ihre Entdeckungen und Grundprinzipien des Hundetrainings bilden. Konditionierung ist außerdem eine machtvolle Möglichkeit, die Natur des assoziativen Lernens besser zu entdecken.

Pavlov studierte deshalb Hunde, weil er vor allem an Physiologie interessiert war, sprich daran, wie ein Körper funktioniert. Nachdem er 1904 den Nobelpreis für seine Forschungen zur Verdauung erhalten hatte, begann er sich für das zu interessieren, was man später die Neurophysiologie des Lernens nennen würde. Dieser Kurswechsel wurde durch etwas ausgelöst, was Pavlov und seine Mitarbeiter zunächst als störendes Hindernis bei ihrer Forschungsarbeit zur Verdauung betrachtet hatten. In vielen der Versuche wurden nämlich die »Magensäfte« als Ergebnis des Futters gemessen, das der Hund bekommen hatte. Wenn ein Hund regelmäßig jeden Tag diesem Versuch unterzogen wurde, trat ein Faktor auf, der die Sache komplizierter machte: Sobald die Laboranten sich näherten, begann Verdauungssaft aus dem in einer Operation künstlich angelegten Loch in der Magenwand zu fließen – lange, bevor der Hund sein Futter bekam. Die physiologische Reaktion schien von einer Verknüpfung zwischen dem Erscheinen des Laboranten und der Gabe von Futter ausgelöst zu werden.

Irgendwann bemerkten Pavlov und seine Studenten, dass dieser »psychische Reflex« ihnen ermöglichte, zu erforschen, wie Verknüpfungen gebildet werden. Nun suchten sie verschiedene Reize aus, um die bevorstehende Ankunft von Futter zu signalisieren: Das Geräusch eines Metronoms, visuelle Signale oder Pflaster, die Druck auf den Hundekörper ausübten. Sie alle hatten den Vorteil, genauer kontrollierbar zu sein als das Erscheinen des Assistenten mit dem Futter. Die Sekretionen der Speicheldrüsen zeigten die Stärke der resultierenden Verknüpfung an. Je mehr Tropfen, desto stärker die Assoziation. Indem er diese Basisprozedur während der nächsten drei Jahrzehnte weiter benutzte, legte Pavlov den Grundstein für die Erforschung assoziativen Lernens bei Tieren und wurde letztendlich damit berühmter als mit seinen Untersuchungen zur Verdauung. Auch wenn wir diese Art des Lernens hier als *klassische Konditionierung* bezeichnen, nennen viele Lerntheoretiker sie auch weiterhin *Pavlov'sche Konditionierung*.

Eine typische Studie zur klassischen Konditionierung beginnt mit einem neutralen Reiz, der wenig Wirkung auf das Tier hat und präsentiert diesen *konditionierten Reiz* dann wiederholt, indem jedes Mal direkt darauf ein *unkonditionierter Reiz* wie zum Beispiel Futter folgt. Irgendwann führt dann der *konditionierte Reiz* verlässlich zu einer Reaktion, der konditionierten Reaktion, die mit dem *unkonditionierten Reiz* verbunden ist. In Pavlovs Versuchen brachte eine Glocke (der *konditionierte Reiz*), die beim ersten Hören nichts weiter beim Hund bewirkte, als dass er kurz die Ohren aufstellte, ihn nach einiger Zeit zum Speicheln (der *konditionierten Reaktion)*, nachdem das Glockengeräusch immer wieder gleichzeitig mit Fleischmehl (dem *unkonditonierten Reiz*) präsentiert worden war. Wenn der Glockenton nicht mehr von Fleischmehl gefolgt wurde, wurde er nach und nach wirkungsloser darin, den Hund zum Speicheln zu bringen. Entscheidend für die klassische Konditionierung ist also, dass ein *konditionierter Reiz*, wie zum Beispiel ein Glockenton, von einem *unkonditionierten Reiz* wie zum Beispiel Futter gefolgt wird – und zwar unabhängig davon, was das Tier gerade tut, wenn es die Glocke hört. Die Ankunft des Futters findet unabhängig von irgendeiner Reaktion statt. Klassische Konditionierung lässt ein Tier also lernen, Ereignisse zu verknüpfen, über die es keine Kontrolle hat. Ein solches Lernen ermöglicht es dem Hund, Ereignisse vorherzusehen und sich darauf einzustellen, bevor sie stattfinden.

Es gibt zahllose Beispiele aus dem wahren Leben, die die Rolle der klassischen Konditionierung im Lernen demonstrieren. Manche Hundezüchter machen sich einen ähnliche Effekt zunutze, um die verlässliche Leistung ihrer Deckrüden zu sichern. Sie gehen vor jedem Decken immer die gleiche Routine durch, bevor sie den Hund in den immer gleichen Raum bringen, um damit eine konditionierte sexuelle Erregung hervorzurufen. Ohne die läufige Hündin überhaupt gesehen beziehungsweise gerochen zu haben, ist der Rüde zur Kopulation bereit, sobald er den Raum betritt. Genauso teilt das Geräusch von knirschendem Kies auf der Einfahrt den meisten Hunden mit, dass gleich jemand an der Haustür erscheinen wird. Der Anblick einer Tablettenschachtel lässt die meisten Hunde Böses ahnen, weil sie wissen, dass sie gleich fummelnde Finger an ihrem Hals erdulden müssen. Immer geht es um Verknüpfungen. Es ist also genau der gleiche Prozess, der Gevatter Wolf geholfen hat zu lernen, welches Heulen zu welchem Rudelmitglied gehörte.

Negatives zu Positivem machen

Eine besonders nützliche Variante der klassischen Konditionierung nennt man die *Gegenkonditionierung*. Dabei wird ein unangenehmer Reiz in einen für das Tier positiven umgewandelt. Das erste bekannte Beispiel stammte aus Pavlovs Labor. Er setzt einen schwachen Stromstoß, der anfänglich zu Schmerzäußerungen führte, als *konditionierten Reiz* ein. Nachdem der Stromstoß wiederholt zusammen mit Futter gegeben worden war, begann er die Bildung von Speichel auszulösen und es gab keine Hinweise mehr darauf, dass er Schmerzen verursachte. Ein bekannteres Beispiel dafür ist das unscheinbare Lederhalsband: Ein Welpe wird sich anfangs kratzen und gegen das Halsband wehren, aber schon sehr bald wird er es mit dem Abenteuer eines Spaziergangs verknüpfen.

Verhalten zu belohnen, die sich nicht mit unerwünschten Verhalten vereinbaren lassen (zum Beispiel einen Hund, der ständig Autos jagt, für das ruhige Sitzen an einer Verkehrsstraße zu belohnen) nennt man Gegenkonditionierung. Sie kann sehr hilfreich bei Verhaltenstherapien sein oder dabei, Hunde zum Akzeptieren schmerzhafter Therapiemaßnahmen zu bringen.

Die Wichtigkeit des Timings

Einige von Pavlovs frühen Versuchen bestätigten die Bedeutung von Aristoteles' Prinzip der Kontiguität. Konditioniertes Speicheln als Antwort auf eine Glocke fand viel schneller dann statt, wenn das Futter innerhalb weniger Sekunden nach Ertönen der Glocke präsentiert wurde und langsamer, wenn der zeitliche Abstand zwischen beiden Ereignissen, das sogenannte Inter-Stimulus-Intervall, länger war. Beim Trainieren einer konditionierten Reaktion hängt die optimale Länge des Zeitabstands aber von der Reaktion ab, die man sich erhofft. Das eine Extrem wäre zum Beispiel, ein Augenblinzeln zu konditionieren, was man tun kann, indem man ein Piepgeräusch ertönen lässt und anschließend einen Luftstrahl auf das Auge richtet. Das beste Zeitintervall hierfür ist eine halbe Sekunde. Wenn der Abstand zwischen Piepton und Luftstrom mehr als etwa eine Sekunde beträgt, wird es schwierig, ein auf das Piepen konditioniertes Blinzeln zu erhalten. Wenn dagegen ein hungriger Hund Futter oder ein durstiger Hund Wasser bekommt, kann auch nach einer Pause von sogar mehreren Sekunden immer noch eine starke Konditionierung auf zum Beispiel ein Lichtsignal stattfinden.

Verknüpfungen zwischen zwei Ereignissen werden schneller erreicht, wenn diese Ereignisse etwas Neues sind. Wenn ein Hund mehrfach hinterher einem konditionierten Reiz ausgesetzt ist (wie zum Beispiel einem Wortkommando), bevor die Konditionierungsprozedur beginnt (bevor der Reiz also mit Training gepaart wird), wird es eine ganze Weile dauern, bis er das konditionierte Verhalten lernt. Er kann auch einfach lernen, den Reiz zu ignorieren, weil er keine bedeutsamen Konsequenzen hat. Deshalb geben viele Trainer das Kommando lieber erst dann, wenn das Verhalten bereits begonnen hat. Nehmen wir als Beispiel einmal an, ich würde einem Hund beibringen wollen, sich für eine Dogdancing-Figur um 180 Grad zu drehen: Ich würde ihn zunächst mit einem Leckerchen locken; dann das Leckerchen erst dann geben, wenn er meiner einen Kreis beschreibenden Hand gefolgt ist; dann das Signal auf eine Fingerbewegung reduzieren und schließlich erst dann, wenn der Hund sich auf ein feines Sichtzeichen hin um sich selbst dreht, das Sichtzeichen durch ein Wortkommando wie zum Beispiel »Rum!« ersetzen.

Die Wichtigkeit der Konsequenz

Wenn ein *konditionierter* Reiz (das Geräusch eines Metronoms) mit Futter als *unkonditioniertem Reiz* gepaart wird, so fand Pavlov heraus, brachte er den Hund nur so lange weiter zum Speicheln, solange der *konditionierte Reiz* von Futter gefolgt wurde. Wenn das Metronom wieder und wieder ertönte, ohne dass Futter kam, hörte der Hund auf, beim Hören des Geräuschs zu speicheln – ein Ergebnis, das man als *Löschung* bezeichnet. Löschung kann bei allen hier aufgeführten Beispielen zur klassischen Konditionierung stattfinden. Irgendwann wird der Hund mit dem Blinzeln beim Piepton aufhören, wenn danach kein Luftstoß mehr kommt. Der Deckrüde wird nicht mehr beim Gang in das bestimmte Zimmer in Erregung geraten, wenn dort niemals mehr ein Sexualpartner wartet. Alles, was wünschenswerte Verknüpfungen schwächt, kann unsere Trainingsbemühungen durchkreuzen. Wenn ich das Kommando »Rum!« mit »Geh rum!« oder »Rum jetzt!« abwechsle oder die Dinge komplizierter mache, indem ich zum Beispiel den Namen des Hundes mit dazusage (»Tinker, rum!«), muss ich mit einer geringeren Qualität an Reaktion rechnen – der Hund wird sich manchmal drehen, manchmal aber auch nicht. Einfacher gesagt: Inkonsequenz stört das Training. Die besten Hunde-Coaches verwenden viel Mühe darauf, so konsequent und beständig wie nur irgend möglich zu sein.

Filetstückchen

◯ Die Prinzipien des Trainings treffen auf alle Spezies unter einer großen Bandbreite von Umständen zu.

◯ Futter, Wasser, Sex, Spiel, Freiheit, sichere Zuflucht und Gesellschaft sind wirksame primäre Verstärker, weil sie die Verhalten, die zu ihnen geführt haben, stärker machen.

◯ Hunde lernen, auf die kleinsten Signale zu achten, wenn die Möglichkeit einer Belohnung besteht.

◯ Je näher zwei Ereignisse zueinander stattfinden, desto wahrscheinlich wird der Gedanke an das eine auch zu dem Gedanken an das andere führen.

◯ Klassische Konditionierung ist das gleiche wie Pavlov'sche Konditionierung.

- Bei der klassischen Konditionierung wird ein konditionierter Reiz von einem unkonditionierten Reiz gefolgt, egal, was der Hund gerade tut, wenn er einen von beiden bemerkt.

- Verknüpfungen zwischen zwei Ereignissen werden schneller gebildet, wenn diese Ereignisse neu sind.

- Gutes Timing macht gutes Training aus.

- Inkonsequenz stört das Training.

Ivan Pavlov bei der Beobachtung eines seiner Laborhunde. Die an der Kopfseite des Hundes sichtbare Scheibe ist eine künstliche Fistel zur Sammlung von Speichel, um damit den Grad der Verknüpfungen messen zu können, die der Hund zwischen Futter und verschiedenen konditionierten Reizen wie z.B. Geräuschen gebildet hatte.

Kapitel 10

Während Pavlovs Hunde in Russland vor sich hin speichelten, bekam Edward Thorndike 1898 in New York den Doktortitel für seine Arbeit »Intelligenz bei Tieren«, in der er die Ergebnisse seiner Versuche zum Lernen an Hühnern, Hunden und Katzen berichtete. Für das Studium der Hühner benutzte Thorndike Labyrinthe, aber für Hunde und Katzen baute er verschiedene »Puzzle boxes« oder »Rätselkisten«: Die Tiere mussten herausfinden, wie sie die Boxentür öffnen konnten, um an das darin liegende Futter zu kommen. Einmal musste zum Beispiel an einer in der Ecke befestigten Seilschlaufe gezogen werden oder ein anderes Mal auf ein Brett getreten werden. Nachdem das richtige Verhalten gezeigt und das Futter gefressen worden war, wurde die gleiche Aufgabe einige Zeit später nochmals gestellt. Bei jedem ersten Versuch brauchten die Katzen und Hunde sehr lange, bis sie irgendwann zufällig auf das richtige Verhalten kamen. Je öfter sie die Aufgabe machten, desto kürzer wurde die benötigte Zeit, wenn auch mit vorübergehenden Schwankungen, bis die Tiere das Verhalten glatt und fast ohne jedes Zögern ausführten. Indem er diese Zeiten in einem Graphen festhielt, zeichnete Thorndike die ersten Lernkurven der Welt.

Lernen durch Versuch und Irrtum

In Thorndikes Rätselkisten wurde dem Tier mittels Lernen durch Versuch und Irrtum beigebracht, ein bestimmtes Verhalten zu zeigen (z.B. an einem Seil zu ziehen), um eine Belohnung (Freiheit und Futter) zu bekommen. Im Gegensatz zu Pavlovs Vorgehen bei der klassischen Konditionierung hing es nun vom Verhalten des Tieres ab, ob und wann es eine Belohnung gab. Diese Art der Konditionierung machte das, was in der Umgebung passierte, also diesmal nicht vorhersagbarer, sondern vielmehr kontrollierbarer. Das Erreichen der Belohnung verstärkte das korrekte Verhalten – das, was man als einen *Verstärker* bezeichnet. Ein bestimmtes Verhalten wird wahrscheinlicher, wenn es von einem Verstärker gefolgt wird. Wenn ein Esel jedes Mal dann, wenn er sich vorwärtsbewegt, ein Stück Mohrrübe bekommt, ist die Mohrrübe ein Verstärker. Diese Art des Lernens wird heute im Allgemeinen als *instrumentelle Konditionierung* bezeichnet, weil das Verhalten das *Instrument* ist, um an den Verstärker zu kommen.

Eine Mohrrübe dagegen, die dem Esel mit einer Angel außerhalb seiner Reichweite vor die Nase gehalten wird, ist ein Lockmittel oder eine »Bestechung«. Insofern als dass sie den Esel zum Vorwärtsgehen bringt, könnte man sie auch als Beispiel für klassische Konditionierung betrachten. In einer als »Sign Tracking« (Signal-Aufspürung) bezeichneten Art der klassischen Konditionierung nähert sich ein Tier einem visuellen Reiz, der ihm ein positives Ergebnis wie z.B. Futter verspricht. Der Esel weiß vermutlich, dass etwas, das nach Mohrrübe aussieht, auch nach Mohrrübe schmeckt, also ist es wahrscheinlich, dass das Zeigen einer

Mohrrübe zur konditionierten Reaktion führt. Wenn es allerdings niemals zu der Möglichkeit führt, die Möhre auch zu fressen, wird dieses Vorgehen nicht lange funktionieren – die Verknüpfung erlischt. Inkonsequenz stört das Training. Gut informierte Hundetrainer verstecken ihre Leckerchen deshalb in Beuteln. Sie können das Futter einsetzen (oder auch nicht), um das Verhalten des Hundes zu belohnen, aber sie vermeiden damit, es ihm ständig zu zeigen – in ihren Händen, zum Beispiel. So vermeidet man, dass der Hund lernt, nur dann zu arbeiten, wenn er das Futter sieht und erreicht stattdessen, dass er sein Verhalten generalisiert und auch dann Belohnungen erwartet, wenn kein Futter in der Nähe ist.

Die Idee, dass sehr viele verschiedenartige Belohnungen – neben dem Zugang zu Futter und Wasser – machtvolle Verstärker sein können, war einer der Kernpunkte in der Auffassung von der instrumentellen Konditionierung, wie sie von dem berühmten amerikanischen Psychologen B. Fred Skinner vertreten wurde und der fasziniert von dem Zusammenhang zwischen Reiz und Reaktion war. In den 1930er Jahren entwarf Skinner eine Versuchskammer mit drei Hauptbestandteilen:

- Etwas, das das Tier bedienen (oder »operieren«) konnte, ein sogenanntes Manipulandum, meistens ein Hebel für eine Ratte oder eine Plastikscheibe zum Anpicken für eine Taube.
- Ein Gerät zur Ausgabe der Belohnung in Form kleiner Futterstückchen.
- Eine Reizquelle, wie zum Beispiel Licht oder ein Lautsprecher, das als Signal dafür dienen konnte, ob eine bestimmte Verbindung von Verhalten und Verstärker aktuell in Gang war.

Dieses neue Forschungsinstrument brachte das Studium der instrumentellen Konditionierung weiter voran und wurde schnell als »Skinner-Box« bekannt. Ihr großer Vorteil gegenüber den Rätselkisten und Labyrinthen war, dass der Versuchsleiter nicht jedes Mal selbst eingreifen musste, um dem Tier die Belohnung zu geben. Skinner nannte diese Art des Lernens *operante Konditionierung*, weil das Verhalten des Tieres seine Umgebung »operiert«. Operante Konditionierung ist also eine Form der instrumentellen Konditionierung.

Hundetraining beruht größtenteils auf operanter Konditionierung. Man kann sich durchaus vorstellen, dass ein Hund, der ein neues Verhalten lernt, sich in einer riesengroßen Skinner-Box befindet – der Welt. Um an Belohnungen zu kommen, muss Struppi Streuner die »Hebel« erkennen und lernen, was er mit ihnen machen muss. Gute Coaches vereinfachen die Lernmöglichkeiten für ihre Hunde so, dass sie ihnen als verlockende und gut erreichbare Hebel klar vor Augen stehen, wenn sie durch Versuch und Irrtum zu lernen versuchen. Sie formen neue Verhalten, indem sie die richtigen Versuche und Verbesserungen belohnen.

In einer Skinner-Box kann der Hund selbst entscheiden, wann er den Hebel drückt. Die Belohnung wird dann von einem vorher programmierten, automatischen Mechanismus geliefert. Die Skinner-Box revolutionierte das Feld, weil sie es ermöglichte, die Auswirkungen veränderter Reaktion-Verstärker-Beziehungen oder verschiedener Verstärkungsschemata (siehe Kapitel 12) zu untersuchen.

Skinners Boxen hatten gegenüber denen von Thorndike noch einen weiteren Vorteil. Während Thorndike darauf warten musste, bis das Tier zum ersten Mal das geforderte Verhalten zeigte und dann die Belohnung gab, konnte Skinner die Tiere viel schneller trainieren, wenn er schon die ersten richtigen Versuche in Richtung gewünschtes Endverhalten zu belohnen begann. Um einen Hund beispielsweise zum Drücken eines Hebels zu trainieren, begann er ihm schon dann ein Futterstückchen zu geben, wenn er sich in die richtige Ecke der Box begab, dann, wenn er zum ersten Mal den Hebel berührte und so weiter. Man nennt das »Formen« und es kann eine Möglichkeit sein, instinktive Reaktionen zu verändern oder vollkommen neue Verhaltensmuster zu entwickeln.

Zum Erfolg formen

Das Formen ist grundlegend für alle erfolgreichen Hundetrainingspläne. Auch wenn ich im Folgenden weitere Beispiele von Hunden in Skinner-Boxen zitieren werde, möchte ich doch betonen, dass die Qualität der Lernmöglichkeiten in solchen Geräten einzigartig ist, weil es darin keine Ablenkungen gibt. Der erwähnte Hebel ist einfach nur Teil eines Apparats, mit dem der Hund interagiert. Sobald Sie sich über die Ergebnisse der verschiedenen Versuche im Klaren sind, können Sie das Beispiel des einen Hebel bedienenden Hundes nehmen und das mit jedem beliebigen anderen Verhalten ersetzen – vom Ballfangen bis hin zum zehn Minuten langen Platz-Bleib. Indem er das verlangte Verhalten ausführt, interagiert der Hund mit seiner Umwelt, um eine Belohnung zu bekommen. Selbst komplizierte Verhaltensketten, wie sie von Filmhunden gezeigt werden, können in einzelne Schritte heruntergebrochen werden, von denen jeder wieder ein eigener »Hebel« ist. Die erste Aufgabe in einer solchen Kette zu erfüllen macht die zweite ebenfalls wahrscheinlicher.

Allgemein gesagt können Tiere nicht zum Ausführen des letzten Schritts trainiert werden, bevor sie nicht den vorhergehenden beherrschen. Im Trainerjargon nennt man das »die Kriterien erfüllen«. Gute Trainer wissen, dass das gewünschte Verhalten erreicht werden kann, wenn sie die Belohnungen zurückhalten und bereit sind, auf das Verhalten zu warten. Hier kommt die Geduld ins Spiel. Im alltäglichen Training finden normalerweise innerhalb der einzelnen Schritte kleine Fortschritte statt. Erfahrene Trainer wissen aber auch, dass es glücklicherweise immer wieder Gelegenheiten zum Belohnen besonders großer Fortschritte geben wird. In diesem Fall sind sie immer zum Belohnen bereit. Gutes Coaching besteht zum Teil auch darin, ein Gespür für die durchschnittliche Größe der Fortschritte zu bekommen. Dies hängt vom angestrebten Verhalten, dem individuellen Hund und seinem Trainingsniveau ab.

Das Zurückbehalten von Belohnungen führt letzten Endes dazu, dass der Hund sich mehr anstrengt. Wenn Struppi Streuner das unverschämte Glück gehabt hätte, immer nur von sehr langsamen Kaninchen umgeben zu sein, hätte sie es vielleicht nie gelernt, schneller als in einem bequemen Trab zu laufen. Weil aber nicht alle Kaninchen langsam sind, ist er ab und zu zum Rennen gezwungen, um eins zu fangen. Wenn Trainer nur das belohnen, was der Hund schon gelernt hat, werden sie auch nur dieses Verhalten – und nicht mehr – angeboten bekommen. Auf der anderen Seite belohnen Trainer, die auf großartige Fortschritte warten, in der Regel zu selten, woraufhin ihre Hunde das Interesse verlieren. Mit Thorndikes Methode würde es sehr lange dauern, einem Hund das Slalomlaufen in einem Agilityparcours beizubringen. Viel schneller würde es mit der Methode des Formens gehen, indem man die einzelnen Slalompfosten anfangs weit auseinander stellt und jedes Mal ein bisschen näher zusammen rückt, wenn der Hund sich erfolgreich und flott um sie herumgeschlängelt hat.

Zahlschecks für Hunde

Ob etwas als Verstärker bezeichnet werden kann, hängt von der Wirkung ab, die es hat. Sein Wert kann daran gemessen werden, inwiefern es das Verhalten in Zukunft wahrscheinlicher macht. Lobende Worte mögen zwar bei Menschen zu einer guten Reaktion führen, aber auf Tiere können sie eine neutrale oder sogar verwirrende Wirkung haben. Nach der oben genannten Definition hat Verstärkung erst dann stattgefunden, wenn der Hund besser bei Fuß geht, nachdem der Trainer beispielsweise »guter Hund« gesagt hat. In guten Hundeschulen wird den Kunden deshalb häufig nicht gesagt, sie sollten ihren Hund loben, sondern sie sollten ihn zum Wedeln bringen – ihn in anderen Worten mit etwas belohnen, das er wirklich gerne mag. All die in Kapitel 3 beschriebenen guten Dinge können als Zahlungsschecks für Hunde verwendet werden.

Manchmal ist uns nicht klar, ob etwas als Verstärker funktionieren kann, und so führen die Handlungen des Hundes manchmal zu Belohnungen, die uns gar nicht als solche bewusst sind. Wir wissen, dass sogar Blickkontakt als Verstärker dienen kann (weshalb Sie einen an Ihnen hochspringenden Hund nicht anschauen sollten). Oft bereuen Hundebesitzer später den Tag, an dem sie sich offen über das Fehlverhalten ihres Hundes amüsiert haben. Ein bekanntes Beispiel dafür ist, einem Welpen nachzujagen, der ein wertvolles Kleidungsstück gestohlen hat und im Maul trägt. Für den Hund ist dies nicht nur eine Bestätigung, dass er etwas ganz Wertvolles gefunden hat, das er unbedingt festhalten sollte, sondern auch eine effektive Methode, die volle Aufmerksamkeit seines Besitzers zu bekommen. Während wenig begeistert gemurmelte Lobworte so gut wie keinen Einfluss auf zukünftige Leistungen des Hundes haben werden, reagiert er auf menschliches Lachen und Klatschen wie auf machtvolle Verstärker. Auch das Jagen der eigenen Rute ist ein gutes Beispiel für unerwünschtes Verhalten, das durch menschliches Lachen verstärkt werden kann.

Der Einsatz von Belohnungen

Für den Einsatz von Futter oder auch Spielzeugen im Hundetraining gibt es eine bestimmte Strategie. Wenn Sie Ihrem Hund eine Belohnung zeigen, bevor er das von Ihnen gewünschte Verhalten ausführt, könnte man Sie der »Bestechung« bezichtigen – einem Begriff, der vermenschlichend und sehr negativ belastet ist. Auch ich rate nicht dazu, denn es kann den Hund dazu trainieren, nur dann zu arbeiten, wenn Sie ihm zuvor die Höhe seines Lohns gezeigt haben. Außerdem kann es manche Hunde dazu bringen, Sie um das Futter anzubetteln. Und wenn Sie dann in einer bestimmten Situation einmal keine Leckerchen dabeihaben, sind Sie aufgeschmissen.

Viele Trainer vermeiden es, Verstärker so einzusetzen, weil es die Hunde dazu bringt, erst genau nachzusehen, was Sie denn so haben und nur dann Leistung zu bringen, wenn sie die Belohnung sehen. In der Hand gehaltenes Futter (oder Spielzeug) kann sie auch ablenken und es damit unwahrscheinlicher machen, dass sie ein neues Verhalten lernen, denn wenn sie begehrlich auf das Futter schauen, interagieren sie weniger mit ihrer Umwelt. Anders gesagt – sie können dann nicht mehr außerhalb der (gedachten) Skinner-Box denken. Wenn Sie mehr als einen Hund gleichzeitig trainieren, bedenken Sie: Vieles weist stark darauf hin, dass die Hunde sehr schnell Erwartungen entwickeln, welche Belohnungen ihnen zustehen und bemerken, wenn die Belohnungen ungleichmäßig verteilt werden. Genau wie Affen hassen sie »ungerechte Spiele«. Damit sich Kooperationen unter mehreren Hunden bilden können, ist demonstrative Fairness des Trainers eine Grundvoraussetzung.

Beim Training über positive Verstärkung gibt es unter den Hundebesitzern manchmal Unklarheit darüber, welche Größe die Belohnungen haben sollten. Die Forschungsergebnisse legen zwar »je größer, desto besser« nahe, aber das trifft nicht immer zu. Ein Verstärker kann an Wirkung verlieren, wenn er innerhalb kurzer Zeit sehr oft gegeben wird. Einem hungrigen Hund viele Futterbelohnungen zu geben wäre ein Beispiel dafür. Wenn er oft große Belohnungen bekommt, verliert er sehr schnell den Appetit. Deshalb arbeiten viele Trainer während einer Lektion mit sehr kleinen Futterbelohnungen und beenden diese mit einem »Jackpot«, einer besonders großen Belohnung, wenn der Hund eine besonders gute Leistung gezeigt hat. Aus der Lerntheorie wissen wir, dass Jackpots nur sehr sparsam eingesetzt werden sollten, denn wenn der Hund erst einmal große Belohnungen zu erwarten beginnt, verlieren die kleinen ihre Macht.

Ich persönlich rate dazu, mit relativ großen Belohnungen und kurzen Trainingseinheiten zu beginnen und dann zu kleineren Belohnungen in längeren Trainingseinheiten überzugehen. Manche Hunde werden auch durch große Belohnungen zu aufgeregt, weshalb es besser ist, die Jackpots zu verstecken, bevor sie gegeben werden. Der verstärkende Effekt des Jackpots wird damit noch gesteigert, denn er ist dann etwas überraschend Neues und Leckeres (siehe dazu auch Kapitel 3, »Was Hunde mögen«). Wir übersehen auch leicht, wie viel Spaß Hunde dabei haben, herauszufinden, wie sie an den Jackpot kommen können. Je mehr Sie es schaffen, Ihren Hund als »Mit-Abenteurer« zu coachen und die Trainingslektionen für ihn zu spannenden Entdeckungen zu machen, desto besser.

Das Timing von Belohnungen

Instrumentelle Konditionierung ist im Hinblick auf die zeitliche Verknüpfung zweier Ereignisse (die zeitliche Kontiguität) genauso sensibel wie die klassische Konditionierung. Die

Kürze der Intervalle zwischen Verhalten und Ergebnis ist entscheidend, damit die instrumentelle Konditionierung effektiv stattfinden kann. Ein Hund, der in einer Skinner-Box einen Hebel betätigt, wird viel langsamer lernen, wenn die Futterstückchen erst mit einigen Sekunden Verzögerung danach kommen und viel schneller, wenn sie sofort kommen. Wenn der Abstand zwischen Verhalten und Verstärker lang bleibt, wird der Hund auch dann, wenn das Verhalten schon gut gelernt wurde, den Hebel viel seltener betätigen als dann, wenn die Belohnung sofort kommt.

Wenn Besitzer erstmals lernen, wie sie das Verhalten ihres Hundes formen können, sind sie oft zu langsam mit ihren Belohnungen, wenn der Hund das Zielverhalten gezeigt hat. In der kurzen Zwischenzeit kann der Hund schon damit begonnen haben, etwas anderes zu tun, was bedeutet, dass das zuletzt gezeigte Verhalten verstärkt wird und folglich stärker wird als das eigentlich gewünschte Zielverhalten. Und dies kann sich als sehr hartnäckig herausstellen. Ein einfaches Beispiel dafür kann man beobachten, wenn ein Hund dazu trainiert wird, auf Kommando Laut zu geben. Wenn Sie hier die Belohnung zu lange nach dem Bellen zurückhalten, belohnen Sie das Ruhigsein.

Ein ähnliches Problem ergibt sich auch mit der Verzögerung von Bestrafung. Jemand sieht zum Beispiel, wie sein Hund den Mülleimer plündert, ruft ihn zurück und schlägt ihn. Damit bestraft er den Hund für das Zurückkommen auf Zuruf und nicht für den Müllklau. Und auch wenn es sowohl im Belohnungen als auch auf Strafen basierenden Training Möglichkeiten für Fehler gibt, so ist das Risiko für die Auswirkungen der Fehler im belohnungsbasierten Training doch viel geringer. Dies ist nur einer der Gründe dafür, warum ich körperliche Strafe niemals empfehle.

Reizverstärkung und Targettraining

Wenn ein Trainer Futter in die Nähe des Hebels in der Skinner-Box legt, kann er damit das Tier in diesen Bereich locken. Das nennt man eine *Reizverstärkung*. Eine andere Form der Reizverstärkung kann stattfinden, wenn Trainer oder andere Tiere mit dem Reiz interagieren. Selbst mit einem Ball zu spielen, bevor man ihn wirft, erhöht das Interesse des Hundes daran. Die Aufmerksamkeit eines Tieres auf einen Reiz zu lenken ist auch wichtig für eine sehr praktische Technik, die man Targettraining nennt. Dabei lernt das Tier durch Formen, nah bei einem als Reiz benutzten Gegenstand (dem Target) zu bleiben, das der Trainer bewegen kann. Manche Trainer benutzen Stäbe oder an Stäben befestigte Kugeln oder Scheiben, andere einfach ihre Hände. Unbewusst benutzen die meisten von uns ja auch ihre Hände als Targets, wenn sie einen Hund irgendwohin dirigieren möchten (zum Beispiel ins Auto oder vom Sofa herunter).

Wenn man wiederholt Belohnungen an eine bestimmte Stelle in der Umgebung des Hundes legt, erhöht man damit die Wahrscheinlichkeit, dass der Hund an diese Stelle zurückkehrt. Beim Training exotischer Tiere ist dies als Futterstation bekannt und ihre Einrichtung ist von enormer Wichtigkeit, um für die Sicherheit der Trainer zu sorgen. Bei

Filmdreharbeiten können Tiere dann zum Beispiel an diesen Ort (sein »Target«) geschickt werden, ohne dass ihre Trainer mit auf dem Bild sind. Wenn das Drehbuch vorsieht, dass sich in einer Szene mehrere Tiere gleichzeitig bewegen, muss natürlich jedes seinen Targetpunkt zuerst einzeln lernen, bevor alle zusammen proben können. Das gleiche Ergebnis können wir erreichen, indem wir kleine tragbare Geräte benutzen, die ein charakteristisches Geräusch abgeben, auf das der Hund trainiert wurde. An einem Filmset müssen diese Gegenstände so klein sein, dass sie gut versteckt werden können und ihr Geräusch muss sich später herausschneiden lassen.

Gutes Verhalten einfangen

Eine Zeitlücke zwischen Verhalten und Verstärker ist für effektives Training dann kein Problem, wenn etwas diese Lücke ausfüllt. Wenn in der Skinner-Box immer dann, wenn der Hund den Hebel drückt, sofort ein Licht angeht, wird er das Hebeldrücken schnell lernen und oft hintereinander ausführen, auch wenn die Futterbelohnungen erst ein klein wenig später kommen. Dazu muss das Licht aber ein verlässliches Signal dafür sein, dass gleich Futter kommt. In diesem Fall funktioniert es als sogenannter *sekundärer* oder konditionierter Verstärker. Der *primäre* oder unkonditionierte Verstärker hängt ja dagegen nicht von speziellem Training oder von Erfahrungen ab, um als solcher wirksam zu sein. All die in Kapitel 3 beschriebenen guten Sachen sind primäre Verstärker. Sekundäre Verstärker werden in der Regel durch klassische Konditionierung geschaffen. Und genau wie jeder konditionierte Reiz können sie auch wieder gelöscht werden. »Guter Junge!« wird vom Hund also nur dann geschätzt, wenn es beständig mit primären Verstärkern wie Futter oder Spaß verknüpft wird. Es wird redundant und bedeutungslos, wenn es nicht zumindest hin und wieder zusammen mit angenehmen Dingen auftritt.

Gedankenfutter

Das Konzept der sekundären Verstärker gibt es auch in der Natur. Gevatter Wolf und Struppi Streuner haben vielleicht gelernt, den Geruch von Kaninchen mit der Spannung einer Jagd und der manchmal danach folgenden Mahlzeit zu verknüpfen. Sobald sie diesen Geruch wahrnehmen, wird dies also sehr wahrscheinlich dazu führen, dass sie mit ihrer Kaninchenjagd weitermachen.

Das Einfangen guten Verhaltens ist von exzellentem Timing abhängig. Wir müssen mit unserer Bestärkung schnell sein, denn für den Hund ist wichtig, dass sein Verhalten sich auch lohnt. Wir brauchen also eine Überbrückung zwischen der Ausführung des gewünschten Verhaltens und dem Eintreffen des Zahlschecks. Und das genau ist der Punkt, wo der sekundäre Verstärker erst so richtig ins Spiel kommt.

Sekundäre Verstärker lassen sich besonders effektiv dann installieren, wenn wir sie kurz vor dem primären Verstärker präsentieren, genau wie das bei jeder anderen Art von klassischer Konditionierung der Fall ist. Eine Belohnung zur gleichen Zeit wie einen neuen sekundären Reiz zu geben funktioniert mit hoher Wahrscheinlichkeit weniger gut, weil der primäre Verstärker dann den neuen Reiz überschattet. Genauso ist es auch unproduktiv, den sekundären Reiz *nach* dem primären Verstärker zu präsentieren: So entsteht zwar eine Verknüpfung zwischen beiden, aber sie hilft dem Hund nicht, die Leckerchen vorherzusehen. Wenn die Türklingel erst dann geht, wenn die Besucher schon im Haus sind, kann sie niemals ihre Ankunft ankündigen.

Clickertraining

Das beste Beispiel für einen im Training benutzten sekundären Verstärker ist das von einem sogenannten »Clicker« gemachte Geräusch. Er wurde von Marion und Keller Breland eingeführt, die in den späten 1930er Jahren bei Skinner studiert hatten. Als Pioniere im Tiertraining entwickelten die Brelands verschiedene Futterautomaten, die als Ankündigung und Versprechen auf kommendes Futter ein charakteristisches Geräusch machten. Der erste Schritt im Training der Brelands war es immer, das Tier eine Verknüpfung zwischen dem Geräusch und dem Futter zu lehren. Schon bald konnte beobachtet werden, wie das Tier immer schneller und zuverlässiger auf das Geräusch reagierte. Der Einsatz des in der Hand gehaltenen Clickers war dann der nächste Schritt. Im Grunde bedeutet das Clickgeräusch: »Ja, das war gut. Gut gemacht! Belohnung kommt sofort.« Der Clicker baut also eine Brücke zwischen dem Verhalten und dem Verstärker (deshalb wird er auch manchmal als Überbrückungsreiz bezeichnet). Wenn man einen Clicker erstmals benutzt, wird die korrekte Verknüpfung hergestellt, indem man ihn betätigt und sofort anschließend eine leckere Belohnung gibt. Wenn man dies oft wiederholt, überzeugt man damit das Tier, dass es sich hier um ein verlässliches Signal handelt. Der Trainer kann sich dann sicher sein, dass ein Tier die Verknüpfung zwischen Verhalten und Verstärker gebildet hat, wenn es beim Geräusch des Clicks sein aktuelles Tun beendet – und sofort zum Trainer geht, um seine Belohnung abzuholen.

Clicker haben das Hundetraining revolutioniert. Sie passen in die Hosentasche oder an den Schlüsselbund und sind deshalb praktisch, aber keinesfalls die einzige Möglichkeit. Menschliche Lautäußerung (sogenannte »Clicker-Worte« wie ein kurzes »Yes!«) sind sogar noch praktischer, solange sie nicht mit auch sonst häufiger benutzten Wörtern verwechselt werden können. Jedes Signal kann theoretisch als sekundärer Verstärker dienen. Ein Vorteil der käuflich erhältlichen Clicker ist das kurze, unverwechselbare Geräusch, das sie machen. Diese Kürze ermöglicht auch das Verstärken sehr schnell stattfindender Verhalten wie zum Beispiel einem Augenblinzeln. Erfahrene Trainer wissen, dass sie oft »aus dem Nichts« kommende Verhalten einfangen müssen und sind deshalb immer darauf eingerichtet, je nach Situation zu verstärken – und das geht am einfachsten, wenn sie ihr eigenes sekundäres

Verstärkungsgeräusch machen, ohne zuvor erst nach einem Clicker suchen zu müssen. Clicker können aber durch ihr immer gleich bleibendes Geräusch andererseits auch das Lob von einem Trainer zum nächsten universell machen, was sehr hilfreich ist, wenn z.B. Filmhunde mit fremden Menschen zusammenarbeiten müssen.

Anfänger im Clickertraining haben oft das Problem, dass sie zu zögerlich mit dem Clicken sind. Verzögerte Clicks lassen dem Tier die Möglichkeit, zu einem nächsten Schritt ihres Verhaltens weiterzugehen (sprich mit dem gewünschten Verhalten aufzuhören). In speziellen Clickertrainingskursen können Anfänger lernen, mit ihren Clicks großzügiger zu sein – und das wiederum bringt die Tiere dazu, kreativ zu sein und bereitwillig verschiedene Reaktionen anzubieten. Nur wenige Tiere finden Lobworte allein besonders aufregend. Insbesondere Hunde bevorzugen essbare Belohnungen oder ein Ballspiel. Allerdings sind Wortkommandos und Lobworte aber auch unter vielen Umständen unerlässlich.

Wie sich Hunde auch dann gut benehmen, wenn keine Menschen dabei sind

Wenn der Erhalt von Belohnungen von der Anwesenheit eines Menschen abhängt, wird das Verhalten wahrscheinlich auch nur dann gezeigt, wenn Menschen in der Nähe sind. Das Tier führt sein Verhalten also möglicherweise nicht aus, wenn sein Coach nicht dabei ist. Und genau das passiert, wenn Hunden alles schnurzegal ist – außer, wenn sie an der Leine sind. Das Signal des dicht neben ihnen gehenden Menschen ist für sie notwendig geworden, damit sie sich benehmen. Aber im ortsbezogenen Training und im Formen der Aufgabe, von A nach B zu gehen, ist es oft wichtig, vom Trainer entfernt stattfindende Bewegungen zu trainieren. Wie aber soll man dann seinem Hund sagen, dass er etwas gut gemacht hat, wenn man nicht neben ihm stehen und ihm Futter oder eine andere Belohnung geben kann?

Eine Technik ist, primäre Verstärker an Orten zu deponieren, an denen der Hund sie kurz nach dem Zeigen des gewünschten Verhaltens findet. Um das »Voranschicken« bei einem Obedience-Hund zu trainieren, könnte der Trainer eine Futterbelohnung weniger als einen Meter weit vom Hund entfernt deponieren und diese Stelle mit einem noch offensichtlicheren Signal wie zum Beispiel einem Signalkegel markieren. Der Hund bekommt das Signal »voraus!« und bewegt sich auf das Futter zu (d.h. führt damit das gewünschte Verhalten aus) und wird belohnt, sobald er am Kegel angekommen ist. Dann wird der Hund zum Startpunkt zurückgebracht und Futter und Kegel werden weiter weg platziert. Wenn die zurückzulegende Strecke immer schrittweise verlängert wird, lernt der Hund, sich auf den Signalkegel als nützliches »Target«, d.h. Ziel, zu verlassen. Viele Hunde sind aber nur dann von der Aufgabe »Voranschicken« begeistert, wenn sie zuvor gesehen haben, wie der Trainer zum Kegeltarget gegangen ist und dort eine Futterbelohnung abgelegt hat. Nun liegt es an der Findigkeit des Trainers, wie er diese Verknüpfung wieder auflöst. Man könnte zum

Beispiel eine dritte Person um Hilfe bitten, die das Futter am Kegel ablegt, ohne selbst hingehen zu müssen. Viele gut trainierte Hunde führen solche Aufgaben aber auch ganz wunderbar aus, ohne sich auf solche Signale verlassen zu müssen, weil sie schon gelernt haben, nur auf das Kommando hin loszulaufen.

Gedankenfutter

Auch im Training von Schlittenhunden finden die Belohnungen unabhängig vom Trainer oder der heimischen »Höhle« statt. Das Abenteuer und die Möglichkeit, andere, vielleicht jagdbare Tiere entdecken zu können, belohnt sie jedes Mal aufs Neue. Der Anblick möglicher Beute ist es auch, der Greyhounds auf der Rennbahn ihre einzige und wichtigste Lektion lehrt: So schnell wie möglich aus den Startlöchern zu kommen.

Wenn Hunde heutzutage außerhalb der körperlichen Reichweite ihrer Trainer trainiert werden (das sogenannte Distanztraining), geschieht dies meistens über den Clicker. In der Tat hat es auch hier seine ganz besonderen Vorteile. In der Anfangsphase des Clickertrainings, wenn die Bedeutung des Geräuschs nicht verwässert werden sollte, ist Beständigkeit enorm wichtig. Denken Sie daran, dass »der Clicker niemals lügt« und lassen Sie ihn Ihren Hund niemals hören, ohne ihn danach auch zu belohnen, denn das könnte die Clicker-Futter-Verknüpfung in gewissem Maße wieder zerstören. Wenn ein Clicker für das Distanztraining benutzt wird, ist es wichtig, einen großen Zeitabstand zwischen dem Click und dem primären Verstärker zu vermeiden. Clicker bringen den Menschen sehr schön bei, konsequent und beständig zu sein – sie trainieren die Trainer!

Filetstückchen

- In der instrumentellen Konditionierung ist das Verhalten »instrumental« dafür, eine Belohnung zu bekommen.

- Inkonsequenz behindert das Training.

- Gute Coaches machen Lernchancen für den Hund während der Versuch-und-Irrtum-Phase zu klar erkennbaren und gut erreichbaren spannenden »Hebeln«.

- Das Verhalten eines Hundes zu »formen« ist fundamental wichtig für alle Trainingspläne.

- Gute Trainer wissen, dass das gewünschte Verhalten erreicht werden kann, wenn sie Belohnungen auch zurückhalten und zu warten bereit sind.

- Wichtig ist, eine gute Balance zwischen zu häufigem und zu seltenem Belohnen zu finden.

- Achten Sie darauf, den Hund mit etwas zu belohnen, das er wirklich wertschätzt.

- Manchmal können wir unerwünschtes Verhalten unbewusst verstärken – zum Beispiel wenn wir über einen Welpen lachen, der seinen eigenen Schwanz jagt.

- Sie können einen Reiz stärker machen, indem Sie zum Beispiel selbst ein bisschen mit dem Ball spielen, bevor Sie ihn werfen.

- Belohnungen sollten besser so lange versteckt werden, bis sie gegeben werden.

- Sekundäre Verstärker fungieren als Brücke zwischen dem Zielverhalten und der Belohnung. Am wirkungsvollsten sind sie, wenn sie unmittelbar vor dem primären Verstärker präsentiert werden.

- Das beste Beispiel für einen sekundären Verstärker ist das Geräusch eines Clickers, aber auch jedes andere Signal kann hierzu dienen.

- Lassen Sie Ihren Hund nie den Click hören, ohne ihm eine Belohnung zu geben.

Gesichtlecken ist ein Merkmal des Welpenverhaltens, von dem man annimmt, dass es das Hervorwürgen von Futter auslösen soll. Es als trainiertes Verhalten zu formen half der schüchternen Tinker, sich nicht immer gleich auf den Rücken zu rollen, wenn sie Menschen begrüßte.

Kapitel 11

Schlechte Dinge geschehen und alle Hunde lernen, sie zu vermeiden – und wichtiger noch: alles, was damit zu tun hat. Das Verhalten eines Hundes wird zutiefst von unangenehmen oder aversiven Ereignissen beeinflusst. Man kann sich also merken, dass der Einsatz eines Knüppels – sowohl im direkten als auch im übertragenen Sinne – zu schnellen Ergebnissen führen kann. Auf den ersten Blick scheint das Zufügen von Strafe oder unangenehmen Dingen im Hundetraining zu funktionieren, denn es kann bestimmte Verhalten effektiver verändern als positive Bestärkung. Allerdings halten diese Ergebnisse oft nicht lange und können negative Begleiterscheinungen haben. Wenn es ums Strafen geht, passieren Fehler sehr schnell. Allein schon unsere ungeschickte Körpersprache kann dem Hund unerwünschte Nachrichten übermitteln. Nehmen Sie zum Beispiel nur einmal die Art und Weise, wie wir uns über Welpen beugen, um sie zu begrüßen. Ist es da überraschend, wenn viele Welpen sich bepinkeln, wenn wir dermaßen drohend über ihnen hängen?

Schlechte Erfahrungen (Aversionen)

Trainingslektionen mit schlechten Erfahrungen zu verknüpfen kann für Hunde sehr verstörend sein. Eine einzige schlechte Erfahrung kann alle zuvor konditionierten angenehmen Verknüpfungen über den Haufen werfen. Wir müssen Hunde nicht einmal wiederholt schrecklichen Dingen aussetzen, damit sie lernen, sie schon allein auf ihre Warnsignale hin zu vermeiden. Manchmal können diese Warnsignale auch die Besitzer selbst sein, die dem Hund etwas Unangenehmes zugefügt haben. Dabei ist das Letzte, was jeder von uns möchte, dass sein Hund ihm aus dem Weg geht. Eine gute Vorbereitung vor Lerngelegenheiten kann wirklich hilfreich sein, wenn damit alles für den Hund Unangenehme vermieden werden kann. Als Beispiel leinen Sie Ihren Welpen vielleicht jedes Mal ab, wenn er auf der (umzäunten) Hundewiese auf ihm unbekannte Hunde trifft. Manche Welpen stürzen auf alle Hunde zu, egal, ob sie sie schon kennen oder nicht. Andere rennen in die andere Richtung davon, um Kontakt mit fremden Hunden zu vermeiden. In beiden Fällen könnte es zu unglücklichen Verknüpfungen kommen oder auch nicht. Aber wenn solche Begegnungen *immer* mit Halsschmerzen durch Zug an der Leine einhergehen, könnte der Welpe asoziale Neigungen entwickeln, die er später auch als Erwachsener beibehält.

Um zu entdecken, wie Hunde auf unangenehme Ereignisse reagieren und um Aversionen, Evasionen und Phobien besser zu verstehen wenden wir uns noch einmal der Literatur zur Lerntheorie zu. In der Verhaltensforschung könnten Wissenschaftler zum Beispiel trotz der Foltermethoden, die man damit in Verbindung bringt, leichte Stromstöße einsetzen, um unerwünschtes Verhalten zu schwächen. Aber bevor ich die Ergebnisse solcher Studien beschreibe, lassen Sie mich die Dinge ins richtige Licht rücken. Die meisten Versuche dieser

Art, vor allem mit Nagern, geben dem Tier eine begrenzte Anzahl kurzer und schwacher Stromstöße. Die Wissenschaftler bevorzugen diese Methode, weil sich das Tier so nicht an die Stromstöße gewöhnt. Ratten mögen auch keine Lichtblitze oder den Geruch einer Katze, der bei ihnen mehr Angst auslösen kann als ein leichter Stromstoß. Die Wirksamkeit solcher Methoden lässt aber umso mehr nach, je mehr sich die Ratte daran gewöhnt. Ein plötzliches, lautes Geräusch, das anfangs zu einer extremen Reaktion führt, kann zum Beispiel nach nur wenigen Wiederholungen schon fast vollständig ignoriert werden.

Wiederholte Schmerzzufügung bringt Hunde zum Rückzug

Eine Möglichkeit, die Angst eines Hundes vor einem bestimmten Reiz – oder der Warnung vor einem solchen Reiz – zu beurteilen, ist, zu testen, wie stark er ein gelerntes und gefestigtes Verhalten unterbricht. Wenn ein gegebenes Verhalten zu einer unangenehmen Erfahrung führt, zieht sich das Tier nicht nur von diesem Verhalten, sondern auch von neuen Verhalten zurück. Dieses Ergebnis nennt man *konditionierte Unterdrückung*. Es ist wichtig, dieses Fallenlassen von Verhalten zu erkennen, wenn es Warnzeichen für Schmerzen oder Unwohlsein gibt. Bei Hunden kann die gleiche Art von Rückzug stattfinden, wenn sie wiederholt Schmerzen ausgesetzt sind. Untersuchungen zu Elektrohalsbändern haben gezeigt, dass wiederholte Schmerzerfahrungen erhebliche Verhaltensänderungen bei den Hunden an den Orten bewirken, an denen sie die Stromstöße bekommen haben. Zu den Folgen solchen Missbrauchs gehören Lefzenlecken, schnelles Züngeln und Anheben der Vorderpfote. All diese vielsagenden Verhalten wurden als regelmäßig auf den Trainingsplätzen vorkommend beschrieben, die mit den Stromstößen verknüpft wurden. Auch wenn bisher noch keine ähnlichen Studien zu Würgehalsbändern veröffentlicht wurden, so weisen doch zahlreiche Berichte darauf hin, dass die durch sie zugefügten Schmerzen es immer unwahrscheinlicher machen, dass ein Hund gute Reaktionen zeigt. Sie werden nun hoffentlich erkennen, warum Würgeketten immer unpopulärer werden.

Studien zur konditionierten Unterdrückung zeigen, dass Angst nach den gleichen Prinzipien erlernt wird wie klassische Konditionierung mit positiver Bestärkung, insbesondere mit zeitlicher Kontiguität (der zeitlichen Verknüpfung zwischen zwei Ereignissen). Je länger beispielsweise der Abstand zwischen dem Geräusch und dem Stromstoß, desto schwächer die Angstreaktion des Tieres auf das Geräusch. Im Grunde lernen Hunde genau wie alle anderen Tiere etwas zu fürchten, wenn es regelmäßig zu unangenehmen Konsequenzen führt.

Unbekanntes verstärkt die Angstreaktion

Weitere wichtige Prinzipien der Angstkonditionierung ähneln denen für klassische Konditionierung mit positiver Bestärkung. *Latente Inhibition* ist, wenn der Hund ängstlicher reagiert, wenn der mit der unangenehmen Erfahrung gepaarte Reiz eher neu als bekannt ist. Die erste Begegnung Ihres Hundes mit einer neuen Person kann entscheidend für seine künftige Interaktion mit dieser Person sein. Wenn ein Mensch einen ängstlichen Hund zum ersten Mal trifft, sollte er keinesfalls darauf bestehen, mit ihm interagieren zu wollen. Ein Hund mit Angst ist sehr ursprünglich – so etwas wie ein Wildhund im Kostüm eines Haushundes. Und nun stellen Sie sich vor, wie dieser Wildhund von einem Menschen in die Ecke gedrängt wird. Das Letzte, was er nun möchte, sind essbare Verlockungen. Er ist weit davon entfernt, zum Fressen motiviert zu sein – folglich ist es zwecklos, ihm Futter anzubieten. Er kann nicht wissen, wie gut die sich ihm nähernde Person es meint oder wie harmlos die Hand ist, die sich nach ihm ausstreckt. Sicher haben wir alle schon einmal Menschen getroffen, die von sich behauptet haben, »Hundeleute« zu sein und trotzdem alle »Bleib weg-Signale« des Hundes ignorierten. Es ist unwahrscheinlich, dass zwischen ihnen und dem Hund je eine Bindung entsteht. Es ist viel besser, die Hunde sich den Menschen nähern zu lassen als umgekehrt.

Generalisierte Angst

Reizgeneralisierung trifft für das Lernen schlechter Dinge genauso wie für das Lernen guter Dinge zu. Sobald ein Hund etwas zu fürchten gelernt hat, wird er Angst vor ähnlichen Dingen zeigen. Man nennt das Reizgeneralisierung und jeder, der eine aufgerollte Zeitung in der Hand hat, wird mit der Person assoziiert werden, die den Hund mit einer solchen Waffe einmal geschlagen hat.

Angst eliminieren

Ein letztes Beispiel für ein allgemeines Prinzip ist die *Löschung*. Wenn ein zuvor mit einem Stromstoß gepaarter konditionierter Reiz wiederholt ohne Stromstoß präsentiert wird, wird er aufhören, Angst hervorzurufen. Besitzer, die ihren Hunden auch nach dem Training noch die Würgeketten anlassen, riskieren nicht nur, dass diese sich irgendwo strangulieren, sondern müssen auch damit rechnen, dass das Geräusch der Kette allein weniger wirksam sein wird als die Kombination »Kette plus Halsschmerzen«.

Wenn sie mit einer angstauslösenden Situation konfrontiert sind, werden die meisten Tiere die Fluchtreaktion zeigen und von der Gefahrenquelle weglaufen. Wenn er sich aber der Konfrontation entzieht, verliert der Hund die Chance, zu lernen, ob dieser Reiz weiter gefährlich bleibt oder nicht. In der klinischen Psychologie und in der tiermedizinischen Verhaltenstherapie werden bestimmte Phobien wie zum Beispiel Tierphobien oder soziale Phobien damit therapiert, dass man den Patienten dem gefürchteten Objekt aussetzt: Der Nadel, der Spritze oder dem Tierarzt, der sie festhält. Hunde mit ausgeprägter Gewitterangst legen in der Regel viel Energie und Einfallsreichtum an den Tag, um niemals mit der Angst konfrontiert werden zu müssen. Dies ist zwar eine vernünftige Reaktion, verhindert aber adaptives Lernen.

Trainer, die ihren Hunden die Angst vor irgendetwas abgewöhnen möchten, müssen sicherstellen, dass das Tier nicht von der Szenerie fliehen kann. Behandlungsmethoden, bei denen man den Hund dem Objekt oder der Situation aussetzt, die er fürchtet, nennt man Flooding. Diese Technik verursacht allerdings großen Stress und ich empfehle sie nicht. Wir werden uns humanere, aber dennoch nicht weniger wirksame Methoden in Kapitel 12 ansehen.

Unangenehme Erfahrungen im Training nutzen

Auf negativer Verstärkung basierende instrumentale Konditionierung ist, wenn ein Hund lernt, eine unangenehme Erfahrung zu beenden – zum Beispiel, indem er einen Schalter betätigt, der ein lautes Geräusch ausschaltet. Negative Verstärkung spielt im traditionellen Bei-Fuß-Training eine große Rolle, wo das unangenehme Gefühl dann aufhört, wenn der Hund gehorcht (sprich konventionell neben dem linken Bein des Menschen geht). Genau wie positive Verstärkung muss auch negative Verstärkung unmittelbar stattfinden, damit sie wirkt. Druck auf den Hundehals auszuüben (über Halsband und Leine), um damit dem Hund Bei-Fuß-Gehen beizubringen, funktioniert nur so lange, wie der Druck auch sofort in dem Moment aufhört, in dem der Hund das Richtige tut. In geschickten Händen kann der Druck auf den Hundehals so mild sein, dass er schon fast gutartig und mit gutem Timing auch sehr vorübergehend ist. In weniger geübten Händen bedeuten die Verzögerungen und der zu starke Druck aber, dass positive Verstärkung auf jeden Fall der bessere Weg ist.

Auch der Einsatz von Würgeketten im Hundetraining kann nur dann human sein, wenn ihr charakteristisches Geräusch dem Hund als Warnung dient. Ignoriert er diese Warnung, folgen in der Regel Schmerzen. Leider werden diese gefährlichen Gegenstände oft nicht fachgerecht benutzt (die Spannung auf der Leine muss sofort nachlassen, sobald der Hund richtig reagiert, d.h. nicht mehr zieht). Viele Besitzer neigen stattdessen zum Weitermachen und lassen sich auf ein ständiges Tauziehen ein, das frustrierend für den Mensch und schmerzhaft für den Hund ist. Darüber hinaus werden die Würgeketten oft auch noch falsch angelegt, sodass die Kette sich nicht entspannt und der Hund keine automatische Befreiung von seinen Halsschmerzen erfährt.

Erlernte Futteraversionen

Ein Hund entwickelt eine *konditionierte Geschmacksaversion*, wenn er etwas schmeckt (insbesondere etwas Neues), das ihm Übelkeit verursacht. Diese sinnvolle Reaktion hat sich in der Evolution gebildet, damit Gevatter Wolf gefährliche, aber scheinbar schmackhafte Nahrungsquellen zu vermeiden lernt. Im Labor kann man künstliche Übelkeit durch die Injektion von Lithiumchlorid, einem ansonsten harmlosen Salz, verursachen. Hunde können auch zum Vermeiden eines Ortes konditioniert werden, den sie mit Übelkeit in Verbindung bringen, aber die Verknüpfung Geschmack-Übelkeit wird viel schneller gelernt – oft nach nur einem einzigen Versuch. Während die meisten Tiere sehr leicht lernen, Orte, Geräusche oder Anblicke mit Unangenehmem zu verknüpfen, sind die Verknüpfungen zwischen Geschmack und Unangenehmem aber viel schwächer und veränderbarer.

Verknüpfungen können sich sogar dann bilden, wenn ein langer Weg zwischen den Ereignissen liegt. Viele Lebewesen, Menschen inbegriffen, lernen Nahrung zu vermeiden, die Übelkeit verursacht – auch wenn die Übelkeit Stunden braucht, um aufzutreten. Hunde sind besonders gut darin, Übelkeit verursachendes Futter zu vermeiden, auch wenn ihnen erst einige Zeit nach dem Fressen schlecht wird – so lange das schuldige Futter einen ausreichend neuartigen Geschmack hat. Als opportunistische Allesfresser treffen Hunde regelmäßig auf neues Futter. Kein Wunder also, dass sie neben Ratten die Weltmeister im Lernen von Futteraversion sind.

Gedankenfutter

Ein dramatisches Beispiel für das Erlernen von Futteraversion stammt aus einer Studie, in der zwei Wölfe mit Lithiumchlorid versetztes und in frisches Schaffell gewickeltes Lammfleisch zu fressen bekamen. Die Wölfe entwickelten eine Aversion gegen den Geruch von Schafen. Als später ein lebendiges Schaf in ihr Gehege gelassen wurde, wichen sie zurück, sobald sie seinen Geruch wahrnahmen. Und es dauerte nicht lange, bis das Schaf die Wölfe durch das Gehege scheuchte!

Funktioniert Strafe?

Eine Anmerkung, bevor wir fortfahren: Um Verwirrung zu vermeiden, benutzen Lerntheoretiker meist den Begriff *Vermeidung* für Training, das ein bestimmtes Verhalten erfordert, um unangenehme Erfahrungen zu vermeiden und *Strafe* für ein Training, in dem nur das Zeigen eines bestimmten Verhaltens zu einem negativen Ergebnis führt. Im alltäglichen Sprachgebrauch wird »Strafe« in der Regel von einem Individuum einem anderen zugefügt. Strafe kann schwach sein, wie zum Beispiel das Gefühl der Enttäuschung, sie nimmt aber auch oft die Form echter Schmerzen an. Hündinnen setzen sie zum Beispiel ein, um ihre Welpen daran zu hindern, schmerzhaft in ihre Milchzitzen zu beißen. Und Gevatter Wolf benutzte sie, um Thronräuber zum Teufel zu jagen. In der Lerntheorie meint »Strafe« alles, das die Häufigkeit eines Verhaltens reduziert, indem es das Verhalten mit einem negativen Ereignis »bestraft«. Der Definition nach funktioniert Strafe also immer. Immer wenn ein Hund ein Verhalten aus seinem Repertoire streicht, besteht die Wahrscheinlichkeit, dass dieses bestraft wurde. So ist es zum Beispiel möglich, Hunde in Gärten ohne tatsächliche Zäune zu halten und ohne, dass ein Trainer anwesend ist: Unter der Erde unsichtbar verlegte

Drähte lösen einen Stromstoß am Halsband aus, sobald der Hund die Grenze zu übertreten versucht. Ein Versuch zur »Grenzübertretung« wird also ohne Beteiligung einer Person durch einen Stromstoß bestraft.

Strafe kann sehr effektiv sein, aber sie kann auch sehr schnell schiefgehen. Genau wie positiv verstärktes Verhalten kann auch bestraftes Verhalten von der Präsenz eines bestimmten Reizes abhängig sein. Ein Hund, der für das Bellen bestraft wurde, bellt möglicherweise nicht mehr, wenn sein Besitzer in der Nähe ist, wohl aber, wenn er wieder alleine ist. Ein Hund, der für das Jagen von Autos bestraft wurde, lässt dies vielleicht in Anwesenheit seines Trainers bleiben. Ein effektives Therapieprogramm dagegen wird den Drang des Hundes zum Jagen erkennen und ihn dazu ermutigen, sich an seinem Halter zu orientieren, um sein Bedürfnis erfüllt zu bekommen (wie zum Beispiel mit einem Ballspiel mit seinem Besitzer).

Dies hilft bei der Erklärung, warum es in der Tierverhaltenstherapie so wichtig herauszufinden ist, durch was unerwünschtes Verhalten motiviert wird. Der Therapeut kann dann ein anderes, angemesseneres Verhalten als Ventil finden, mit dem der Hund seine Bedürfnisse erfüllen kann. Bei manchen Arten von Strafe geht der Schuss auch nach hinten los, wenn sie genau zu dem Verhalten führt, das sie eigentlich ausschalten wollte: Einen Hund dafür zu schlagen, dass er nicht auf Zuruf gekommen ist, wird ihn zum Beispiel lehren, künftig noch mehr Abstand von seinem Besitzer zu halten. Im Allgemeinen wird auch das Bestrafen von angstbezogenem Verhalten (manche Arten des Bellens) kontraproduktiv sein, weil es den Stress eskalieren lässt. Und den Hund anzuschreien, weil er bellt, funktioniert niemals – erstens, weil es keine Strafe ist und zweitens, weil Hunde es verständlicherweise als Versuch ihres Besitzers betrachten könnten, mit in das Bellen einzustimmen.

Strafe kann auch sehr leicht sein

Bedenken Sie, dass Bestrafung im gegenwärtigen Kontext einfach jedes Ereignis meint, das ein Verhalten in Zukunft unwahrscheinlicher macht. Sie muss also nicht unbedingt die Form körperlicher Züchtigung annehmen. Selbst ein verbaler Tadel kann ein Verhalten unwahrscheinlicher machen, aber er sollte zusammen mit einem Kommando benutzt werden, das dem Hund ein Alternativverhalten anbietet, für das er dann gelobt werden kann. Das Kommando »Nein!« (dem Hund mitzuteilen, dass ein Fortsetzen seines aktuellen Tuns ihm keine Belohnungen einbringen wird) wird also schnell von dem Kommando gefolgt, etwas anderes zu tun. Im nächsten Kapitel werden wir noch mehr Details dazu anschauen, wie man »Nein!« zu einem effektiven Instrument in seinem Trainings-Werkzeugkasten machen kann und warum das Wort niemals geschrien zu werden braucht.

Trainer von Meerestieren wissen um die Wirksamkeit strategisch eingesetzter Nicht-Belohnungen. Wenn ein Delfin zum Beispiel anfängt, eine Trainingsstunde durcheinander zu bringen, könnte er zur Strafe in sein Quartier zurückgeschickt werden (er wird quasi »in die Ecke gestellt«). Während dieser Auszeit hat das Tier keinen Zugang zu weiteren Trainingsmöglichkeiten oder verliert einfach die Aufmerksamkeit des Trainers. Diese milde Strafe kann sehr effektiv darin sein, unerwünschtes Verhalten zu reduzieren. Natürlich kann eine solche Auszeit nicht wirken, wenn Sie das Tier zuerst einfangen müssen, bevor Sie es verbannen. Wenn Sie einem Welpen nachjagen, bevor Sie ihn fortschicken, lernt er, dass Sie ein handgreiflicher Mensch sind und dass man Ihnen am besten aus dem Weg geht.

Probleme der Bestrafung

Bei Bestrafungen gibt es ein durchgängiges Problem: Negative Gefühle, die durch unangenehme Erfahrungen – egal ob Stromstoß, lautes Geräusch, scharfer Schmerz oder Schlag mit einem Knüppel – hervorgerufen wurden, können entweder mit der der direkten Quelle der Bestrafung verknüpft werden (Mensch oder anderes) – oder mit dem Ort, an dem sie stattgefunden hat. Es konkurrieren also verschiedene Ereignisse miteinander um die Verknüpfung mit der Emotion. Dies wird deutlich beim *Blockierungseffekt* und bei der *Überschattung* eines Reizes durch einen anderen, wie wir im vorigen Kapitel gesehen haben und in Kapitel 12 zur Feinabstimmung noch sehen werden. Welche Verknüpfung letztendlich »gewinnt«, hängt von einer ganzen Reihe von Faktoren ab, darunter auch vom Neuheitswert. Ein berühmtes Beispiel ist die unglückselige Verknüpfung, die manche Hunde zwischen Nutzvieh und Elektrohalsbändern bilden, die manchmal eingesetzt werden, um ihnen das Jagen von Nutzvieh abzugewöhnen. Die Verknüpfung kann dazu führen, dass Hunde so viel Angst vor ihren früheren Jagdobjekten bekommen, dass sie das Vieh als Verteidigungsreaktion zu beißen beginnen. Auch Kinder könnten auf die gleiche Art und Weise unbeabsichtigt zu Opfern von dieser Art der Angstaggression werden – ein weiterer Grund, warum Elektrohalsbänder wirklich nicht empfehlenswert sind.

Selbst unter Laborbedingungen ist nicht immer klar, ob Bestrafung das Tier lehrt, ein bestimmtes Verhalten mit dessen unangenehmem Ergebnis zu verknüpfen. Stattdessen kann sie einfach eine generelle Angst auslösen, die jedes Verhalten in dem jeweiligen Kontext unterdrückt. Den Hund zum Zeigen eines Alternativverhaltens aufzufordern macht es wahrscheinlicher, dass man nur das bestrafte Verhalten reduziert und gleichzeitig unwahrscheinlicher, dass das unerwünschte Verhalten wiederkehrt, sobald die Strafe nicht mehr eingesetzt wird. Genau wie jede andere erlernte Verhaltensänderung können auch die abschreckenden Wirkungen der Strafe weniger wirksam werden, wenn der Mechanismus, der zur Änderung geführt hatte, nicht mehr präsent ist.

Die Wirksamkeit von Strafe schwächen

Die Wirksamkeit von Strafe kann noch auf zwei weiteren Wegen geschwächt werden. Der erste ist Inkonsequenz – was wenig überrascht! Wenn das Verhalten manchmal von einer schlechten Erfahrung gefolgt wird und manchmal nicht, wird es höchstwahrscheinlich fortgesetzt. Der zweite macht das Verhalten noch hartnäckiger und besteht darin, dass die Strafe anfangs schwach ist, aber sich dann in ihrer Intensität steigert, wenn das Verhalten wiederholt wird. Wenn Sie einen Hund also zunächst zurückhaltend ermahnen, aber immer lauter schreien, wenn er sein Verhalten fortsetzt, wird die Notwendigkeit von noch mehr Unangenehmem immer größer. Viele von uns haben dies sicher schon umgesetzt gesehen: Ein Hund wurde anfangs nur milde bestraft und brauchte dann immer deutlichere, umfangreichere Korrekturen, die aber immer wirkungsloser zu werden schienen. Das passiert bei manchen Hunden deshalb, weil sie jede Form von Aufmerksamkeit schätzen, und bei allen deshalb, weil der Schrecken, den die erhobene Stimme hervorgerufen hat, mit der Zeit immer schwächer wird. Ich muss hierbei immer an den typischen englischen Touristen im Ausland denken, der, anstatt es mit anderen Wörtern oder gar – Gott bewahre! – mit der einheimischen Sprache zu versuchen, immer lauter wird, um sich damit vermeintlich den nicht-englischsprechenden Menschen verständlich zu machen.

Negative Verstärkung und negative Strafe

Gute und schlechte Nachrichten sind auf einer Gleitskala immer etwas Relatives. Natürlich können Sie ein Tier bestrafen, indem Sie die Belohnung wegnehmen. Das ist das, was wir negative Strafe nennen. Und natürlich können Sie ein Tier auch belohnen, indem Sie Schmerzen oder Unangenehmes beenden. Das ist, was wir negative Verstärkung nennen. Hierbei ist wichtig zu wissen, dass sowohl positive als auch negative Verstärkung das Verhalten in Zukunft *wahrscheinlicher* machen. Positive oder negative Strafe macht ein Verhalten in Zukunft *unwahrscheinlicher*.

Strafe und negative Verstärkung stehen in einer Wechselbeziehung zueinander. Dabei ist der Begriff »negative Verstärkung« beinahe politisch inkorrekt, aber in diesem Kontext meint »negativ« nur, dass etwas aus der Welt des Tieres weggenommen wird, während »positiv« meint, dass es etwas hinzugefügt wird. Viele Trainer behaupten zwar, ohne negative Verstärkung zu arbeiten, aber wenn man näher hinschaut, wird klar: Wenn sie ein Verhalten durch das Entfernen von etwas Unangenehmem verstärken und es damit für die Zukunft wahrscheinlicher machen, haben sie damit negative Verstärkung benutzt. Definitionsgemäß bedeutet Fortnehmen bei einem unangenehmen Reiz also verstärken. Geht man also davon aus, dass Druck am Hals immer unangenehm ist, arbeitet jeder, der einen Hund am Halsband führt, mit negativer Verstärkung. Ebenso muss ein Trainer, damit er negative Verstärkung anwenden kann, auch positive Strafe (so schwach sie auch immer sein mag) angewendet haben.

Negative Strafe oder Weglassen hilft dabei, Verhalten zu verbessern oder zu verändern. Im Training zeigen Hunde in der Regel zuerst ein schon gefestigtes Verhalten. Keine Belohnung an diesem Punkt (d.h. der Trainer hält die Belohnung zurück – ein wichtiger Bestandteil des Formungsprozesses) macht es unwahrscheinlich, dass dieses nun nicht mehr gewünschte Verhalten wiederholt wird. Die Verstärkung wurde ausgelassen (d.h. der Hund wurde negativ bestraft), was es wahrscheinlicher macht, dass er neue Verhalten zeigen wird. Der Prozess von Lernen nach Versuch und Irrtum hält an.

In Kapitel 4 habe ich schon den Einsatz von Wurfscheiben erwähnt. Ihre Wirksamkeit hängt ganz klar vom guten Timing ab. Genau wie Wurfscheiben kann auch das Wort »Nein!« als sekundäre negative Bestrafung dienen, wenn es zuvor dadurch wirksamer gemacht wurde, dass es mit dem Fortnehmen von etwas Positivem – und sei es auch nur Lob oder Aufmerksamkeit – verknüpft wurde. Außerhalb dieses Rahmens kann es bedeutungslos und vollkommen unproduktiv sein, »Nein!« zu rufen. Es ist tatsächlich so, wie die renommierte australische Tiertrainerin Peta Clarke sagt: Je öfter Sie »Nein!« schreien, desto weniger haben Sie Ihren Hund trainiert.

Körperliche Bestrafung ist weder wirksam noch gerechtfertigt – aber dennoch sind weder »Strafe« noch »negativ« schlimme Wörter. Sowohl negative als auch positive Strafe können extrem mild sein. Entscheidend sind das Maß und die Konsequenz, mit denen Sie Verstärkung und Strafe anwenden.

Vermeidung lernen

Flucht ist für Hunde genau wie für die meisten anderen Spezies der üblichste Weg zur Vermeidung unangenehmer Erfahrungen. Wie wir gesehen haben, gehören Leinen zu den größten Hindernissen für eine saubere Flucht. Ihr Effekt im Entstehen von Panikreaktionen wird aber viel zu leicht unterschätzt. Wenn Sie an eine Angstreaktion Ihres Hundes denken, ist die erste Frage, die Sie sich stellen sollten: »War er zu dieser Zeit an der Leine?« Wenn die Antwort ja lautet, wissen Sie, warum Sie etwas mehr Zeit einplanen sollten, bis die Angstreaktion wieder verschwindet.

Unglückliche Laborhunde, denen man Stromstöße versetzte, über die sie keine Kontrolle hatten, wurden gefühlsmäßig gestört. Sie lernen, dass sie nichts tun können, um das Schlimme zu beenden und entwickeln eine sogenannte *erlernte Hilflosigkeit* – mit diesem Begriff umschreibt man die Apathie, die mit dieser passiven Art der Duldung einhergeht. Vielleicht ist das auch der Grund dafür, warum Hunde, die mit falsch angelegten Kettenwürgern (mein Lieblingsthema!) trainiert wurden – wenn also die Kette nicht entspannt, sondern einrastet – immer schwieriger zu handhaben sind und immer mehr an Lebenslust verlieren. Hundebesitzer, die ihren Tieren gute Coaches sein möchten, sollten unbedingt auf Anzeichen für erlernte Hilflosigkeit Acht geben und jede unangenehme Erfahrung beenden, die sie ausgelöst hat.

Filetstückchen

- Beim Bestrafen kann man sehr leicht Fehler machen. Passen Sie auf.

- Hunde sind sehr sensibel: Eine einzige schlechte Erfahrung kann zuvor konditionierte Verhalten zunichte machen.

- Hunde lernen einen Reiz zu fürchten, wenn er verlässlich zu einer unangenehmen Erfahrung führt.

- Sobald ein Hund etwas zu fürchten gelernt hat, wird er auch Angst vor ähnlichen Dingen zeigen.

- Negative Verstärkung findet statt, wenn das unangenehme Gefühl aufhört, sobald der Hund sich gut benimmt. Dies kann beim Bei-Fuß-Training effektiv sein, aber hierzu ist Geschick des Trainers nötig.

- Würgehalsbänder können frustrierend für Menschen und schmerzhaft für Hunde sein.

- Hunde sind Weltmeister im Erlernen von Futteraversionen.

- Die Wirkung von Strafen kann manchmal sehr kurzlebig sein und von negativen Folgen aufgehoben werden.

- Es ist sehr wichtig zu identifizieren, wodurch unerwünschte Verhalten motiviert werden. Das Verhalten könnte durch ein instinktives Bedürfnis – wie zum Beispiel Jagen – angetrieben werden.

- Verhalten wie zum Beispiel Bellen zu bestrafen ist höchstwahrscheinlich unwirksam, weil es den Stress des Tieres noch weiter erhöht.

- Der Einsatz von Strafe erhöht oft den Bedarf nach noch mehr Unangenehmem in der Zukunft.

- Sowohl negative als auch positive Strafe können sehr mild – und sehr wirksam sein.

- Einen unangenehmen Reiz zu beenden ist verstärkend.

- Hunde unangenehmen Ereignissen auszusetzen, die sie nicht kontrollieren können, kann zu Reaktionslosigkeit und schwerer Trainierbarkeit führen.

Kapitel 12

Von Saugen, Kauen und Schlucken einmal abgesehen, kann fast jedes motorische Muster gelernt und damit auch durch Training verfeinert werden. Die Verhalten, die Ihr Hund letztendlich zeigen wird, sind diejenigen, die Sie verstärkt haben oder von denen Sie dem Hund erlaubt haben, sie verstärkend zu finden. Wenn etwas schiefläuft, müssen Sie also die Schuld erst einmal bei sich selbst suchen – der Hund hat nie Unrecht. Er benimmt sich letzten Endes nur wie ein Hund, was für ihn ein sehr angemessenes Verhalten ist!

Was das Lernen behindert

Klassische Konditionierung ist selektiv. Wenn ein besonderer Reiz (sagen wir einmal das Klappern eines Blechnapfs) stark mit einem wichtigen Ereignis verknüpft wird (sagen wir einmal Futter, weil der Hund immer nur aus diesem Napf gefüttert wird), werden die Verknüpfungen zwischen anderen Reizen (sagen wir einmal dem Geräusch eines früher benutzten Napfes) und Futter schwächer. Nachdem Struppi Streuner die örtliche Kaninchenpopulation ausgerottet hatte, musste er mit dem Einsammeln neugeborener Lämmer beginnen – also wurde Kaninchengeruch weniger bedeutsam für ihn und wurde von der Duftbrise frischer Schafsnachgeburt überlagert. Und wenn Ihr Hund bis jetzt immer dann zur Haustür lief, wenn Sie die Schlüssel des Sportwagens genommen haben, hört er schnell damit auf, wenn Sie einen Geländewagen für die Fahrten zur Hundewiese oder zum Strand kaufen. Das typische Geräusch des neuen Autos wird schnell relevanter für ihn.

Ein wichtiges Beispiel hierfür aus der Welt des Trainings ist die *Überschattung*. Nehmen wir an, Sie haben vor, Ihrem Hund eine Verknüpfung zwischen einem bestimmten Wort und einem bestimmten Verhalten beizubringen. Wenn Sie dieses gesprochene Wort aber jedes Mal mit einer unbewussten Handgeste oder Körperbewegung begleiten, könnte letzteres der für den Hund bedeutsame Reiz werden. Anders gesagt: Das Hand- oder Körpersignal hat das gesprochene Kommando überschattet. Folglich muss entweder das für Sie das neue Kommando werden oder Sie müssen es schwächen, indem Sie es für den Hund weniger bedeutsam oder variabler machen.

Wer trainiert wen?

Als Professor Mills von der englischen Lincoln Universität Hundebesitzer bat, ihm alle unerwünschten Verhalten ihres Hundes zu berichten und wie sie damit umgingen, führten die Antworten, die er bekam (siehe unten) zu vielen hochgezogenen Akademiker-Augenbrauen.

Von Hundebesitzern berichtete unerwünschte Verhalten

Unerwünschtes Verhalten	% berichtet	% der Hunde, die auf Kommando damit aufhörten	% der Hunde, die damit aufhörten, wenn sie Aufmerksamkeit bekamen
Unruhe beim Autofahren	23	56	60,2
Sich selbst bis zum Wundsein belecken oder beknabbern	12	74,7	64,4
Zwanghaft im Kreis rennen	14,5	71,4	68,6
Dauerhaft bellen oder heulen	6,1	52,3	68,2

Mir springen zwei Aspekte dieser Antworten ins Auge. Erstens haben 60-70% der Hunde aus dieser Population ihre Besitzer dazu trainiert, ihnen auf Kommando Aufmerksamkeit zu schenken. Zweitens können kaum mehr als 50% der Hunde mit Worten zum Aufhören gebracht werden, wenn sie ruhelos sind oder pausenlos bellen. Wir müssen also die Wirksamkeit von Unterbrechungskommandos infrage stellen beziehungsweise wie gut Besitzer sie trainieren können. Wenn diese Kommandos tatsächlich eine effektive Strafe wären, würden sie die Häufigkeit des Verhaltens mit der Zeit reduzieren. Vielleicht ist das der Grund, warum manche Tierverhaltensexperten es für besser halten, sich nur auf die Macht des Positiven allein zu verlassen und niemals »nein« zu sagen. Sie trauen den Besitzern nicht einmal den Einsatz der schwächsten Strafe zu. Ich selbst benutze »nein«, wenn auch sparsam, weil ich sehe, dass es unerwünschte Verhalten in Zukunft unwahrscheinlicher macht. Für meine Hunde bedeutet es »hör damit auf, was du gerade tust – es wird nicht belohnt«. Es ist einfach nur ein weiteres Instrument in meinem Werkzeugkasten. Oft, aber nicht immer, verwende ich es zusammen mit Kommandos zur Ausführung eines Alternativverhaltens. Wenn ich mit freiem Formen arbeite, also einen Hund selbst herausfinden lasse, wie er innerhalb einer bestimmten Herausforderung an die Belohnungen kommen kann, sage ich freundlich »nein« als Hinweis darauf, dass er seine derzeitige Strategie nicht weiter verfolgen und lieber etwas anderes ausprobieren sollte.

Ein weiterer Aspekt dieser Verhalten, der mich überrascht, ist die geringe Anzahl der bellenden Hunde. Bellen ist der häufigste Grund für Anzeigen und Beschwerden bei öffentlichen Stellen (und nicht etwa volle Mülltonnen, schlechte Straßen oder zu hohe Gebühren). Tatsache ist, dass die meisten Hundebesitzer die Tragweite dieses Problems unterschätzen, weil sie natürlich nicht zuhause sind, wenn ihr Hund stundenlang bellt. Vermutlich wäre der Anteil der Dauerbeller höher gewesen, wenn man in der Lincoln-Studie die Nachbarn befragt hätte. Wie auch immer – unerwünschte Jodelkonzerte kann man dadurch vermeiden, dass man den Hund müde macht, bevor man ihn alleine lässt. Oder eine noch bessere Idee ist es, einen Tageskumpel für ihn zu finden.

Belohnungen wegnehmen

Klassisch trainierte Verhalten werden nach und nach schwächer, wenn der konditionierte Reiz wiederholt nicht mehr vom unkonditionierten Reiz gefolgt wird. Wir haben das an dem Beispiel von vorhin mit dem neuen Geländewagen gesehen: Der Wechsel des Autos und das andere Geräusch durch die neuen Autoschlüssel wurden für den Hund schnell relevanter. Ganz ähnlich kommt es auch zur Löschung, wenn ein durch instrumentale Konditionierung erlerntes Verhalten von keiner Belohnung mehr gefolgt wird. Das Verhalten wird nach und nach seltener und mit weniger Energie gezeigt. Ein am Esstisch bettelnder Hund wird damit aufhören, wenn er niemals belohnt wird. (Glauben Sie mir!) Während des Löschungsprozesses von instrumentalem Verhalten fallen Hunde aber oft in angeborenes oder zuvor erlerntes Verhalten zurück. Seien Sie also stark! Das gleiche Prinzip ermöglicht es Ihnen, auch Unsauberkeiten in schon gelernten Verhalten zu verbessern, wie vielleicht ein schludriges Sitz oder trödeliges Herankommen. Wenn Sie die Belohnung zurückhalten, wird der Hund mit Alternativen experimentieren – und Ihr Job als Coach ist es dann, die Verbesserungen in die richtige Richtung zu formen.

Wenn ein zuvor immer belohntes Verhalten gelöscht wird, kann es zu einigen interessanten Ergebnissen kommen: Manchmal werden die Dinge schlechter, bevor sie besser werden. Also gilt wiederum: Bleiben Sie stark! In der frühen Löschungsphase ist ein Frustrationseffekt häufig und das Verhalten wird für kurze Zeit stärker gezeigt als zu der Zeit, als es bestärkt wurde. Ein Welpe, er gelernt hat, sich aus seinem Halsband zu befreien, wird viel heftiger kämpfen, wenn er zum ersten Mal an einem richtig passenden Halsband angebunden ist. Es ist wichtig, sich dieses Effektes bewusst zu sein, damit Sie nicht voreilig zu dem Schluss kommen, dass Ihre Maßnahmen ein Misserfolg wären.

Ein viel effektiverer Weg zum Loswerden von unerwünschtem Verhalten ist es allerdings, alle anderen Verhalten zu belohnen, die in ähnlichen Situationen auftreten. Wenn ich zum Beispiel möchte, dass der Hund mit dem Anspringen von Besuchern aufhören soll, kann ich ihn für jedes andere Verhalten belohnen, das er in Gegenwart ihm fremder Menschen zeigt. Man nennt dies *Auslassungstraining*: Die Belohnungen werden zurückgehalten, wenn das Zielverhalten gezeigt wird und werden damit bedeutsam, wenn es *nicht* gezeigt wird. Die Belohnungen hören also auf, wenn der Hund hochspringt. Ein solches Vorgehen kann zur Veränderung unerwünschten Verhaltens eingesetzt werden und ist besser, als alle Belohnungen komplett wegzunehmen, was das Risiko beinhalten würde, jede Initiative des Hundes ganz zu ersticken.

Genau wie es wichtig ist, beim Training eines neuen Verhaltens Verwirrung zu vermeiden und Kreativität zu fördern, ist es unerlässlich, dass Sie dem Hund beim Training zur Ausrottung eines Problemverhaltens gleichzeitig die Möglichkeit geben, ein akzeptableres Verhalten mit einer ähnlichen Motivation oder einer damit unvereinbaren Körperhaltung zu zeigen. Wie in Kapitel 11 beschrieben, kann ein Jogger jagender Hund sehr leicht dazu trainiert werden, stehenzubleiben und seinen Besitzer anzuschauen, wenn er den Anblick eines Joggers mit einem Ballspiel mit seinem Besitzer verknüpft. Und ein unaufhörlich bellender Hund kann mit Belohnungen überschüttet werden, wenn er sich hinlegt (eine Körperhaltung, die Bellen schwierig macht) und nicht bellt.

Während des Auslassungstrainings oder während der Löschung können alle kontextspezifischen Reize erhebliche Kontrolle über das Verhalten ausüben. Wie ich Ihnen bereits versichert habe, wird der am Esstisch bettelnde oder von Kindern Essen stehlende Hund damit aufhören, wenn keine weiteren Leckereien mehr für ihn anfallen. Wenn die Großmutter diejenige ist, die die unaufhörliche Serie von Leckerbissen stoppt, wird die Löschung am schnellsten dann stattfinden, wenn Oma zu Besuch kommt. Das Betteln kann dann, zumindest zeitweise, wieder auftreten, sobald sie wieder weggegangen ist. Was uns lehrt: Gutes Löschungstraining muss in verschiedenen Kontexten durchgeführt werden.

Partielle Bestärkung

Bislang haben meine Beispiele für instrumentale Konditionierung über positive Bestärkung beinhaltet, dass nach jedem richtigen Verhalten eine Belohnung folgte – sprich ein *ständiges Belohnungsschema* angewendet wurde. Damit wird ein neues Verhalten schneller gelernt als mit der *partiellen Bestärkung,* bei der nur einige der richtigen Reaktionen belohnt werden. Partielle Bestärkung kann es andererseits schwieriger machen, unerwünschte Verhalten auszurotten. Hunde, die *manchmal* mit Essenshäppchen für das Betteln belohnt werden, brauchen länger zum Aufhören als diejenigen, die zuvor immer etwas bekommen hatten.

Trainierte Verhalten können auch dann noch andauern, wenn die Vorteile, es auszuführen, nicht mehr im Verhältnis zu den Kosten stehen. In einem Extrembeispiel trainierte Skinner eine Ratte mit einem so geizigen Belohnungsschema, das die aus dem Futter erhaltene Energie die Energie nicht aufwog, die die Ratte zum Erlangen des Futters aufwenden musste. Wenn die Balance stimmt, werden Tiere Verhalten auch dann noch fortsetzen, wenn dies ihnen einiges Unbehagen bereitet. Das gleiche Prinzip wird von Dogdancing-Hunden illustriert. Sie wenden Energie zum Zeigen von Verhalten auf, die zuvor häufig mit Futter belohnt wurden, aber dann nach und nach zusammengesetzt wurden. Die Verhalten können nicht einzeln bestärkt werden, weil der Tanz als Ganzes ja eine gewisse Kontinuität erfordert. Für die meisten Hunde ist der Spaß, mit Frauchen herumzuspringen und ihre vollste Aufmerksamkeit zu genießen, schon bald viel größer als es alle zum Training der Einzelschritte verwendeten Leckerchen sein könnten. Die Summe des Ganzen überschattet die Teile, aus denen es zusammengesetzt ist.

Sicher beherrschtes Abrufen kann Ihrem Hund das Leben retten

Wenn Sie eine wirklich jedes Mal verlässliche Reaktionen auf ein Kommando Ihrerseits haben möchten, müssen Sie sicherstellen, dass die Mitarbeit Ihres Hundes nicht darauf beruht, wie er sich gerade fühlt. Ein schönes Beispiel ist das Abrufen. Auf Zuruf zu kommen kann das Leben Ihres Hundes retten – oder auch das anderer Tiere, denen er vielleicht gerade im Jagdfieber nachsetzt. Jeder der Besitzer, die einen angefahrenen Hund zu mir in die Praxis brachten, schienen davon überrascht zu sein, was ihrem Hund passiert war. Die meisten von ihnen berichteten, dass ihr Hund noch nie zuvor auf die Straße gelaufen war, wenn sie ihn gerufen hatten. Mein einziger Rat an dieser Stelle lautet: Lassen Sie es kein erstes Mal geben. Das Kommen auf den Zuruf darf kein verhandelbares Verhalten sein, denn wenn Ihr Hund auf fahrende Autos zurennt, zählen Nanosekunden. Dies ist der wichtigste Grund dafür, warum Sie den Namen Ihres Hundes niemals in ärgerlichem Tonfall sagen sollten, egal, wie aufgebracht Sie auch sein mögen. Er muss wissen, dass der Klang seines Namens immer nur Gutes bedeutet und sein Coach eine weitere tolle Gelegenheit für ihn bereithält.

Auf Hundewiesen kann man häufig beobachten, dass Hunde das Gerufenwerden mit dem Ende des Spaziergangs verknüpfen und dann verständlicherweise eine plötzlich auftretende vorübergehende Taubheit entwickeln. Andere finden heraus, dass Zurückgerufenwerden fast immer etwas mit dem Auftauchen spannender Ablenkungen in der Nähe zu tun hat. Wenn Ihr Hund sich also umsieht, wenn Sie ihn auf einem Spaziergang rufen, und herauszufinden versucht, was es denn ist, das er Ihrer Meinung nach nicht jagen sollte, dann benötigt sein Abruf definitiv noch weiteres Feintuning. Falls Ihnen dieses unerwünschte Verhalten bekannt vorkommt und an Ihren eigenen Hund erinnert, sollten Sie überlegen, Ihr Abruf-Kommando komplett auszutauschen, zum Beispiel von »Hier!« zu »Komm!« oder was auch immer, weil Ihr bisheriges Kommando eher wacklig ist. Wenn Sie dann noch ab jetzt eine Tasche voller Leckerlis einschließlich einiger Jackpots mit auf die Spaziergänge nehmen, werden Sie über die Veränderung erfreut sein!

Sieben Tipps zum Verbessern des Abrufs

- Belohnen Sie jedes Mal, bis Ihr Welpe (vom Skelett her) ausgewachsen ist.
- Belohnen Sie danach bis zu seinem Lebensende variabel (partiell).
- Wenn er nicht gerne zu Ihnen zurückkommt, erhöhen Sie sofort die Häufigkeit und Qualität der Belohnungen (das Belohnungsschema).
- Nehmen Sie auch ein paar ungewöhnliche, himmlisch schmeckende, fantastische Jackpots mit, die nur für das Abrufen reserviert sind.
- Wenn Ihr Hund sich nähert, laufen Sie ein paar Schritte rückwärts. Das trainiert ihn, ganz bis zu Ihnen zu kommen. Das wird in einer Krisensituation wichtig, weil Sie ihn dann nötigenfalls leicht fassen und festhalten können.
- Benutzen Sie ein Auflösungskommando wie »Okay!« oder »Fertig!«, damit Ihr Hund sich nicht seine eigenen Signale zurechtlegt, die ihm sagen, ab wann er sich wieder dem zuwenden kann, was ihn zuvor interessiert hatte.
- Erlauben Sie Ihrem Hund mit diesem Signal, umgehend zu etwas zurückzulaufen, was seine Aufmerksamkeit erregt hatte – anderenfalls wird er das Zurückkommen zu Ihnen als unsinnig empfinden.

Die Wichtigkeit des Kontexts

Pavlovs Hunde mögen zwar in ihrer Bewegungsfreiheit für die Versuche eingeschränkt gewesen sein, aber sie wussten, dass das Labor der Ort war, an dem sie Fleischmehl bekamen. Die Gurte, mit denen sie auf Tischen fixiert waren, wären in anderen Zusammenhängen – Kontexten – als höchst unangenehm empfunden worden. Hier war ihre Wirkung aber kontextspezifisch. Weiße Kittel in einer Tierarztpraxis stehen für viele Hunde für »Gefahr«, während weiß gewandete Besucher zuhause keine solche Panikreaktion hervorrufen. Welpen, die sich in der Hundeschule wunderbar benehmen, aber auf Spaziergängen scheinbar alles vergessen, haben ebenfalls gelernt, dass Verhalten von einem bestimmten Kontext abhängen kann. Gute Coaches reduzieren diese Art der Kontext-Spezifität, indem sie die Umgebungen und Situationen variieren, in denen sie die Welpen trainieren. Eins der zeitaufwändigsten Elemente im Training von Blindenführhunden nach der Basisarbeit mit künstlichen Hindernissen ist zum Beispiel, die Lektionen in verschiedenen Kontexten zu wiederholen, um Abhängigkeiten von ortspezifischen Signalen zu vermeiden.

Unterscheidungstraining

Wenn ein Hund ein Verhalten nach einem bestimmten Kommando (und nur nach diesem Kommando) zeigt, sagt man, dass dieses Verhalten unter Signalkontrolle steht. Bei manchen Arten des Hundetrainings (z.B. für Filme) ist es egal, ob das Verhalten von Signalen ausgelöst wird, die dem trainierten Kommando ähneln. Es kann sogar manchmal ein Vorteil sein. So könnte ein Trainer zum Beispiel wollen, dass ein Wortkommando auch dann funktioniert, wenn andere Personen (z.B. Schauspieler) es benutzen, auch wenn es dann etwas anders klingt. Im Allgemeinen ist aber mehr Präzision in der Signalkontrolle nötig. Sie wissen ja – die Trainingsergebnisse hängen sehr stark von Konsequenz und Beständigkeit ab.

Eine Diskrimination (Unterscheidung) trainiert man am besten mit Hilfe positiver Bestärkung. Beim *simultanen Unterscheidungstraining* wird der Hund zwei oder mehr Reizen gleichzeitig ausgesetzt und wird belohnt, wenn er nur auf den Zielreiz reagiert. Wenn Sie zum Beispiel möchten, dass Ihr Hund einen blauen Ball aus mehreren verschiedenfarbigen Bällen herausfinden soll, könnten Sie damit beginnen, ihn zuerst für jede Aktion mit dem blauen Ball alleine zu belohnen. Im nächsten Schritt könnten Sie den blauen Ball dann in die Nähe eines weißen Balls legen und jede Annäherung an den blauen Ball belohnen. Nach relativ kurzer Zeit wird der Hund nur noch den blauen Ball aufheben (die instrumentale Reaktion ist unter Signalkontrolle der Farbe Blau gekommen). Präzise Kontrolle über das Aufheben des blauen Balls kann dann erreicht werden, wenn man drei Bälle auslegt – einen blauen, einen grünen und einen blaugrünen – und nur das Aufheben des blauen Balls belohnt. Wie bei allen Arten des simultanen Unterscheidungstrainings ist es wichtig, dass die Position des blauen Balls sich sehr oft verändert, dass er also mal links, mal rechts und mal in der Mitte liegt. Anderenfalls wird der Hund fast immer lernen, *wo* er reagieren soll anstatt *auf was* er reagieren soll (er lernt eine Positionspräferenz, die das Lernen des visuellen Signals überschattet). Sie werden bemerkt haben, dass der Hund in unserem ersten Beispiel zuerst zwischen einem blauen und einem weißen Ball unterscheiden musste. Sobald dies etabliert war, wurde die Unterscheidungsaufgabe komplexer. Im Allgemeinen macht dieses Vorgehen »Vom Leichten zum Schweren« bei schwierigen Unterscheidungsaufgaben relativ schnell viel höhere Leistungen möglich.

Spürhunde werden genauso trainiert, indem sie für Reaktion auf die richtigen Reize belohnt und für die auf alle anderen Reize nicht belohnt werden. Wenn die Unterscheidung schwierig ist, könnte es sein, dass der Hund weiterhin die falschen Reize identifiziert, wenn auch mit einer niedrigeren Rate als den korrekten Reiz. Im echten Leben gibt es viele Situationen, in denen die Unterscheidungsleistung eines Hundes nahezu perfekt sein muss. Flughafenmanager könnten es sich beispielsweise nicht zu oft leisten, unschuldige Passagiere festzuhalten, bei denen Spürhunde irrtümlicherweise das Vorhandensein von Drogen oder Sprengstoff angezeigt haben. Ein übliches Trainingssystem hierfür ist es auch, die Hunde dafür zu belohnen, dass sie das Zielverhalten bei negativen (also den falschen) Reizen nicht zeigen – genau wie bei dem schon früher erwähnten Beispiel, in dem die Hunde fürs Hinlegen anstelle des pausenlosen Bellens belohnt wurden.

Wortkommandos und andere Signale

Viele Trainer nutzen spezifische Geräusche, um ein bestimmtes Verhalten auszulösen. Ein auditorischer Auslöser (oder »Trigger«) kann jedes Geräusch sein, solange es sich deutlich von anderen abhebt. Klare Signale zu geben ist im Hundetraining entscheidend, eben weil ja Konsequenz so wichtig ist. Benutzen Sie bestimmte Signale nur in bestimmten Situationen. Ein gutes Beispiel dafür ist das Kommando, mit dem Polizeihunde von ihren Führern zum Angreifen geschickt werden.

Indem ein Trainer Tieren beibringt, verlässlich auf Signale zu reagieren und diese dann immer feiner macht, kann er Verhalten auslösen, ohne dass Zuschauer bemerken, wie er das gemacht hat. Sobald das Tier auf den feinsten Hinweis reagiert, kann der Trainer ein unechtes, aus mehreren Worten bestehendes »Kommando« einführen, sodass es für die Zuschauer so aussieht, als würde das Tier die Feinheiten der menschlichen Sprache verstehen. Wilderer und ihre Hunde benutzten übrigens früher ein ähnliches Vorgehen, um ihre Verfolger zu verwirren. Wenn man den Hund eines Wilderers fangen konnte, konnte man auch den Wilderer identifizieren, weshalb die Wildhüter immer dann, wenn sie ein zweifelhaftes Mann-Hund-Gespann im Wald sahen, darauf aus waren, sie beide zu ergreifen. Oft verschwand der Mann vor dem Hund und die Wildhüter versuchten dann, den Hund zu sich locken. Deshalb brachten die Wilderer ihren Hunden bei, wegzulaufen, wann immer man sie auf die übliche Art und Weise anzulocken versuchte, etwa durch »Komm her, guter Junge!«. Indem er neue, ungewohnte Wörter zum Rufen seines Hundes verwendete, hatte der Wilderer in diesem Spiel scheinbar immer einen kleinen Vorsprung. Ähnlichkeit damit hat auch das »Ansprechen« eines Hundes bei der Arbeit an Schafen. Wenn ein Schäfer mit mehreren Hunden arbeitet, muss er Hund A beibringen, dass jedes Signal, dem der Name von B vorangestellt ist, für A ein Kommando ist, sein derzeitiges Verhalten weiter auszuführen.

Beim Geben von Kommandos konsequent zu sein ist entscheidend, denn es ist die beste Methode, um seinen Hund nicht zu verwirren. Wenn Sie sich also erst einmal für ein bestimmtes Kommando zu einem bestimmten Verhalten entschieden haben, dann bleiben Sie auch dabei. Ein Kommando zu ändern ist in der Regel nur dann ratsam, wenn der Hund umtrainiert wurde, ein besseres oder anderes Verhalten zu zeigen. Ein üblicher Fehler ist, eine Reihe von Kommandos zu geben, die sich vom einen zum anderen Mal leicht oder radikal unterscheiden, weil das zuerst gegebene Kommando nicht funktioniert hat. Mit dieser Methode versuchen Menschen untereinander, sich verständlich zu machen, aber was für einen Menschen ein offensichtlicher Zusammenhang zwischen einem Kommando und einem anderen ist, muss es für den Hund noch längst nicht sein.

Der Schlüssel hierbei ist, sich absolut sicher zu sein, was Ihr Hund tut, wenn er ein bestimmtes Kommando hört. In meiner Tierarztpraxis sehe ich sehr oft Besitzer, die eine Reihe verschiedenartiger Kommandos für ein einziges Verhalten benutzen. Sie kommen zum Beispiel herein und möchten mir zeigen, dass ihr Hund sich auf den Boden setzen kann, weshalb sie eine ganze Serie von Kommandos geben – eins nach dem anderen und oft sogar noch ohne Pause, um zu sehen, wie der Hund reagiert:

Jasper, sitz!
Sitz, Jasper!
Jasper, setz dich hin!
Guter Junge, sitz!

All diese Laute klingen sehr unterschiedlich für den armen Jasper, der letzten Endes meistens am Halsband gezogen oder am Hinterteil heruntergedrückt wird (zwei weitere Kommandos, aber diesmal aus der »handgreiflichen« Schule der Trainingstechnik). Er lernt unvermeidlich, das bedeutungslose Geplapper seines Besitzers zu ignorieren. Die Konsequenz ist geradewegs den Bach hinuntergegangen.

Es ist leicht zu verstehen, warum Familien mit Kleinkindern es schwer haben, konsequente Kommandos zu geben und deshalb oft Mühe haben, ihre Hunde effektiv zu trainieren. Die verschiedenen Familienmitglieder neigen dazu, die Kommandos unterschiedlich zu geben – mit unterschiedlichen Betonungen, Zusätzen oder sogar ganz anderen Worten. Dazu kommt noch, dass für Hunde eigentlich immer etwas Fressbares in der Nähe ist, wenn Kleinkinder mit Keksen in den Händen umherkrabbeln. Manche Hunde lauern ihrer Beute auf wie Spinnen einer Fliege, andere lernen, das Futter »versehentlich« aus den kleinen Händen zu schlagen und saugen es auf, noch bevor es den Boden erreicht. Hunde lernen also schnell, dass Verbrechen, in diesem Fall das Ausrauben von Kindern nach Essbarem, sich wirklich lohnt.

Ein Kommando einführen

Eine Möglichkeit, ein Kommando zu etablieren, ist, es während des ganzen Trainings eines neuen Verhaltens für dieses zu benutzen. So liegt es zum Beispiel nah, dass Sie, wenn Sie Ihren Hund für ein zehnminütiges Bleib außerhalb Ihrer Sichtweite trainieren möchten, zunächst mit 30 Sekunden Bleib in Ihrer Sichtweite beginnen. Der Hund hört also das Kommando, bevor er erste Versuche zur Ausführung des gewünschten Verhaltens macht. Es gibt allerdings ein großes »Aber« bei dieser Methode, auch wenn sie auf den ersten Blick doch sehr konsequent zu sein scheint. Weil der Hund für gute Versuche belohnt wird, kann er lernen, das Kommando auch mit nicht so guten Versuchen zu verknüpfen. Es kann deshalb länger dauern, bis der Hund das Verhalten perfekt beherrscht, weil er zuerst die schlechteren Ausführungen wieder verlernen muss.

Ein weiteres Beispiel ist, einem Welpen das Sitz beizubringen. Wenn er auf das Kommando hin sein Hinterteil senkt und eher noch hockt als sitzt, wird er richtigerweise für seinen Versuch in die richtige Richtung belohnt – folglich bietet er künftig möglicherweise weiterhin ein solches »halbes Sitz« an, anstatt sich sofort richtig hinzusetzen, wenn er das Kommando hört. Ein früh im Training benutztes Signal kann den Hund also dazu trainieren, eine Belohnung auch für nur annähernd richtiges, unter dem Standard liegendes Verhalten zu erwarten. Er muss dann lernen, über einen Löschungsprozess (die schlechteren Ausführungen werden nicht mehr belohnt) härter für das Endziel zu arbeiten.

Wie wir bereits im Abschnitt über das Clickertraining gesehen haben (s.S. 140), besteht eine praktische Lösung für dieses mögliche Problem darin, zuerst ein neues Verhalten so lange zu trainieren, bis der Hund es immer perfekt zeigt und es *erst dann* unter Signalkontrolle zu stellen, indem man das ausgewählte Kommando hinzufügt. Ein Wortkommando kann offensichtlich zu jeder Zeit des Trainingsprozesses hinzugefügt werden, aber es gibt ein gutes Argument dafür, ein bestimmtes Kommando nur dann zu benutzen, wenn das Endverhalten angeboten wird. Damit können Sie einen klar unterscheidbaren Auslöser für das *perfekte* Verhalten einführen, anstatt Ihren Hund dazu zu trainieren, mit halbgaren Ausführungen auf das Kommando zu reagieren. Wenn das gewünschte Verhalten unter Signalkontrolle steht, löst das Kommando jedes Mal die perfekte Reaktion aus.

Hier ist ein Beispiel: Wenn ich einem Hund beibringen möchte, von mir wegzuschauen, könnte ich die Kopfdrehung nach rechts formen und vielleicht zum Locken meine Hand in diese Richtung bewegen. Sobald er bei jedem Locken eine kleine, aber erkennbare Kopfdrehung zu zeigen beginnt, halte ich die Belohnungen bei jedem Schritt so zurück, bis die Drehung deutlicher und schneller ausgeführt wird. Das ist der einfache Teil, denn der Hund führt spontan immer wieder das gleiche Verhalten aus, weil er sicher ist, dass ich ihn mit Belohnungen bezahlen werde. Sobald die Kopfdrehung schnell und deutlich erfolgt und ich der Meinung bin, dass sie meine Trainingskriterien erfüllt, füge ich das Kommando »Wegschauen!« hinzu und geben kein Handzeichen mehr. Dann belohne ich den Hund nur noch, wenn ich das Wegschauen-Kommando gegeben habe. Spontanes Kopfdrehen wird nun nicht mehr belohnt. Jetzt ist die Kopfdrehung unter Signalkontrolle und ich kann ihm, wenn er sabbernd vor einem Hausgast mit einem leckeren Stück Kuchen auf der Gabel sitzt, »Wegschauen!« sagen – und er wird zur Seite schauen, als ob er sich schämen würde.

Trainierte Hunde lernen nicht nur zwischen allgemeiner Unterhaltung und Kommandos zu unterscheiden, sondern auch zwischen einem Kommando und dem nächsten. Familienhunde zu isolieren, um sich das damit das Training zu erleichtern, wäre absurd, aber Profitrainer begrenzen oft die Zeit, die sie mit Arbeits- oder Sporthunden verbringen. Die Tiere von den Trainern zu isolieren, wenn gerade nichts von ihnen verlangt wird, kann wirksam die *Generalisierung* reduzieren (Tiere zeigen trainierte Verhalten auf Signale hin, die den im Training benutzten ähneln). So könnte es zum Beispiel passieren, dass ein in hohen Leistungsklassen startender Obedience-Hund aus einer Unterhaltung am Kaffeetisch zufällig das Wort »Platz« heraushört, vielleicht aus »Nehmen Sie doch diesen Platz hier« oder was auch immer. Wenn er sich daraufhin perfekt hinlegt, aber nicht dafür belohnt wird, könnte er vielleicht aufhören, das trainierte Verhalten zu zeigen. Hütehunde, die den größten Teil des Tages angekettet oder in Zwingern verbringen, sind sehr erpicht aufs Arbeiten, wenn sie aus der Gefangenschaft befreit werden. Sie können sich sicher sein, dass die Signale für sie gedacht sind.

In den höheren Obedience-Klassen führt Stimmeinsatz in den Lektionen zur Distanzkontrolle zu Punktabzug, weshalb die Trainer Handsignale benutzen, die zuvor im Training des Hundes mit gesprochenen Kommandos gekoppelt waren. Sichtzeichen werden oft von Beginn an im Training benutzt. Ein typisches Beispiel ist das Trainieren des »Sitz« auf erhobene Hand hin. Es hat etwas für sich, denn es funktioniert dann noch, wenn der Hund an einem windigen Tag weiter weg ist oder wenn er im Alter taub wird. Sicht- und Hörzeichen im frühen Formungsprozess für ein Verhalten zu verwenden birgt aber auch das Risiko der *Überschattung*. Ein Kommando für ein Verhalten macht das Training sowohl für Sie als auch für Ihren Hund leichter.

Eine Verhaltenskette formen

Indem man verschiedene trainierte Verhalten miteinander verbindet oder »verkettet«, kann der Hund lernen, eine längere Abfolge von Verhalten zu zeigen. Zwischen der ersten Reaktion und der auf das letzte Element folgenden Belohnung kann dann etwas Zeit liegen. Ein Trick, den einer meiner eigenen Hunde zeigt, ist ein gutes Beispiel für Verkettung: Wally wartet, während ich Geldmünzen herumwerfe, läuft dann zu jeder von ihnen hin, sammelt sie im Maul, lässt sie in einen Eimer fallen und läuft zurück, um weitere Münzen aufzusammeln, die er beim ersten Mal nicht ins Maul bekommen hat. Erst dann fasst er den Eimer am Henkel und bringt ihn zu mir. Jede dieser Aufgaben wurde einzeln trainiert, bevor alles zusammengefügt wurde.

Das Wichtigste bei jeder Verkettung von Verhaltensweisen ist, mit dem letzten Schritt zu beginnen und die Kette von hinten aufzubauen. Wenn man beispielsweise ein Tier dazu trainieren möchte, ein kompliziertes Labyrinth zu durchlaufen, besteht der Trick darin, mit der letzten Kreuzung vor dem Ziel zu beginnen. Zu Kriegszeiten wurden Meldehunde des

Militärs über langsam gesteigerte Entfernungen dazu trainiert, zu ihren Führern zurückzulaufen. Die Belohnung, ein Stück Leber aus der Hand des Trainers in der Basisstation, war immer die gleiche, aber in jeder Trainingssitzung war der erste Teil der Mission eine neue und aufregende Herausforderung. Sobald die Hunde sich dann auf dem vertrauten Teil des Nachhausewegs befanden, war der Rest ein Kinderspiel.

Aufhören, wenn es am Schönsten ist

Zu wissen, wann es genug für dieses Mal ist, ist eine der wichtigsten Fähigkeiten im Hundetraining. In Büchern zum Hundetraining wird immer wieder betont, wie wichtig es ist, eine Trainingslektion mit einem guten Abschluss zu beenden – aber warum? Stellen Sie sich Gevatter Wolf vor, wie er sein Bestes gibt, um ein Kaninchen zu fangen. Wenn er eine neue, verbesserte, extra-clevere Strategie ausprobiert hätte, diese ihn aber nicht zu seinem nach Kaninchen schmeckenden Jackpot geführt hätte, würde er kein zweites Mal Mühe darauf verschwenden. Auch Sie möchten nicht die Brillanz in der Leistung Ihres Hundes verlieren, indem Sie diese nicht belohnen oder herumnörgeln, warum sie noch nicht gut genug war. Hören Sie immer frühzeitig auf, bevor der Hund müde wird und sein Enthusiasmus schwindet. Wenn Sie über diesen Punkt hinaus weitermachen, kann es Ihnen passieren, dass Sie den Hund am Ende der Trainingsstunde für eine schwache Leistung belohnen müssen. Daraus könnte er dann lernen, dass er sich die früher in der Stunde gezeigten besseren Leistungen auch hätte sparen können.

Filetstückchen

- Achten Sie darauf, dass Sie die trainierten Verhalten Ihres Hundes nicht mit unabsichtlichen, Verwirrung schaffenden Signalen »überschatten«.

- Wenn ein Verhalten, das zuvor immer belohnt wurde, gelöscht werden soll, kann es sich zunächst verschlimmern, bevor es besser wird.

- Beim Training über das Auslassen von Belohnungen werden unerwünschte Verhaltensweisen eliminiert, indem man alle anderen Verhalten belohnt, die der Hund in der Situation zeigt, in der das unerwünschte Verhalten sonst am stärksten auftreten würde.

- Hunde, die gelegentlich fürs Betteln belohnt werden, geben dieses Verhalten langsamer auf als Hunde, die immer fürs Betteln belohnt wurden.

- Gute Coaches variieren die Situationen, in denen sie trainieren.

- Sobald ein Verhalten sofort nach dem Reiz und nie nach irgendeinem anderen Reiz gezeigt wird, steht es unter Signalkontrolle.

- Klarheit der Signale ist einer der wichtigsten Aspekte guten Coachings.

- Trainieren Sie ein Verhalten für ein Signal.

- Beginnen Sie beim Trainieren von Verhaltensketten immer mit dem letzten Schritt und bauen die Kette dann rückwärts auf.

Einen Spürhund so nah wie möglich an der Stelle zu belohnen, an der er korrekt auf den Zielgeruch reagiert hat, hilft bei der Festigung klassischer Verknüpfungen zwischen dem Reiz (in diesem Fall dem Geruch) und der Belohnung.

Kapitel 13

Lernen ist im Grunde eine Form der Problemlösung; es ist das, was stattfindet, wenn ein Hund einen Weg finden muss, weiter in seine Komfortzone zu kommen. Wenn Belohnungen angeboten werden, haben die Probleme mit »Wie bekomme ich, was ich möchte?« und »Wie bekomme ich es so schnell wie möglich?« zu tun. Wenn Druck ausgeübt wird (z.B. über die Leine auf das Halsband) haben sie mit »Wie werde ich diesen Druck los?« oder »Wie kann ich das hier so schnell wie möglich beenden?« zu tun. Die Schule des Lebens lehrt Problemlösung mit einer immer kleiner werdenden Fehlerrate.

Soziale Fähigkeiten

Mit Veränderungen im sozialen Netzwerk umgehen zu lernen ist Teil des Lebens für jede gesellige Spezies. Gevatter Wolf musste sich an gesellschaftliche Fluktuation gewöhnen, da immer wieder gelegentlich Fremde den Weg in sein Rudel fanden, alte Rudelmitglieder starben, neue Alphamännchen und -weibchen die Rangleiter erklommen und Welpen aus den Geburtshöhlen hervorkrabbelten. Lebenslanges Lernen ist in der Welt des Familienhundes ebenso wichtig wie in der modernen Geschäftswelt des Menschen. Der Grundstein für die sozialen Fähigkeiten eines Hundes wird zwar in seinen ersten Lebenswochen gelegt, aber im besten Fall werden sie ein Leben lang weiter verfeinert. Beim Lernen geht es um Anpassung, und Hunde als ausgesprochene Opportunisten sind extrem anpassungsfähig. Sie müssen es auch sein, denn sie können sich Stillstand nicht leisten. Stellen Sie sich einmal Struppi Streuner vor, wie er ein und dieselbe Dorfstraße Tag für Tag nach Müll absucht. Wenn er seine Routine nicht einmal ändern würde, würde er vermutlich verhungern, denn er würde bestimmte Ressourcen aufbrauchen und niemals neue finden.

Das Wertesystem eines Hundes ändert sich mit den Umständen, aber auch mit der Zeit. Für einen Welpen kann Spielen die wichtigste Ressource im Leben sein, aber geben Sie ihm nur ein Jahr, bis seine Hoden voll entwickelt sind und Sie werden möglicherweise herausfinden, dass Sex jetzt für ihn wichtiger geworden ist. Die Bedürfnisse eines Hundes ändern sich mit dem Erwachsenwerden, deshalb ist Anpassungsfähigkeit beim Übergang von der Jugend zum Erwachsenwerden so entscheidend. Auch beim Altwerden muss ein Hund sich mit der Verringerung seines sozialen Status abfinden. Kämpfen wird zu schwierig, sogar das Timing kann seine Schärfe verlieren – ein Hochziehen der Lefzen kann vollkommen wirkungslos sein, wenn das Timing falsch ist. Oft ist nachgeben und sich untergeben dann der bessere Lösungsweg. Hunden, die passive Anführer waren, fällt dieser Übergang leichter als Hunden, die ständig kämpfen mussten, um ihren hohen Rang aufrecht zu erhalten. Damit können sie Menschen, die gerne gute Gruppenführer und Coaches sein möchten, eine echte Inspiration sein. Ihr würdevoller Gang durchs Leben liefert uns Anlass für Betrachtungen, wie man sich Hunden gegenüber verhalten sollte. Vielen von uns ist eine solche Haltung aber alles andere als angeboren. Wenn unsere natürliche Reaktion in Reagieren, Verteidigen und Erwiderung besteht, sollten wir es vielleicht einmal mit Entspannen, Nachgeben und Nachdenken versuchen.

Welpengruppen

Welpen sollten unbedingt Zeit haben, Welpen zu sein. Sie brauchen eine Weile, um die Verhalten zu entwickeln, die wir von ihnen als erwachsene Hunde erwarten. Die tröstliche Gegenwart anderer Welpen ist wichtig, weshalb Bau oder Höhle nicht nur als Zufluchtsort betrachtet werden, an dem man höchstwahrscheinlich Nahrung findet, sondern auch als ein Ort, wo die anderen Welpen sind. Exkursionen außerhalb des Baus sind eine frühe Form der Zerstreuung, aber Studien, die an unter halbwilden Bedingungen aufgezogenen Welpen durchgeführt wurden, haben ergeben, dass solche Ausflüge bis zur etwa zwölften Lebenswoche kaum stattfinden. Welpen spielen in der Regel gut miteinander, entdecken die Begrüßungsstrategien anderer Hunde und in der Folge ihre eigenen sozialen Stärken. Allerdings scheinen auch einige stürmische Ausbrüche auszureichen, um das Selbstbewusstsein eines Welpen bis zur Rüpelhaftigkeit aufzublähen. Erlernte Rüpelhaftigkeit im Spiel ist leider einer der unglücklichen Nebeneffekte unbedacht durchgeführter und nicht mehr zeitgemäßer Welpenspielgruppen. Wenn wir uns darin einig sind, dass strukturiertes Vergnügen das beste Training ist, sind die besten Welpengruppen diejenigen, die den Schwerpunkt eher auf Struktur legen als auf möglichst großes Vergnügen. Man weiß heute, dass Spiel, wenn es eher die Form von Ringkämpfen annimmt, nichts Gutes für Welpen bedeutet, denen es an Erfahrung, Körpermasse oder Willen mangelt, um jemals als Sieger daraus hervorzugehen. Zum Glück sind die Tage mehr oder weniger gezählt, als Welpen einfach haufenweise und sich selbst überlassen in große Gruppen gesteckt wurden.

Es gibt wissenschaftliche Gründe dafür, warum bestimmte Verhalten in bestimmten Lebensabschnitten des Hundes trainiert werden sollten. Für die Organisatoren von Welpenspielstunden sollte der Vertrauensaufbau Priorität haben. Parallel sollten die Welpenbesitzer darüber aufgeklärt werden, wie wichtig Konsequenz und gutes Timing sind. Weil junge Hunde oft aufeinander losstürzen, müssen die Besitzer dazu erzogen werden, Verantwortung für die Handlungen ihres Hundes zu übernehmen und angemessen zu reagieren, wenn ihr Hund seinen Klassenkameraden Stress verursacht. Welpenspielgruppen bieten zweifellos eine einmalige Gelegenheit, den Besitzern etwas über Hundehaltung und Hundegesundheit beizubringen. Ihr Wert in der Früherziehung der Welpen wird aber von denjenigen infrage gestellt, die der Meinung sind, dass Welpen komplexe Verhalten eher dann lernen, wenn sie sich entweder in Isolation oder in Gegenwart eines älteren, trainierten Hundes befinden. Anders betrachtet kann es aber auch schon Rechtfertigung genug für den Besuch einer Welpengruppe sein, dass man dort mit dem Welpen trainieren kann, dem Besitzer auch in Gegenwart von Altersgenossen Aufmerksamkeit zu schenken.

Allein zu zweit

Das Zusammensein von Angesicht zu Angesicht, nur Sie und Ihr Welpe, ermöglicht Ihnen das Üben von Lektionen mit Konsequenz und daher auch dem größten Effekt, auch wenn das für Ihren Welpen kein so großer Spaß zu sein scheint wie unbegrenztes Spiel mit verschiedenen Spielpartnern. Die Vergnügungskapazität von Welpen – zwischen tiefen Erholungsschläfchen – ist aber phänomenal und kann nur selten von einem einzigen erwachsenen Hund befriedigt werden, egal wie verspielt oder tolerant dieser auch sein mag. Hunden ist angeboren, von Spielgefährten umgeben zu sein. Erwachsene Hunde und Jungtiere wechseln sich häufig darin ab, mit den Welpen zu spielen, denn keiner von ihnen hat alleine dazu ausreichend Energie. Das ist auch sinnvoll, denn Welpen lernen die Kunst des Spielens, die sie auf ein Leben als gute Mitglieder der Gesellschaft vorbereitet, besser dann, wenn sie jeweils nur einen Tutor gleichzeitig haben. Dabei ist es für die Schüler immer besser, verschiedene »Hundeväter« und »Hundemütter« zu haben (von echten oder Ersatzgeschwistern einmal abgesehen), als nur ein Rollenvorbild zu besitzen. Mit verschiedenen Spielpartnern ergeben sich auch verschiedene Spiele, und damit wird auch eine größere Vielfalt von Strategien entstehen, wenn ein Hund verschiedene Tutoren hat.

Verschiedene Spielgefährten

Das Spielen mit Hunden verschiedener Altersgruppen ist außerdem besser als ausschließliches Spiel mit Gleichaltrigen, weil der Welpe dann verschiedene Fähigkeiten perfektionieren kann. Ein Zerrspiel zum Beispiel kann leichter mit einem willigen Junghund gespielt werden als mit einem seriösen Erwachsenen, der bellt, sobald der Welpe sich dem Gegenstand des Interesses nähert. Bewegungsgeschick und Sicherheit können dagegen vielleicht besser von einem älteren Gruppenmitglied gelernt werden als von einem tollpatschigen, naiven Jungtier.

Klar ist, dass Hunde ziemlich konstant neuen Hundegesichtern begegnen müssen, um ihre sozialen Fähigkeiten zu erhalten. Wenn sie zu lange an einem Ort bleiben, werden sie leicht territorial. Dieser Ort kann jeder Bereich sein, der nützliche Ressourcen enthält, also zum Beispiel der Hof, der Garten oder auch die Hundewiese. Bei der Behandlung von Hund-zu-Hund-Aggression raten viele Verhaltenstherapeuten dazu, mit dem Hund an vielen verschiedenen Orten spazieren zu gehen, damit er nicht an einem bestimmten Ort zu territorial wird. Die Strategie besteht darin, Verknüpfungen mit einem einzigen Ort zu vermeiden, weil dieser sonst als Territorium betrachtet werden könnte, das es zu verteidigen gilt. So wird der Hund umgänglicher anderen Hunden gegenüber, denn er fühlt sich nun eher als Gast in einem bestimmten Bereich und nicht mehr wie der Grundbesitzer.

Formales Training

Formales Training kann harte Arbeit sein, das Zeit und geistige Energie verbraucht. Um es bestmöglich auszunutzen, müssen Sie sich über Ihre Ziele im Klaren sein. Sie können sie in jeder Trainingseinheit auf kleine, gut erreichbare Unter-Aufgaben herunterbrechen. Diese Unter-Aufgaben sind anders gesagt Kriterien, die Ihr Hund erfüllen soll (siehe Kapitel 10 zum Formen von Verhalten und Trainingskriterien).

Die in Trainingsstunden gemachten Fehler mögen frustrierend sein, aber die in der Öffentlichkeit gemachten können verheerend sein. Ich erinnere mich an die Zeit zurück, als ich noch ein Schuljunge war und mein Hund und ich an einem Agilityturnier teilnahmen. Mein geliebter Blue Merle Collie Ben blieb vor der Wippe stehen, um sein Bein an der Trainingshose des Platzassistenten zu heben. Ich hätte sterben können. Für viele Hundebesitzer ist der Gruppenzwang das Schlimmste an Wettkämpfen und der Grund dafür, warum sie an keinen mehr teilnehmen. Hundesportclubs bringen aber auch Besitzer auf Trab, die ansonsten zuhause geblieben wären und ihre Hunde in der Isolation trainiert hätten. Es ist die Anwesenheit anderer Hunde während des Trainings, die hier entscheidend ist. Wenn alle Hunde unter Kontrolle sind, kann jeder von ihnen lernen, dass grobes Herumtollen im Moment nicht angesagt ist. Dies hilft sowohl Hund als auch Besitzer, sich zu konzentrieren. Die Besitzer können sich darauf konzentrieren, neue Verhalten zu formen und schon etablierte zu verfeinern, während die Hunde sich sicher sein können, dass alle eingehenden Signale auch für sie gedacht sind.

Ihren Hund *in der Gesellschaft anderer Hunde zu trainieren, die sich unter Kontrolle befinden,* ist der wertvollste Aspekt von Hundeschulen. Auf einer öffentlichen Hundewiese können Sie zwar nicht das Gleiche erwarten, aber Sie sollten immer noch in der Lage sein, die Verhalten, die Sie möchten, zu formen und zu belohnen. Es gibt heutzutage in »Hundeland« so viele Clickertrainer, dass ein einziger Click Ihrerseits einen ganzen Pulk erwartungsvoller Leckerchensammler anlocken kann – was wiederum die Aufmerksamkeit Ihres eigenen Hundes schärfen kann.

Zu üben, was Sie in der Hundeschule gelernt haben, ist dann der nächste entscheidende Schritt. Und sich selbst treu zu bleiben ist eine weitere entscheidende Zutat für ein erfolgreiches Rezept. Machen Sie sich nicht vor, dass der ganze Feinschliff automatisch am Tag des Wettkampfs kommen wird. Sich selbst auf Video aufzunehmen ist eine gute Methode, um jede Selbsttäuschung zu vermeiden. Ihre Übungsstunden sollten beständige Verbesserungen erbringen. Tun sie das nicht, müssen Sie die Gründe für den Stillstand oder den Leistungsabfall erforschen. Eine gewisse Stumpfheit bei Obediencehunden spiegelt in der Regel mangelnden Enthusiasmus auf Seiten des Besitzers wider – oder dessen unangemessene Fokussierung auf die Bestrafung kleinerer Details, die dem Hund den Spaß am Mitmachen verderben. Wichtig zu wissen ist, bei welchen Elementen des Trainings man die Schuld für Misslingen suchen soll: Beim Hund (fast nie), in den Umständen (selten) oder bei einem selbst (fast immer).

Besonders zu Beginn des Trainings ist es wichtig, den Spaß zu erhalten. Trainieren Sie den Hund nicht zum Kommen und Vorsitzen, sondern einfach darauf, zu Ihnen zu kommen und etwas Großartiges zu erwarten – wie zum Beispiel einen Ball, dem er nachjagen darf. Auch hier bringt es viel bessere Ergebnisse, wenn Sie zu einem Mitabenteurer auf Entdeckungsreisen werden anstatt ein formaler Trainer zu sein.

Lernen mit Anderen

Mit ihren Bemühungen, Kindern und Tieren etwas beizubringen, sind Menschen eher ungewöhnlich. Man hat ihnen auch schon den Spitznamen *Homo docens*, der lehrende Affe, gegeben, und vielleicht sind wir die einzige Spezies, in der Individuen bereitwillig andere instruieren. Aber Menschen sind nicht die einzige Spezies, die durch Beobachtung lernt. Tiere mancher Spezies lernen eine Menge voneinander durch einen Prozess, der als »soziales Lernen« bekannt ist und der die hohen Kosten umgeht, die das Lernen durch Versuch und Irrtum beinhaltet. Angst zum Beispiel kann sehr ansteckend sein. Affen können allein dadurch Angst vor Schlangen entwickeln, dass sie eine Filmaufnahme von einem anderen Affen sehen, der ängstlich auf eine Schlange reagiert. Vögel, die sehen, wie Artgenossen ängstlich auf ein neues Objekt reagieren, werden lernen, dieses Objekt zu mobben, auch wenn es sie gar nicht selbst bedroht hat.

Erlernte Nahrungsselektion ist ein gutes Beispiel für soziales Lernen. In den 1930er Jahren begann man in Großbritannien, Milch in Flaschen mit glänzender Alufolie als Verschluss an die Haustüren auszuliefern. Ein kleiner Vogel, die Blaumeise, lernte schnell, diese Folie zu durchpicken, um an die Milch zu kommen. Sobald ein paar Blaumeisen diesen Trick unabhängig voneinander gelernt hatten, verbreitete sich diese Praxis über einen als »soziale Transmission« genannten Prozess schnell auf die fast gesamte Blaumeisenpopulation Englands. Es ist allerdings unklar, ob dies ein Fall von sozialem Lernen war und die Blaumeisen durch Abschauen von anderen Blaumeisen lernten. Eine alternative Möglichkeit wäre, dass das Lernen weniger direkt stattfand, sondern als Ergebnis davon, dass ein Individuum eine Gelegenheit schuf, die den Nächsten das Lernen leichter machte – indem zum Beispiel manche Vögel durch die Löcher, die andere in den Verschluss gepickt hatten, leichter an die Milch kamen.

Junge Welpen lernen, dass bestimmte Gerüche für ihre Mutter wichtig sind – eine Entdeckung, die man sich heute zunutze macht, um das Training von Spürhunden zu beschleunigen. In einem von der südafrikanischen Polizei entwickelten System werden trainierte Hündinnen in Gegenwart ihrer Welpen dem Zielgeruch ausgesetzt. Sie reagieren mit aufmerksamem Hinsetzen als Anzeige für den Geruch, was die Bedeutung dieses Geruchs auch für die Welpen erhöht, wenn sie später ins Training gehen. Ähnliche Studien haben gezeigt, dass noch unwissende Hunde Futterpräferenzen dadurch entwickeln können, dass sie andere Hunde beriechen. Und kürzlich haben Tierheimangestellte, die den Nutzen von zumindest etwas Gehorsamkeitstraining bei ihren Schützlingen erkannt hatten, festgestellt, dass es leichter war, den Insassen »Sitz« beizubringen, wenn schon trainierte Hunde anwesend waren, die es vormachen konnten. Es gibt außerdem Hinweise darauf, dass allein untergebrachte Hunde kognitiv behindert sind, obwohl dies auch, wie wir in Kapitel 3 gesehen haben, einfach einen generellen Mangel an Optimismus widerspiegeln könnte, der bei einer eintönigen Umgebung auftritt.

In Fällen, in denen auf soziale Art und Weise keine Information weitergegeben wurde, basiert Lernen auf Erfahrungen aus erster Hand. Wenn Sie von einem Hund das Lernen eines Verhaltens nur aufgrund dessen erwarten, dass er Artgenossen, geschweige denn Menschen, bei seiner Ausführung zuschaut, werden Sie fast immer enttäuscht sein. Wenn in einer Jagdhundemeute neue Foxhounds mit älteren Mitgliedern der Meute zu einer aus zwei Hunden bestehenden »Koppel« verbunden werden, lernen sie weniger durch Beobachtung als vielmehr durch die Vermeidung von Unangenehmem. Das Kommando, auf das der ältere Hund reagiert, äußert sich für den jungen Hund als Ziehen am Hals, das er nur vermeiden kann, wenn er ebenfalls in die richtige Richtung läuft. Irgendwann funktioniert das Kommando direkt und führt sofort das gewünschte Verhalten herbei, sodass der alte Hund, der jetzt seinen Job erledigt hat, von den Fesseln befreit werden kann, die ihn mit seinem jüngeren Studenten verbinden – ein Ergebnis, das vermutlich für beide Hunde große Erleichterung bedeutet.

Lernen durch Nachahmung

Wichtig ist, soziales Lernen nicht mit dem weniger komplexen Phänomen des Gruppeneinflusses zu verwechseln. Dies ist die Wirkung, die ein Tier einfach dadurch auf Artgenossen haben kann, indem es mit einer Ressource interagiert – zum Beispiel, wenn der Anblick auf dem Boden nach Körner pickenden Hühnern ein Huhn dazu bringt, das Gleiche zu tun, auch wenn es vielleicht gar nicht besonders hungrig ist. Gruppeneinfluss ist, wenn ein Hund einen Artgenossen bei der Ausführung eines bestimmten Verhaltens beobachtet und dieses dann kopiert. Dadurch erklärt sich auch die Neigung, bei Aktivitäten mitzumachen (z.B. Fressen, Spielen, Bellen).

Eins der bekanntesten Beispiele aus der Hundewelt für Gruppeneinfluss ist das Fressen von Gras, das sich, besonders auf Spaziergängen, oft wie ein Buschfeuer unter Hunden auszubreiten scheint. Ein Hund (der Tutor) bleibt stehen, schnüffelt (natürlich) und beginnt dann, Grashalme abzubeißen und zu fressen. Der nächste Hund (der Beobachter) holt auf und beginnt, fast ganz ohne Schnüffeln, ebenfalls mit gierigem Grasfressen und die zwei scheinen regelrecht um die besten Gräser zu konkurrieren. Aber wodurch ist das begehrenswerteste Gras definiert? Diese Frage führt zum Kern eines der heißesten Diskussionsthemen unter Hundebesitzern: Warum fressen Hunde überhaupt Gras? Die meisten von uns sehen einen Zusammenhang zwischen Grasen und nachfolgendem Erbrechen (oft mit irgendetwas Unverdaulichem wie zum Beispiel ein Stück Frisbeescheibe in dem Erbrochenen) und nehmen deshalb an, dass Hunde Gras als Brechmittel benutzen. Es gibt aber auch jede Menge alternative Theorien für das Grasfressen: Um an das im Chlorophyll enthaltene

Magnesium zu kommen, um mehr Rohfaser mit der Nahrung aufzunehmen oder um Würmer von den Darmwänden loszulösen.

Gedankenfutter

Eine gute Freundin von mir, Samie Bjone, hat kürzlich ihre Doktorarbeit über das Grasfressen bei Hunden fertiggestellt. Auf den ersten Blick scheint das ein ziemlich obskures Thema zu sein, aber wenn man bedenkt, dass fast alle Hunde Gras fressen und noch keine Versuche dazu durchgeführt wurden, wird der Verdienst ihrer Bemühungen klar. Unter vielen anderen Dingen untersuchte sie auch den Einfluss von Verdauungsstörungen auf das Grasfressen, um herauszufinden, ob es sich um eine Art der Selbstmedikamentation handelt. Samies Versuche zeigten, dass Hunde kein Gras fressen, um einen natürlich vorkommenden Wurm oder eine künstlich herbeigeführte leichte Verdauungsstörung zu entfernen. Sie beobachtete den Gruppeneinfluss beim Grasfressen unter Welpen, die das Verhalten von ihren Müttern übernahmen. Außerdem befragte sie Besitzer nach den Merkmalen grasfressender Hunde, um damit vielleicht die sogenannten Risikofaktoren für das Grasfressen herausfinden zu können. Anders gesagt: Indem sie herausarbeitete, welche Tiere mit größter Wahrscheinlichkeit Gras fressen würden, hoffte sie identifizieren zu können, was sie zu diesem Tun motiviert. Alle Hunde in ihrer Studie waren in einem hervorragenden Gesundheitszustand, und alle fraßen bereitwillig Gras. Also folgerte sie, das Grasfressen sowohl normal als auch weit verbreitet ist und weder ein Problemverhalten noch ein Anzeichen für eine Erkrankung darstellt. Das richtige Gras ist in der Tat einfach nur ein gelegentlicher Snack. Hunde beeinflussen sich gegenseitig darin, sich am »richtigen« Gras zu bedienen.

Menschen nachahmen

Im Gegensatz zu anderen Spezies scheinen Hunde uns manchmal als Mitglieder ihrer sozialen Gruppe zu betrachten und achten darauf, wo andere Hunde und andere Menschen hinschauen (man nennt dies »social referencing«). Interessant ist, zu spekulieren, welche menschlichen Verhalten bei hündischen Beobachtern Versuche zur Nachahmung auslösen. Viele Hundebesitzer sind der Meinung, dass Umgraben oder Hacken im Garten etwas ist, das besonders auf junge zuschauende Hunde sehr ansteckend wirken kann – was auch nicht weiter verwundert. Hunde lieben es, zu buddeln und sie sind soziale Wesen, warum sollten sie also nicht in der Gruppe buddeln wollen? In Wahrheit mögen die Handlungen sich zwar ähneln, aber die Absichten sind sehr unterschiedlich. Man kann von Hunden nicht erwarten, dass sie das Prinzip des Setzens von Pflanzen in den Garten verstehen, wo doch das Ausgraben von Knochen viel ansprechender wäre.

Trinken ist unter Hunden ein weiteres ansteckendes Verhalten, höchstwahrscheinlich deshalb, weil für frei umherstreunende Hunde Wasser nicht unbedingt immer verfügbar ist und man ausnutzen muss, wenn welches gefunden wurde. Wenn ein Hund zu trinken beginnt, folgen die anderen oft nach, aber Menschen trinken so anders als Hunde, dass unser Verhalten nicht so leicht nachgeahmt wird. Hunde sehen, dass wir Gefäße an unseren Mund halten, können sich aber nicht sicher sein, ob wir trinken, weil wir dies ohne das charakteristische Schlabbergeräusch tun, das sie mit Durstlöschen in Verbindung bringen könnten. Essen ist dagegen unter Menschen ansteckend, und vermutlich auch unter Hunden. Betteln am Tisch ist einfach eine hündische Reaktion darauf, das Rudel essen zu sehen (und wird schnell verstärkt, wenn tatsächlich Leckereien neben oder unter dem Tisch auftauchen).

Hunde sind außerordentlich gute Studenten des menschlichen Verhaltens und in der Lage, sozial von Menschen zu lernen. Sie können sogar ohne äußerliche Belohnung oder soziales Feedback eine neue Gewohnheit annehmen. So können sie zum Beispiel lernen, eine effiziente Umgehung zu nehmen, wenn sie Menschen dabei zusehen. Man hat nachgewiesen, dass sie neue Wege zum Umgang mit Gegenständen (wie zum Beispiel einen Riegel mit der Pfote anstelle des Mauls zu bedienen) dadurch lernen können, dass sie es ihnen vormachenden Menschen zuschauen und ihr eigenes Verhalten den menschlichen Handlungssequenzen anpassen. Die individuellen Leistungen von Hunden in sogenannten »Mach nach, was ich mache – Aufgaben« sind mit denen großer Menschenaffen vergleichbar. Diese Ergebnisse zeigen, dass manche menschlichen Verhaltensweisen für Hunde Modelle sein können, von denen sie lernen können. Leider sind unsere Fähigkeiten zum Trainieren von Hunden über Gruppeneinfluss aber beschränkt. Dies ist auch der Punkt, wo es uns am meisten an der Fähigkeit fehlt, als Anführer von Hunden handeln zu können. Wenn wir einmal davon ausgehen, dass wir gut darin sind, die Aufmerksamkeit unseres Hundes zu gewinnen (siehe Kapitel 7), können wir ihn durch Gehen zum Gehen ermuntern, durch Rennen zum Rennen und durch Hinlegen zum Hinlegen. Aber wir veralbern uns selbst, wenn wir glauben, dass zehnminütiges Stillsitzen unsererseits dem Hund ein längeres Platz-Bleib beibringen würde. Wenn wir die Interaktion mit einem Ball anfachen, indem wir selbst damit spielen, messen wir primär damit dem Ball größeren Besitzwert zu – eine Form der Reizverstärkung (siehe Kapitel 10 über Lerngelegenheiten). Ein ähnliches spezies-übergreifendes Beispiel kann ich an einem meiner eigenen Hunde liefern: Wally schaute einmal zu, wie ich mit Hector, einem meiner Pferde, Targettraining machte. Der Target war in diesem Fall ein Stück weißes Klebeband am Ende eines ein Meter langen Plastikstabes. Immer bereit, sich für alle verfügbaren Ressourcen vorzudrängeln und ohne jegliche vorherige Erfahrung mit diesem Apparat berührte Wally es wiederholt mit der Nase, genau wie er es zuvor bei Hector gesehen hatte. Die Relevanz des Targets kam dadurch zustande, was Hector damit machte. Und ja, ich belohnte Wally für seinen Erfindungsreichtum!

Wissen Hunde, was andere Hunde denken?

Wenn Gruppeneinfluss denjenigen Tieren Vorteile bringt, die Beispielen folgen, könnten manche Anführer vielleicht einen Vorteil darin sehen, das Teilen von Ressourcen *zu vermeiden*, in anderen Worten Gruppeneinfluss dazu zu nutzen, Beobachter in die Irre zu führen. Täuschung bei Hunden setzt voraus, dass ein Hund herausfinden kann, was ein anderer Hund denken könnte. Sie müssten eine in der Psychologie so bezeichnete *Theory of Mind*, eine Vorstellung vom Bewusstsein anderer, haben, die bestimmten Individuen Wissen zuerkennt und es deshalb lohnenswert macht, sie zu beobachten.

Um zu testen, ob ein Tier eine solche *Theory of Mind* besitzt, müssen wir einen Versuch aufbauen, in dem ein Hund Zeuge von Ereignissen wird, die von manchen Hunden mitbeobachtet werden und von anderen nicht. Das Prinzip ist, dass diejenigen Hunde, die den Ereignissen zugesehen haben, sich anders verhalten werden als diejenigen, die nicht zugesehen haben. Im Grunde werden Hunde, die dem Verlauf der Ereignisse zusehen, informierte Hunde als Informationsquelle nutzen. Meistens haben diese Studien und die in ihnen ausgetauschten Informationen mit Futter zu tun. Der Testhund, an dem man untersuchen möchte, ob er eine *Theory of Mind* hat, kann lernen, dass ein Mensch wiederholt im vollen Blickfeld eines (informierten) Hundes und im ganz oder teilweise verdeckten Blickfeld eines anderen Hundes (des Kontrollhundes) Futter versteckt. Wenn der Testhund ein Bild vom Bewusstsein der anderen hat, wird er das Verhalten des informierten Hundes dazu nutzen, seine später stattfindende eigene Futtersuche im Versuchsgebiet zu verbessern. Bis jetzt konnten Tests diese Fähigkeit bei Hunden noch nicht nachweisen, während sie bei Schweinen vorhanden zu sein scheint.

Gedankenfutter

Sowohl Einsicht als auch Täuschung sind für eine neu entstehende Gruppe von Wissenschaftlern, die sich oft als »kognitive Ethologen« bezeichnen, von enormem Interesse. Diese Forscher suchen nach Beweisen für höhere mentale Prozesse bei Tieren. Sie studieren zum Beispiel, wie Beobachtung das Verhalten von Beobachtern beeinflusst und untersuchen die Beziehungen zwischen den Vormachern und Beobachtern. Hühner zum Beispiel können in ihrer Futterwahl beeinflusst werden, wenn sie beobachten, wie ein Anführer seine Futterwahl trifft. Von einem anderen Mitglied ihrer normalen Peergroup lassen sie sich jedoch nicht beeinflussen. Die Auswahl der »Demonstrationshunde« bei ähnlichen Versuchen mit Hunden könnte sich also als faszinierend herausstellen.

Einsicht ist, wenn Probleme ohne Versuch und Irrtum gelöst werden, während echte Täuschung davon abhängt, ob der Täuscher eine gewisse Vorstellung vom Denken seines Opfers hat. Kann ein Hund also einen anderen täuschen, indem er eine Wahl trifft, die ihm einen Vorteil verschafft? Ein Beispiel ist, wenn der Zugang zu Futter für einen Hund durch einen anderen Hund schwieriger gemacht wird. Der erste Hund rennt bellend zur Haustür und der zweite läuft ihm nach, wobei er das Futter unbeobachtet zurücklässt. Der erste Hund rennt nun schnellstmöglich zum Futter zurück. Viele Hundebesitzer berichten amüsiert und mit gewissem Stolz über diese Beobachtung. Die offensichtlich angewandte List ist beeindruckend, aber dieses Verhalten hätte natürlich auch zufällig gelernt werden können, oder korrekter ausgedrückt durch Versuch und Irrtum. Wenn es aber spontan ohne jede Formung aufgetreten ist, ist es ein guter Hinweis darauf, dass Hunde eine Einsicht besitzen. Das Problem ist, dass solche anekdotischen Berichte immer nur schwierig zu überprüfen sind. Aber auch wenn es schwierig ist, überzeugende Beweise für das Vorhandensein einer *Theory of Mind* beim Hund zu finden, so ist dies auf jeden Fall ein nobles Unterfangen. Und wenn ein Hund wüsste, was ein anderer Hund denkt, könnte er auch ein Bewusstsein für dessen Gefühle haben – und dies ist der entscheidende Schritt für das Vorhanden dessen, was Menschen als Mitgefühl bezeichnen.

Ein Kommando auswählen

Bälle, Näpfe, Leinen und Autoschlüssel sind alle sehr vertraute auslösende Reize (Trigger) für Verhalten, die ohne große Mühe gelernt werden. Als Opportunisten halten Hunde ständig Ausschau nach Hinweisen, die ihnen das Leben leichter machen und mehr Vergnügen versprechen. Im Hundetraining sind Kommandos und Signale nichts anderes als Namen, die wir den Triggern geben. Sie sagen im Grunde genommen dem Hund: »Hier ist eine Gelegenheit – wenn Du jetzt das Verhalten X ausführst, wirst Du belohnt.« Das Kommando hilft dem Hund, die Gelegenheit zu erkennen oder zu unterscheiden, zu »diskriminieren«, weshalb Trigger in der formaleren Fachsprache auch »diskriminative Reize« (siehe Kapitel 12) genannt werden.

Jedes Signal kann als Trigger etabliert werden. Auf das Risiko hin, dass es banal klingen mag: Wichtig ist, Trigger (diskriminative Reize) auszuwählen, die leicht unterscheidbar sind – nicht nur von anderen Kommandos, sondern auch von allgemeiner Unterhaltung. Stimmkommandos sind die gebräuchlichsten Trigger und Sie können jedes beliebige Wort oder Geräusch als Signal für Verhalten X nehmen. Hilfreich ist, wenn diese anderen Kommandos, die der Hund bereits kennt, nicht zu sehr ähneln, damit sie nicht versehentlich andere Verhalten auslösen. Wie wichtig es ist, nur ein Kommando für ein Verhalten zu haben und generell konsequent zu sein, wurde im vorigen Kapitel schon am Beispiel des armen Jasper gezeigt. Hilfreich ist auch, wenn man stets vermeidet, grob oder ärgerlich zu klingen. Sagen Sie Kommandos immer mit fröhlicher, verspielter Stimme. Hunde lieben es, wenn Training als Spiel maskiert ist.

Hunde finden heraus, ob sie Kommandos mit einem angenehmen Ergebnis verknüpfen. Sprechen Sie deshalb mit gut gelaunter Stimme und belohnen Sie richtiges Verhalten, wenn Sie Kommandos wie zum Beispiel »Hier!« oder »Aus!« (lass den Gegenstand los, den Du gerade im Maul hast) geben. Das gilt sogar für »nein« – hör damit auf, was Du gerade tust und schau mich an, denn ich kann Dir etwas Besseres vorschlagen. Und denken Sie daran, dass beim Äußern von Kommandos die Konsequenz entscheidend ist, denn sie ist der beste Weg, um Verwirrung bei Ihrem Hund zu vermeiden. Sobald Sie sich für ein Kommando für ein bestimmtes Verhalten entschieden haben, ist es in der Regel das Beste, auch dabei zu bleiben. Eine Kombination von Hör- und Sichtzeichen, so wie von gesprochenen Kommandos mit Handzeichen, kann verwirren, weil sie es schwierig macht, konsequent zu sein. Ein Kommando in schneller Abfolge mehrmals hintereinander zu geben (»Sitz! Sitz! Sitz!«) ist inkonsequent, denn der Hund könnte meinen, dass er das Kommando erst öfter hören muss, bevor er reagiert. Ein Kommando zu geben und dann nicht sicherzustellen, dass es auch befolgt wird, ist sehr schlecht, denn es trainiert den Hund dazu, dieses Kommando zu ignorieren.

Überlegen Sie auch einmal, ob Sie den Namen Ihres Hundes zusammen mit dem Kommando sagen. Das zu tun, kann Ihre Bemühungen, konsequent zu sein, ruinieren und einen Hund verwirren, der gerade gelernt hat, ein neues Verhalten auf ein bestimmtes Kommando hin auszuführen. Das Problem ist, dass Name und Kommando zusammen ganz anders klingen können als das Kommando alleine.

Kommandos ignorieren

Verwirrte Hunde lernen, jegliche Reaktion zu vermeiden. Sie lernen, die von ihren Menschen kommenden Geräusche (einschließlich Kommandos) zu überhören, weil diese irrelevant für sie sind. Katzen sind besonders gut darin. Kommandos werden irrelevant, wenn sie ihre Verknüpfung mit vorhersagbaren Ereignissen verlieren. Und wenn sie auch noch ihre Verknüpfung mit angenehmen Dingen verlieren oder sogar mit schlechten Folgen verknüpft werden, wundert es ja auch nicht, dass sie ignoriert werden. Kaum ein Hund wird sich freiwillig unangenehmen Folgen aussetzen, ohne zumindest zu versuchen, diese zu umgehen, auch wenn es nur auf experimenteller Basis ist. Die Versuche zur Umgehung unerwünschter Ereignisse werden oft als Trotz betrachtet, aber sie sind in Wirklichkeit nur eine natürliche Reaktion darauf, sich nicht wohl zu fühlen und sind alles andere als kalkuliert.

Viele Hundebesitzer programmieren den Misserfolg dadurch, dass sie die aktuelle Motivation des Hundes außer Acht lassen und Kommandos äußern, die dem genau entgegenwirken, woran der Hund gerade Spaß hat. Das beste Beispiel ist, den Hund zu rufen, wenn er gerade klar darauf aus ist, zu einem anderen Hund hinzulaufen und mit ihm zu spielen. Der gerufene Hund könnte damit experimentieren, das Kommando zu überhören und wird belohnt, indem er näher zu seinem Spielgefährten kommt. Das Ergebnis des Ignorierens des Kommandos ist also unmittelbares Vergnügen. Damit hat der Besitzer seinen Hund effektiv dazu trainiert, wegzulaufen, wenn er gerufen wird. In diesem Zusammenhang können wir manche wichtige Lektion von Falknern lernen, für die es eine Grundregel ist, *niemals umsonst zu rufen*. Sie vermeiden es unter allen Umständen, einen Vogel zu sich zurückzurufen, wenn dieser ganz klar ans Wegfliegen denkt.

Der Schlüssel zum Erfolg hat auch hier wieder mit hervorragendem Timing zu tun. Im Fall des Heranrufens besteht die Herausforderung darin, das Kommando so zu timen, dass das Tier gerade drauf und dran ist, den Gegenstand seines Interesses zu verlassen – die Wahrscheinlichkeit, dass es dann der Instruktion folgt, ist damit sehr viel höher. Wenn der Hund keine Absicht erkennen lässt, den Gegenstand zu verlassen, sind Sie besser beraten, wenn Sie zu ihm hingehen und ihn freundlich verhaften. Diese Lektion lehrt ihn, dass Verbrechen (in diesem Fall: Sie zu ignorieren) sich nicht lohnen.

Damit Ihr Hund Ihre Kommandos befolgt, stellen Sie sicher, dass:

- Sie nur ein Kommando für ein Verhalten benutzen
- Ein Kommando nur einmal sagen
- Ihr Hund jedes Kommando befolgt
- Sie ihn nie rufen, wenn die Wahrscheinlichkeit hoch ist, dass er Sie ignoriert.

Verwirrung und Konflikt

Ein Hund mit konkurrierenden Bedürfnissen oder Motivationen kann in inneren Konflikt geraten. Es ist wichtig, sich dessen bewusst zu sein, denn es ist vermutlich sehr belastend für den Hund und kann dazu führen, dass er neue Verhalten ausprobiert, um den Konflikt zu lösen. Wenn eines dieser neuen Verhalten sich lohnt, wird es natürlich in Zukunft wiederholt. Konkurrierende Interessen sind der Kern aller Kommunikationsprobleme zwischen Menschen und Hunden. Wenn ein Besitzer nicht versteht, was seinen Hund zur Ausführung eines bestimmten Verhaltens motiviert, wird er dies wahrscheinlich als Ungehorsam betrachten. Seine natürliche Reaktion darauf wird sein, das Kommando zu wiederholen, meistens mit stärkerer Betonung auf einer bestimmten Silbe.

Stellen Sie sich vor, was passiert, wenn ein junger Hund angebunden vor einem Supermarkt zurückgelassen wird. Da sind die konkurrierenden Antriebe, dem Besitzer in den Laden zu folgen und den Druck von Halsband und Leine loszuwerden. Nachdem er kurz versucht hat, an der Leine zu ziehen, stellt der Hund fest, dass er ein Problem hat. Er möchte in den Laden – kann aber nicht; er möchte den Zug am Hals loswerden – kann aber nicht. Man sagt, dass Lernen nur dann stattfindet, wenn der einzige Weg zur Bewältigung eines Problems darin besteht, eine Lösung zu schaffen. Problemsituationen, mit denen man vorher noch nie zu tun hatte, erfordern neue Lösungen, wenn die bewährten Methoden nicht funktionieren. An diesem Punkt beginnt Ihr Hund zu experimentieren. Er sitzt – keine Wiedervereinigung mit seinem Besitzer. Er legt sich hin – kein Besitzer in Sicht. Er zieht in eine andere Richtung – kein Besitzer in Sicht. Er wird gestresst. Er versucht an der Leine zu kauen, aber da es sich um eine Kette handelt, tut das an den Zähnen weh – und kein Besitzer in Sicht. Er bellt und horcht, ob das Rudel antwortet. Er bellt und bellt. Das fühlt sich ziemlich gut an. Der Besitzer kommt heraus und sagt ihm, dass er ruhig sein soll. Bingo! Er ist mit seinem Besitzer wiedervereint. Das nächste Mal, wenn der Hund vor einem Laden angebunden wird, wird er natürlich früher zu bellen beginnen (weil er ja zuvor dafür bestärkt wurde). Jetzt muss der Besitzer den Krawall ignorieren, auch wenn der Hund länger und lauter bellen wird (wegen des Frustrationseffektes in der Löschung eines Verhaltens). Der Hund könnte dieses Verhalten aber auch generalisieren und immer dann bellen, wenn er einem neuen Konflikt begegnet oder wenn er sich zwischen zwei konkurrierenden Motivationen gefangen fühlt und nicht weiß, was er am besten machen soll. Er hat entscheidende Schritte auf dem Weg zum Kläffer gemacht.

Konflikte können einen Hund auch dazu bringen, mit alternativen Verhalten zu experimentieren, also vollkommen neue mögliche Lösungen auszuprobieren. Ein Hund, der in der Vergangenheit schon öfter Erfolg mit dem Ausprobieren neuer Lösungen hatte, wird dabei sicherlich kreativer sein. Hunde sind außerdem gut darin, zwischen sicheren und unsicheren Situationen zu unterscheiden: Sie zahlen die Kosten dafür, nach zusätzlicher Information zu suchen, nur dann, wenn es unbedingt notwendig ist. Man sagt dann, sie lernen zu lernen. In diesem Moment wird das Coaching enorm befriedigend, denn Sie können damit genau das herausholen (erziehen), was Sie gerne möchten.

Inkonsequenz

In den Abschnitten über das Lernen und das Training habe ich immer wieder darauf hingewiesen, dass Konsequenz für schnelles Lernen und effektives Training unerlässlich ist. Vielleicht lohnt es sich, an dieser Stelle einmal kurz innezuhalten und zu überlegen, wo wir überall inkonsequent sind. Wenn Hunde etablierte Kommandos zu ignorieren beginnen, ist häufig Inkonsequenz der Grund, und eine der Hauptquellen für Inkonsequenz ist Wiederholung. Für Ihren Hund ist ein Kommando, das zwei oder drei Mal kurz hintereinander gegeben wird, etwas ganz anderes als das originale, einmal gesagte Kommando. Die Wiederholung von Kommandos trainiert den Hund auch dazu, diese Wiederholung künftig zu erwarten. Jedes wiederholte Kommando ist dann im Grunde nichts anderes als eine Warnung, dass der echte Trigger gleich erst kommt.

Hände ran, Hände weg

Nachdem ich mich nun so lange über die Grundlagen des Hundetrainings ausgelassen habe, möchte ich noch betonen, dass die besten Trainer keine körperliche Gewalt oder Einschränkung anwenden müssen, um das Beste aus ihren Hunden hervorzuholen. »Hände-weg-Training« beginnt damit, dass Sie Ihr Wissen über den Körper des Hundes anwenden. Wenn zum Beispiel der Kopf nach oben geht, geht das Hinterteil (da es an einer relativ festen Wirbelsäule hängt) nach unten. Wenn Sie also Ihre Hand als Sichtzeichen für »Sitz« anheben, muss das Hinterteil automatisch in Richtung Boden gehen. Diese Methode ist sicherlich wesentlich eleganter, als mit der Hand nach dem Hund zu greifen und ihn in eine sitzende Position zu drücken. Als Hände-weg-Trainer genießen Sie den Luxus, entscheiden zu können, ob Sie eine Leine benutzen möchten oder nicht. Hände-ran-Trainer haben diese Wahl nicht.

Ihren Hund nicht anfassen zu müssen, damit er reagiert, wenn er nah bei Ihnen ist, bedeutet auch, dass er mit viel höherer Wahrscheinlichkeit auch auf größere Entfernung reagieren wird. Das heißt nicht, dass Sie es anstreben sollten, Ihren Hund so oft wie möglich von der Leine zu lassen. Straßen sind immer gefährlich für Hunde. Ein gut trainierter, ruhig bei Fuß gehender Hund ist ein erfreulicher Anblick. Er würde möglicherweise gar keine Leine brauchen, aber wenn im Umkreis von fünfhundert Metern Autos fahren, wäre er damit sicherer.

Unangeleint heißt nicht halbwild

Das Bedürfnis des Hundes nach kräftiger, ausgiebiger freier Bewegung macht es für jeden Stadthundebesitzer zwingend wichtig, eine gute leinenlose Kontrolle über seinen Vierbeiner zu haben. Die besonderen Vorteile unangeleinter Bewegung haben vielen Menschen auch die besonderen Vorteile spezieller städtischer Hundeparks bewusst gemacht. Ein gut angelegter Hundepark ist mindestens einen Morgen groß. Idealerweise beinhaltet er eine abwechslungsreiche Landschaft mit Hügeln und Senken, Bäumen und Büschen und hat mindestens zwei Ein- und Ausgänge mit doppelten Toren für mehr Sicherheit. Meistens unterliegen die Menschen in solchen Hundeparks einem gewissen Gruppenzwang, was sich wiederum auf ihre Hunde überträgt. Der Verband der Hundetrainer (Association of Pet Dog Trainers, APDT) hat ein paar sinnvolle Richtlinien zum Verhalten von Hundebesitzern für den Besuch solcher Parks entwickelt.

Richtiger Gebrauch von Freilaufflächen für Hunde

Richtig	Falsch
Besuchen Sie den Park möglichst zu ruhigeren Zeiten.	Gehen Sie nicht hinein, wenn sich auf der anderen Seite des Tors schon viele Hunde versammelt haben. Nur wenige Hunde können es ertragen, von einem ganzen Mob begrüßt zu werden.
Lassen Sie Hundespielzeuge zuhause, damit diese nicht verteidigt werden. Nehmen Sie Ihren Hund weg, wenn er andere anpöbelt.	Erlauben Sie Ihrem Hund nicht, Sie als Ressource zu verteidigen. Lassen Sie nicht zu, dass die Hunde »es unter sich ausmachen«.
Nehmen Sie Ihren Hund weg, wenn er von anderen angepöbelt wird.	Zwingen Sie ängstliche Hunde nicht, im Park zu bleiben.

Gehen Sie selbst im Park umher, damit Ihr Hund ein Auge auf Sie behält und keine vorübergehende territoriale Verteidigung eines bestimmten Parkbereichs entwickelt.

Bleiben Sie selbst nicht an einer Stelle stehen, vor allem nicht neben dem Tor.

Gehen Sie auch nicht automatisch davon aus, dass Ihrem Hund der Besuch in einem solchen Park immer gefällt, besonders nicht, wenn er älter wird. Und auch wenn Ihr Hund den Aufenthalt dort genießt, sollten Sie nicht jeden Tag hingehen, weil das bewirken kann, dass er territorial wird. Gehen Sie auch in andere Bereiche und halten Sie die Entdeckungsfreude Ihres Hundes wach.

Wie wir schon gesehen haben, ergeben sich die besten Trainingsmöglichkeiten dann, wenn alle anderen Hunde in der Nähe unter Kontrolle sind. Leider schalten aber viele Hundebesitzer komplett ab, während ihre Hunde durch den Park streifen. Manche missbrauchen ihn auch als eine Art Hundetagesstätte und gehen inzwischen einkaufen! Verantwortliche Hundebesitzer sollten das Wissen über richtigen Umgang mit Hunden auch weiterverbreiten. Hundeparks sind ein ideales Forum, um sich über Gesundheit, Haltung und Verhalten auszutauschen. Sie wimmeln aber oft auch geradezu von selbsternannten Experten. Einer der besten Wege nach vorn wäre hier die Integration guter Hundeschulen in solche Parks, denn damit würden zum einen richtige Informationen weiterverbreitet und zum anderen würden die Besitzer zu grundlegendem Hundetraining in den Parks selbst angehalten.

Filetstückchen

- Die Wertesysteme von Hunden ändern sich mit den Umständen und mit der Zeit.

- Bestimmte Verhalten sollten in bestimmten Lebensabschnitten des Hundes trainiert werden.

- Soziales Lernen ist weniger energieaufwändig als Lernen durch Versuch und Irrtum.

- Konkurrierende Interessen sind der Kern aller Kommunikationsprobleme zwischen Hund und Mensch.

- Hunde lieben Training, das als Spiel maskiert ist.

- Die besten Trainer arbeiten nie mit körperlicher Einschränkung, um das Beste aus ihren Hunden herauszuholen.

- Coaches, die das Positive betonen, haben am Ende die kreativsten Hunde.

Bei Foxhounds führt der Einsatz einer sogenannten »Koppel« zur Weitergabe trainierter Verhalten von älteren an jüngere Hunde über negative Verstärkung: Der Zug am Halsband verschwindet, wenn der Neuling das richtige Verhalten zeigt.

Kapitel 14

Nicht alle Hunde sind gleich

Im Prozess der Domestikation vom Wolf zum Hund gab es eine Reduktion der relativen Hirngröße: Erwachsene Hunde haben erheblich kleinere Gehirne als erwachsene Wölfe gleichen Körpergewichts. Die Unterschiede zwischen Gevatter Wolf und Struppi Streuner oder einem Haushund und dem anderen enden damit aber noch lange nicht. Auch wenn alle Hunde 99% ihrer Gene gemeinsam haben, zeigten DNA-Studien von 414 Hunden aus 85 verschiedenen Rassen, dass es vier grundlegende Rassegruppen gab:

- Ursprüngliche (einschließlich der unmittelbar vom asiatischen Grauwolf abstammenden Rassen wie Siberian Husky, Alaskan Malamute, Shar Pei, Akita, Afghane und Saluki).
- Jagdhunde (einschließlich Bloodhound und Golden Retriever).
- Hütehunde (einschließlich Border Collie und Belgische Schäferhunde).
- Wachhunde (einschließlich Mastiffs, Bulldogs, Boxer, Rottweiler und Deutsche Schäferhunde).

Man nimmt an, dass die drei nicht-ursprünglichen Gruppen größtenteils als Ergebnis menschlichen Zuchteinflusses während der letzten paar hundert Jahre entstanden.

Natürlich verhalten die Rassen sich unterschiedlich, insbesondere daraufhin, wie sie auf potenzielle Beute reagieren. Terrier packen und schütteln, Collies packen und jagen, Gesellschaftshunde kläffen, schnappen, starren, schmollen und bezirzen. In der langen, ungeschriebenen Geschichte des Hundes durch die verschiedenen Zeitalter gab es vielleicht einige Caniden, die einfach enorme Geduld zeigten und so lange hinter ihrer Beute hertrabten und -galoppierten, bis diese müde wurde. Diese ziemlich ungehobelten Generalisten folgten den frühen menschlichen Jägern, die ähnliche Jagdtechniken anwendeten: beharrlich sein und dann irgendwann zuschlagen.

Man erliegt schnell der fälschlichen Annahme, dass alle Wölfe nur große Beutetiere jagen würden und deshalb im Rudel jagen müssten. Im Gegenteil, viele Wölfe leben von so magerer Nahrung wie Mäusen und sind deshalb in dieser Hinsicht vom Rudel unabhängig. Man nimmt an, dass individuelles Jagdverhalten dieser Art die Wölfe auch ohne große Beutetiere durch harte Winter bringt. Die Fähigkeit der Hunde, sich allein zu ernähren und zu überleben, könnte ein wichtiges Erbe von Gevatter Wolf sein.

Hunde in Rudeln

Die Fähigkeit, sich als Gruppe zu verstehen, ist der entscheidende Unterschied zwischen sogenannten rudelbildenden und nichtrudelbildenden Rassen. Zum Jagen in der Gruppe gezüchtete Hounds sind offensichtliche Beispiele für Rassen, die als Rudel gut funktionieren, aber auch Bearded Collies, Old English Sheepdogs und Corgis fallen in diese Kategorie.

Rudelbildende Rassen leben harmonisch zusammen, ein Rudelmitglied übernimmt oft die Führung und ein anderes die Rolle des Versorgers. Die Unterscheidung zwischen rudelbildenden und nichtrudelbildenden Rassen ist für Züchter interessanter als für Verhaltensexperten, die beruflich mit kleinen Hundegruppen oder Einzeltieren zu tun haben, aber trotzdem gerne zu der Annahme neigen, alle Hunde würden aufgrund ihrer Entwicklungsgeschichte gerne im Rudel leben. Passen sogenannte rudelbildende Rassen besser in eine große Menschenfamilie als beispielsweise die legendären Ein-Mann-Rassen wie zum Beispiel Chow Chow? Rasseunterschiede in hierarchischen Organisationen und das sich Unterordnen unter einen Status sind sicherlich wert, dass man sie weiter untersucht, aber wie wir gesehen haben, besteht die Gefahr, das Kind mit dem Bade auszuschütten, wenn wir davon ausgehen, dass alle Rassen das gleiche Bedürfnis nach einem Anführer oder Alpha haben, oder auch nach Coaches, Versorgern und Freunden.

Sichthunde und Spürhunde

Eine der wichtigsten Abgrenzungen zwischen Jagdhunderassen ist die zwischen den Sichthunden (aus denen wir Beispiele in der Kategorie der ursprünglichen Rassen finden) und Spürhunden (von denen wir Beispiele in der Gruppe der Jagdhunde finden).

Sichthunde

Salukis, Greyhounds, Whippets und Afghanen sind allesamt Sichthunde und haben allesamt lange Nasen, was sicherlich nicht dazu dient, dass sie etwa ihre Beute besser riechen könnten. Neben ihrem spitzen Schädel haben sie in der Regel auch lange Läufe, was bedeutet, dass sie generell ein größeres Längenwachstum der Knochen haben. Man weiß noch nicht genau, ob die langen, für das Fangen schneller Beute notwendigen Beine bedeuten, dass automatisch auch der Schädel länger sein muss als bei einer nichtjagenden Rasse. Sichthunde sind außerdem eher sensibel als grob. Nach Erreichen der Geschlechtsreife sind alle Mitglieder der Sichthunderassen eher reserviert anstatt stürmisch oder draufgängerisch. Man sagt ihnen nach, dass sie einen nicht anschauen, sondern durch einen hindurch- oder an einem vorbeischauen. Sie suchen ihr Blickfeld ab und halten nach relevanten Reizen Ausschau, was für sie alles bedeutet, das jagenswert ist, Beutetiergröße hat und sich bewegt.

Wir haben bereits gesehen, wie lange Nasen mit einem guten peripheren Gesichtsfeld einhergehen, während Hunde mit kurzen Nasen erstaunliche Details in der Mitte ihres Gesichtsfelds erkennen können. Hunde mit länglich geformten Schädeln haben auch eher mandelförmige anstatt runde Augen, aber es ist unklar, inwiefern dies vielleicht das Sehvermögen beeinflusst.

Spürhunde

Spürhunde halten typischerweise ihren Kopf dicht am Boden, wenn sie eine Geruchsspur verfolgen oder neu hinzukommende Gerüche untersuchen. Ihre Spezialität ist es, zwischen wichtigen Zielgerüchen und unwichtigen Hintergrundgerüchen unterscheiden zu können. Indem sie die wichtigen Geruchspartikel heraussuchen, können sie zur Quelle des Geruchs finden. Ihr Riechapparat innerhalb des Schädels ist gut entwickelt, aber Spürhunde haben nicht notwendigerweise große Nasen. Die zum Aufnehmen von Geruchsmolekülen benutzten Membranen liegen dicht gefaltet in feuchten Lagen übereinander, die, wenn man sie auseinanderbreiten würde, die Größe eines Fußballfelds hätten.

Man sagt, dass Bassets und Bloodhounds deshalb so lange Ohren hätten, damit sie bodennahe Gerüche aufwirbeln und damit leichter aufnehmen könnten. Ich sehe das sehr skeptisch, denn die Ohren treffen erst dann auf die Gerüche, wenn die Nase schon daran vorbei ist, sodass ihre Wirkung auf die Bewegung von Geruchsmolekülen irrelevant zu sein scheint. Ein Spürhund hat keinen Grund, wissen zu müssen, was hinter ihm liegt. Dagegen könnten die langen Ohrlappen aber vielleicht dazu dienen, redundante Geräusche auszublenden, darunter auch solche, die der Hund selbst verursacht. Der im Unterholz herumstöbernde Hund sucht vielleicht nach verletzter Beute oder scheucht sich versteckende Tiere auf. Seine Aufmerksamkeit gilt also in der Regel Objekten (zu überwindenden oder zu untersuchenden Hindernissen, falls diese das Wild verstecken könnten, und natürlich das Wild selbst).

Individuelle Unterschiede

Neuere Studien haben sich darauf konzentriert, wie sich Hunde an soziale Veränderungen anpassen und kommen zu dem Schluss, dass Hunde im Lauf der Domestikation besondere sozio-kognitive Fähigkeiten erworben haben, die es ihnen ermöglichen, auf einzigartige Weise mit Menschen zu kommunizieren. *Canis familiaris* zeigt außerdem eine einzigartige morphologische Diversität zwischen den einzelnen Rassen, die ihn zu einem besonders interessanten Forschungsmodell machen, wenn man sowohl hündische als auch menschliche Genome untersucht. Diese spannenden Forschungswege zeigen, wie Untersuchungen zu Menschen und zu Hunden sich gegenseitig ergänzen können. Zwangsstörungen sind ein tolles Beispiel dafür: Den eigenen Schwanz jagende Hunde können ideale Forschungsmodelle für Studien sein, deren Ergebnisse später Menschen mit Zwangsstörungen wie zum Beispiel zwanghaftem Händewaschen helfen sollen.

Die tierärztliche Verhaltensmedizin hat sich in vielerlei Hinsicht auf ähnlichen Wegen wie die Humanpsychiatrie entwickelt, aber als relativer Späteinsteiger kann sie sich die neueren Fortschritte der Psychobiologie zunutze machen und wichtige Lektionen aus der Humanpsychiatrie lernen. Während Informationen aus Studien an Hunden traditionell schon lange für die Humanpsychologie genutzt wurden, haben Hunde nun die Chance, von an Menschen durchgeführten Studien zu profitieren. Ein Bereich, in dem dies besonders relevant sein könnte, betrifft die Studien individueller Unterschiede in der positiven Motivation und in der Persönlichkeit. Begriffe wie Emotionalität, Furchtlosigkeit, Kühnheit oder Impulsivität wurden allesamt benutzt, um die Lebenseinstellung von Hunden zu beschreiben. Sie mögen Qualitäten reflektieren, die von den Besitzern als Loyalität, Tapferkeit, Tollkühnheit, dem Willen zu gefallen und selbst als Sinn für Humor empfunden werden.

Diejenigen Verhaltensmerkmale, die einen Hund vom anderen unterscheiden, sind im Grunde genommen das, was man bei Menschen als Persönlichkeit kennt. Forschung in diesem Bereich ist unerhört wichtig, denn man nimmt an, dass Hunde von beiden Enden des Spektrums an Persönlichkeitstypen anfällig für Problemverhalten sind und deshalb als »klinisch geisteskrank« bezeichnet werden könnten. Hierauf konzentriert sich eine neuere Studie, die von der australischen Tierärztin Jacqui Ley durchgeführt wurde. Sie bat über 1000 Hundebesitzer, die Persönlichkeit ihres Hundes mit mehr als 60 zur Wahl stehenden Adjektiven zu beschreiben. Mit statistischen Untersuchungsmethoden konnten dann fünf zugrunde liegende Charakteristika identifiziert werden, mit denen man die Antworten der Besitzer in die folgenden Kategorien einsortieren konnte: Extrovertiertheit, Neurotizismus (oder Vorsichtigkeit), Selbstbewusstsein/Motivation, Trainierbarkeit und Liebenswürdigkeit. Dies ähnelt bemerkenswert den sogenannten »Big Five«, den fünf Hauptdimensionen der menschlichen Persönlichkeit (Extrovertiertheit, Neurotizismus, Offenheit, Gewissenhaftigkeit und Verträglichkeit). Es wird interessant sein, zu sehen, wie gut sich mit diesen fünf Kategorien die Merkmale von Hunden, wie sie in Verhaltenstests ermittelt wurden, beschreiben lassen und wie stabil das Kategoriensystem über das ganze Leben eines Hundes hinweg sein wird. Zusammengenommen werden diese Schritte die Entwicklung von Tests vereinfachen, mit der die Eignung von Welpen für bestimmte Aufgaben und bestimmte Arten menschlicher Lebensumstände überprüft werden kann. Solche Untersuchungen bergen große Hoffnung für eine bessere Zuordnung von Hunden zu passenden Besitzern und ermöglicht Besitzern auch eine klarere Beschreibung dessen, was sie an einem Hund schätzen. Auch rassebedingte Unterschiede in der Verteilung dieser fünf Merkmale sind es wert, dass man sie untersucht, denn momentan müssen sich Welpenkäufer auf die Beschreibung des Züchters verlassen, was die Neigungen der Rasse angeht. Diese werden aber größtenteils einfach aus dem geschriebenen Rassestandard übernommen, auch wenn das Wesen im Ausstellungsring, wo die meisten Zuchthunde ausgewählt werden, überhaupt nicht bewertet wird.

Die Wichtigkeit des Temperaments

Auch wenn der Selektionsdruck, den Menschen über die Jahrhunderte hinweg auf Hunde ausgeübt haben, sich geändert hat, haben wir beständig weiterhin Gene ausgefiltert, die für uns nicht nützlich waren. Was wurde also aus all den Hunden, die die Messlatte nicht erreichten? Früher hätte man sie ausgesetzt, gegessen oder einfach umgebracht. Eine interessante Vorstellung, dass der Weg zur Domestikation vielleicht mit Kontrollpunkten gepflastert war.

Die frühesten Proto-Hunde waren diejenigen, die es nahe genug bei Menschen aushielten, um sich von deren Abfällen zu ernähren. Natürlich wäre jeder dieser Vorfahren, der nicht zur Anpassung an den menschlichen Hausstand in der Lage gewesen wäre, aus dem Genpool entfernt worden – insbesondere, wenn er unangemessen aggressiv gewesen wäre. Aggressive Hunde wurden an den Kontrollpunkten gestoppt. Welpen von Elterntieren, die man in der Gemeinschaft mochte, waren dagegen erwünscht und folglich gefragt. Sie bekamen Freischeine für das Passieren der Kontrollpunkte.

Heutzutage geht in vielen Ländern die Tendenz dahin, auch die bestangepassten Begleithunde zu kastrieren. Dies hat zwar zu einer Verringerung der Anzahl unerwünschter Welpen geführt, bedeutet aber auch, dass ein größerer Anteil von Hunden in unserer Gesellschaft das Produkt spezialisierter Züchter ist. Diese selektieren ihre Zuchttiere aber nicht primär auf Grundlage ihrer Anpassungsfähigkeit und ihrer sozialen Fähigkeiten, sondern nach äußerlichen Merkmalen, die im Ausstellungsring Erfolg bringen.

Verallgemeinert gesagt haben wir jetzt also ein gewisses Missverhältnis: Menschen, die weniger Erfahrung im Umgang mit Hunden und deren Erziehung haben als ihre Vorväter, von denen die Gesellschaft aber mehr erwartet, haben es mit Hunden zu tun, die hauptsächlich für den Ausstellungsring gezüchtet wurden. Dieser Kulturschock macht es den Medien nur zu leicht, Hunde zu verteufeln. Das wiederum macht ängstliche Menschen geradezu phobisch. Und, wenn wir weiter verallgemeinern – wenn die Medien Hunde verteufeln möchten, zielen sie dabei auf die sogenannten Kampfhunderassen, die natürlich ein dankbares Ziel sind, da sie so oft in den Händen verantwortungsloser Halter sind. So hat die allgemeine Unfähigkeit der Öffentlichkeit, Hundeaggression zu vermeiden, mit ihr umzugehen und auf sie zu reagieren in verschiedenen Ländern dazu geführt, dass man Zuflucht in rassespezifische Gesetzen und Verordnungen suchte, um damit die Haltung mancher Hunderassen kontrollieren zu wollen.

Von Haltern berichtete Temperamentsunterschiede

Psychologen beurteilen die Reaktion einer Person auf Belohnungen und negative Erfahrungen (ihre positive und negative Aktivierung) in einem sogenannten psychometrischen Interview. Wir können Tiere zwar nicht befragen, aber erst kürzlich hat man Methoden entwickelt, um Patienten in der Tierverhaltensmedizin klinisch zu untersuchen und um psychometrische Profile zu erstellen, in die man Besitzer, Halter und Handler mit einbezieht. Die Reaktionen eines Hundes so zu testen hat zwei Vorteile. Erstens können die psychometrischen Methoden dabei helfen, Hunde zu identifizieren, die mit hohem Risiko Angst, Phobien und angstbedingtes Problemverhalten entwickeln werden. Zweitens könnten sie diejenigen herausfinden, die besonders sensibel sind. Dies ist entscheidend, denn entgegen ihrer Behauptung arbeiten die meisten Trainer mit einer Kombination aus Belohnung und Strafe, auch wenn sie keine körperliche Bestrafung anwenden. (Sie erinnern sich – eine Strafe ist definitionsgemäß alles, dass die Wahrscheinlichkeit für ein bestimmtes Verhalten in Zukunft senkt – also kann alles, was abschreckt, auch wenn es nur ein tadelndes Wort ist, als Strafe fungieren).

Da alle Hunde im Laufe ihres Lebens irgendeine Form von Training durchlaufen, kann diese Art der Profilerstellung dabei helfen, den Trainingsstil für jeden Hund individuell anzupassen. Ein Hund, der sowohl auf positive als auch auf negative Ergebnisse sehr sensibel reagiert, könnte zum Beispiel mit einem absoluten Minimum an negativen Ergebnissen trainiert werden (einschließlich solcher auf den ersten Blick vielleicht vollkommen harmloser Dinge wie Enttäuschung).

Die Beurteilung von Hundeverhalten entlang der ganzen Skala von Vorsichtigkeit (auch als Scheu bezeichnet) bis hin zu Kühnheit kann auch helfen, die künftigen Leistungen in Sport- oder Arbeitshundeprüfungen vorherzusagen. Diese Art der Forschung ist aber nicht nur für die Arbeitshunde-Enthusiasten interessant, sondern sie kann auch normale Familienhunde charakterisieren helfen, besonders solche, die Patienten in der tierärztlichen Verhaltenstherapie sind. Wie jeder Therapeut Ihnen bestätigen wird, reagieren manche Patienten besser als andere, auch wenn die Besitzer sich genau an die vorgeschriebenen Schritte im Programm zur Verhaltensmodifikation halten. Diese Variation kann sicherlich zumindest teilweise durch Unterschiede in der emotionalen Sensibilität der fraglichen Hunde erklärt werden.

Wesenstests

Obwohl die Hundehaltung in vielen Ländern stärker reglementiert wurde, gibt es viele Verhaltensprobleme nach wie vor, darunter auch Aggression. Dabei zahlen die Hunde oft einen hohen Preis. Viele tausend erwachsene Hunde werden jedes Jahr in Tierheimen abgegeben oder einfach ausgesetzt. Bevor sie gerettet werden, haben sie möglicherweise Hunger, Verletzungen, Gewalt, Krankheit, Isolationsstress und das Zerreißen bestehender Bindungen erlebt. Etwa 30% aller Hunde, die in einem Tierheim landen, haben das Pech, eingeschläfert zu werden. Hier stellt sich nicht nur die Frage nach dem Schutz der Hunde selbst, sondern auch nach den möglichen psychologischen Auswirkungen auf diejenigen Menschen, die in ihrem Job Tag für Tag das Wesen von Hunden beurteilen und über deren Tod oder Leben entscheiden müssen.

Man hat bereits zahlreiche Strategien erdacht, wie man den Umgang von Menschen, insbesondere von Kindern, mit Hunden verbessern könnte. Und um Hunde auf die Anforderungen des modernen Stadtlebens vorzubereiten sind inzwischen Sozialisationskurse (sowohl für Welpen als auch für erwachsene Hunde) eine weit verbreitete Einrichtung in Hundeschulen. Leider garantiert aber auch all das nicht, dass die von Züchtern oder Tierheimen an neue Besitzer abgegeben Hunde zu glücklichen und gesunden Begleitern werden.

Rassespezifische Gesetzgebungen

In dem Versuch, die kraftvollen, ursprünglich für Kämpfe gezüchteten Hunderassen zu ächten, haben viele Länder rassespezifische Gesetze eingeführt. Dies ist Gegenstand vieler Kontroversen, nicht zuletzt deshalb, weil so viele der ins Visier genommenen Hunde eher als Typen (Hunde eines bestimmten Schlags) denn als formal anerkannte Rassen zu bezeichnen sind. Die Gegner argumentieren, dass das Gesetze »deeds not breeds« kontrollieren sollte, die Hunde also an ihren Handlungen und nicht an ihrer Rassezugehörigkeit messen sollte. Das bedeutet aber andererseits auch, dass man wartet, bis ein Hund einen Menschen beißt, bevor man ihn als Risiko identifizieren kann. Aber vom Beißen einmal abgesehen: Jede Konzentration auf die Handlungen der Hunde bedeutet, dass wir uns erstens darauf einigen müssen, welche hündischen Verhaltensweisen in der Öffentlichkeit akzeptabel sind und welche nicht, und zweitens darauf, wie man diese dann beurteilt und einordnet.

Erwartungen der Besitzer

Bisher gab es noch nicht viele Untersuchungen zu den Erwartungen, die Besitzer an ihre Familienhunde haben. Diejenigen, die ihren Hund abgeben, haben keine Toleranz für Verhalten, die von anderen Hundebesitzern vielleicht akzeptiert würden. In dieser Hinsicht war das Aussiebverfahren an den Kontrollpunkten der Domestikation inkonsequent. Die am häufigsten genannten Gründe für die Abgabe von Hunden ins Tierheim sind Unverträglichkeit mit anderen Haustieren, Aggression, Trennungsangst, Hyperaktivität, zu stürmisches Verhalten und die Neigung zum Weglaufen und Streunen. Ich würde behaupten, dass drei dieser Probleme, nämlich die drei letzten, zumindest teilweise durch regelmäßige Bewegung und Auslastung, die den Hund ermüdet, behoben werden könnten. Vielleicht sollten wir einfach mehr dafür tun, dass Hunde bewegt werden, und dass Besitzer schon vor der Anschaffung eines Hundes darüber aufgeklärt werden, was denn unter angemessener Bewegung zu verstehen ist. Möglich ist auch, dass Besitzer die Bedeutung von Problemen herunterspielen, weil sie befürchten, dass der Hund ihnen sonst entzogen und aus Sicherheitsgründen getötet werden könnte.

Priorität sollte es deshalb haben, Hunde an die richtigen Besitzer mit den richtigen Erwartungen zu vermitteln. Dazu wäre eine gewisse Verhaltensbeurteilung der einzelnen Hunde nötig, eine Aufgabe, für die es derzeit noch keine Lösung gibt. In der Vergangenheit wurden bereits mehrere Versuche unternommen, Wesenstests für Welpen zu entwickeln, um damit verlässliche Vorhersagen über ihr späteres Verhalten als Erwachsene treffen zu können. Leider waren sie nur mäßig erfolgreich, hauptsächlich deshalb, weil das von Welpen vor ihrem Umzug in ein neues Zuhause gezeigte Verhaltensrepertoire noch so begrenzt ist.

Renommierte Züchter beschreiben in der Regel auch Wesensmerkmale der Hunde, die sie abgeben möchten, aber die an die künftigen Besitzer gegebenen Empfehlungen beruhen leider meistens eher auf Angaben aus dem Rassestandard als auf einer tatsächlichen Beurteilung des einzelnen Hundes. Diese Art von Ratschlägen zum Umgang geht häufig auch von den ursprünglichen Aufgaben einer Rasse aus, wie zum Beispiel Jagen, Hüten oder Treiben – Funktionen, die für die meisten Hundebesitzer von heute nicht mehr relevant sind. Und wie wir gesehen haben, sind auch existierende Rassestandards nicht besonders hilfreich dabei, moderne Hunde richtig zu beschreiben. Nach einer neueren schwedischen Studie werden viele beliebte Rassen eher an ihrer Wirkung im Showring gemessen anstatt an der Erfüllung ihrer traditionellen Aufgaben. Der Verband der australischen Kleintierveterinäre empfahl deshalb kürzlich, auf allen Hundeausstellungen künftig auch Wesenstests einzuführen und ging damit voran, dass er auf allen größeren australischen Hundeausstellungen einen besonderen, vom Verband gestifteten Ehrenpreis für gutes Wesen verlieh – den ASAVA Temperament Prize. Nach bei Entstehung des Buches aktuellem Kenntnisstand wird für diese Wesensüberprüfungen auf australischen Ausstellungen höchstwahrscheinlich der von der amerikanischen Delta Society entwickelte »Canine Good Citizen Test« übernommen werden. Darin werden unter anderem die Reaktionen des Hundes auf verschiedene Herausforderungen und sieben Arten von Ablenkung getestet: Eine an Krücken gehende Person, ein im Rollstuhl sitzende oder an einer Gehhilfe gehende Person, das plötzliche Öffnen und Schließen einer Tür, das Herunterfallenlassen eines großen Buchs, einen Jogger, ein freundliches Wegschubsen oder angeregtes, lautes Gespräch, aufs Hinterteil des Hundes tätschelnde Personen, eine Person mit einem Einkaufswagen und ein Fahrradfahrer.

Tierheime

Heute sind die schärfsten Kontrollpunkte der Domestikation die Tierheime, in denen Hundeverhalten beurteilt wird. Fast alle Tierheime führen irgendeine Form von Gesundheits- und Verhaltensuntersuchung durch, bevor sie Hunde zur Vermittlung freigeben. Hunde, die diese Tests nicht bestehen, werden oft euthanasiert, weil die Vermittlung kranker Tiere oder solcher mit Verhaltensproblemen nicht akzeptabel wäre. Genauso unakzeptabel ist es aber, wenn Hunde Opfer eines unvollständigen Tests oder gelangweilten Testers werden.

Das Hauptproblem mit der derzeit in Tierheimen angewandten Praxis ist, dass die Verhaltenstests nicht konsequent sind. Viele arbeiten mit selbst entwickelten Tests, die hauptsächlich bewerten, wie ein Hund darauf reagiert, wenn ein Tierarzt ihn anfasst. Ich persönlich mag diesen Test, weil er ermittelt, mit welcher Wahrscheinlichkeit ein Hund einen Tierarzt beißen wird, aber das ist natürlich nur mein ganz persönliches Interesse. Meistens übersehen diese Tests Faktoren, die vorhersagen könnten, ob ein Hund erfolgreich in ein neues Zuhause integriert werden kann oder nicht. Das bedeutet, dass durch den Test gefallene Tierheimhunde unnötig euthanasiert werden könnten, genauso aber, dass in einem anderen Tierheim vielleicht Hunde nach bestandenem Test zur Vermittlung freigegeben werden, obwohl der Test wichtige Faktoren für eine erfolgreiche Vermittlungsfähigkeit übersehen hat. Derart ungeeignete Tests erklären vielleicht, warum 5-20% der vermittelten Hunde nach kurzer Zeit wieder ins Tierheim zurückgebracht werden. Von den gesetzlichen Haftungsfragen abgesehen ist dies auch deshalb ein Problem, weil es das Vertrauen der Menschen, die zur Aufnahme eines Hundes bereit sind, in Tierheime erschüttert und weil es Stress für die mehrfach vermittelten Hunde bedeutet. Und es verschwendet im Tierheim Ressourcen.

Es gibt also einen großen Bedarf an einem als gültig anerkannten Test, der für die Verhaltensbeurteilung in Tierheimen oder durch Zucht- und Trainingsorganisationen geeignet ist. Ein solcher Test müsste auch mit der allgemeinen Hundepopulation abgeglichen werden. Dies ist vielleicht der wichtigste Schritt in jedem einzelnen Element der Verhaltensbewertung und wurde bisher übersehen. Es ist zwar schön und gut, die Population von Hunden in Tierheimen zu untersuchen, aber die Ergebnisse sind im Grunde bedeutungslos, solange wir sie nicht mit denen vergleichen, die das gleiche Testverfahren an der allgemeinen, sich in liebenden Privathänden befindenden Hundepopulation ergeben hat. Erst dann können wir sehen, was diese Tests bedeuten und erleben möglicherweise einen kleinen Schock. Denn vielleicht entdecken wir dann, dass die Öffentlichkeit die gleichen unangenehmen Eigenschaften und ähnliche Extreme in den Wesenseigenschaften bei den »normalen« Hunden akzeptiert. Das wiederum würde es umso wichtiger machen, aussagekräftige Profile der künftigen Besitzer zu erstellen und klarstellen, dass Hunde, die schon einmal abgegeben wurden, nicht notwendigerweise voller Probleme stecken und dass es eher die Erwartungen der Besitzer sind, die nicht mit der Realität übereinstimmen.

Individuelle Temperamentsunterschiede wie zum Beispiel Ängstlichkeit werden natürlich auch durch ererbte Faktoren verstärkt, weshalb das richtige Beurteilungswerkzeug zur Erstellung eines Wesensprofils von Hunden das Zusammenleben für Mensch und Hund einfacher und sicherer machen sollte. Es würde bedeuten, dass die für Dienstaufgaben, Zucht oder ein Dasein als Familienhund selektierten Hunde den aktuell an sie gestellten Ansprüchen auch genügen könnten.

Lateralität (Rechts- und Linkhändigkeit)

Neuere Studien haben eine faszinierende Verbindung zwischen Lateralität und dem Temperament eines Hundes ergeben. Der Einfluss der Gehirnlateralisierung auf andere Merkmale ist ebenso fesselnd. Professor Lesley Rogers von der University of New England in New South Wales, Australien, hat Beweise für Verhaltensunterschiede bei Seidenäffchen gefunden, die mit deren Händigkeit und Lateralisation der Gehirnhälften in Verbindung standen. Rechtshändige Seidenäffchen (mit dominanter linker Gehirnhälfte) betraten einen fremden Raum früher und fassten mehr neue Gegenstände an als ihre linkshändigen Artgenossen mit dominanter rechter Gehirnhälfte. Dies führte zu der Schlussfolgerung, dass Linkshändigkeit mit Ängstlichkeit und Rechtshändigkeit mit Entdeckungslust verknüpft waren.

Gedankenfutter

Früher nahm man an, dass Lateralisation oder »Händigkeit« nur bei Menschen vorkäme, was aber inzwischen überzeugend widerlegt wurde. Es scheint sogar so zu sein, dass es ein grundlegendes Lateralisations-Muster für alle Wirbeltiere gibt – einschließlich Menschen, Menschenaffen, Hunde, Amphibien, Katzen, Wale, Nagetiere, Vögel, Fische und Reptilien. Die große Anzahl von Arten, bei denen man »Händigkeit« nachgewiesen hat, legt die Vermutung nahe, dass die Bevorzugung einer Gehirnhälfte von einem gemeinsamen Vorfahr ererbt wurde.

Der an der University of New England studierende Nick Branson wies kürzlich Lateralisation bei Hunden dadurch nach, dass er untersuchte, welche Pfote sie jeweils zum Festhalten eines mit Futter gefüllten Kongs (einem Spielzeug aus Gummi) bevorzugten. Diese Studie zeigte die ersten Verbindungen zwischen Angst bei Hunden (z.B. in Form von Gewitterphobie) und Händigkeit. Dies könnte von entscheidender Bedeutung sein. Verblüffenderweise reagierten diejenigen Hunde, die weder die rechte noch die linke Pfote bevorzugten, mit größerer Wahrscheinlichkeit ängstlich auf laute Geräusche. Falls solche Hunde tatsächlich durchgängig ängstlicher und misstrauischer sind, könnten Blindenführhundeschulen, Polizei oder Militär in ihrem Auswahlprozess solche Hunde künftig von vornherein aussortieren, um keine Trainingsressourcen an sie zu verschwenden.

Bei vielen Arten wurden außerdem geschlechtsbedingte Unterschiede in der Händigkeit festgestellt: Männliche Tiere neigen eher zur Linkshändigkeit als weibliche (zum Beispiel bei Lemuren, Schimpansen und Pferden). Man nimmt an, dass das von den männlichen Embryonen während der Trächtigkeit produzierte Testosteron (das potenziell auch weibliche Geschwister beeinflusst) für diese Unterschiede verantwortlich sein könnte. Eine Untersuchung zur Händigkeit bei 53 Hunden verschiedener Rassen über die Bevorzugung einer bestimmten Pfote zeigte, dass Hündinnen bei den gleichen Aufgaben eher die rechte Vorderpfote und Rüden eher die linke Vorderpfote bevorzugten. Eine Folgestudie zeigte die gleichen Neigungen auch in den Bewegungsmustern von Rüden und Hündinnen. Das ist unter anderem deshalb wichtig, weil Hunde beiderlei Geschlechts routinemäßig für die Ausbildung zum Blindenführhund ausgewählt werden.

Händigkeit bei Blindenführhunden

Für Blindenführhunde ist die Händigkeit eine besonders wichtige Eigenschaft, weil von ihnen verlangt wird, ausschließlich auf der linken Seite des Menschen zu gehen. Möglicherweise favorisiert diese Konvention Hunde, deren Sinnesempfindungen eher von der rechten Gehirnhälfte dominiert sind, weil dies zum Beispiel die Beobachtung der Umgebung mit dem linken Auge erleichtert. An diese alte Tradition des Führens von Hunden an der linken Seite hält man sich auch in der Polizeihundausbildung streng. Wenn Diensthundetrainer erst einmal mehr über die Stärken und Schwächen rechts- und linkshändiger Hunde wissen, müssen sie künftig vielleicht weniger Hunde trainieren, weil sie bessere Auswahl-entscheidungen vor Beginn der Ausbildung treffen können. Wenn ein Hund eine ausge-prägte Händigkeit auch in seinen Bewegungen zeigt, könnte es ihn allgemein weniger geeignet für die Arbeit an einer bestimmten Körperseite des Menschen machen. Studien hierzu könnten also die Tradition des Linksführens infrage stellen, sodass Hunde mit bei-derlei Seitenbevorzugung effektiv trainiert werden könnten. Dabei dürfen wir aber natür-lich auch nicht vergessen, dass eine stark ausgeprägte Händigkeit der Hundeführer selbst sich natürlich ebenfalls auswirken wird.

Aggression gegenüber anderen Hunden ist einer der Hauptgründe, warum viele Anwär-ter für die Ausbildung zum Blindenführhund und in geringerem Maße auch zum Polizei-hund in den Auswahltests durchfallen. Eine neuere Studie zeigte einen Zusammenhang zwischen Händigkeit und Aggression, wobei die rechtshändigen Tiere aggressiver waren. Im Gegensatz zur Aggression gegen andere Hunde ist die Aggression gegen Menschen, die sich im sogenannten »Beutetrieb« manifestiert, für Hunde im allgemeinen Polizeidienst hoch erwünscht. Weitere Forschungen in dieser Richtung könnten es möglich machen, auch diese Form der Aggression künftig zu messen und sogar vorherzusagen.

Ist Ihr Hund rechts- oder linkshändig? Ein Test

Sie brauchen:

- Etwas Dosenfutter (am besten der gewohnten Marke, damit es nicht zu Magenverstim-mungen kommt)
- Einen Kong®
- Ein Blatt Papier mit einer Liste von Zahlen von 1 bis 100
- Einen Stift
- Viel Zeit. Der Test kann bis zu vier Stunden dauern.

Methode:

1. Füllen Sie den Kong® mit Dosenfutter und legen ihn Ihrem Hund mittig vor die Vorder-pfoten.
2. Notieren Sie mit R für rechts oder L für links neben der Zahl 1 auf Ihrer Liste, mit welcher Pfote Ihr Hund den Kong zuerst berührt. Unten finden Sie eine Hilfe, welche Pfotenbe-wegungen als rechts oder links definiert werden. Wenn beide Pfoten gleichzeitig neben-einander auf dem Kong liegen, zählt dies nicht.

Linke Pfote (L)	**Rechte Pfote (R)**
Linke Pfote am Kong, rechte nicht.	Rechte Pfote am Kong, linke nicht.
Linke Pfote wird über der rechten am Kong gehalten.	Rechte Pfote wird über der linken am Kong gehalten.
Linke Pfote oben auf dem Kong, rechte darunter.	Rechte Pfote oben auf dem Kong, linke darunter.

3. Notieren Sie weiter, welche Pfote der Hund zum Berühren des Kongs benutzt, bis Sie insgesamt 100 Pfotenbewegungen als links (L) oder rechts (R) klassifiziert haben.
4. Wenn der Hund eine oder beide Pfoten am Kong nur umplatziert, ohne den Kong »loszulassen«, wird dies nicht als eigene Interaktion mitgezählt.
5. Wenn der Hund den Kong mit einer oder beiden Pfoten für länger als 10 Sekunden auf den Boden drückt, nehmen Sie ihm freundlich den Kong unter den Pfoten heraus und legen ihn erneut mittig vor die Vorderpfoten.
6. Manche Hunde schlecken nur die oberste Schicht Futter aus dem Kong heraus. Für sie muss der Kong nachgefüllt werden, damit man die 100 Pfotenbewegungen erreicht. Große, hungrige Hunde leeren den Kong ebenfalls schnell, sodass auch hier nachgefüllt werden muss.

Interpretation der Ergebnisse

Wenn Sie 100 Interaktionen mit der rechten oder linken Pfote notiert haben, haben Sie genug Material beisammen, um bestimmen zu können, ob Ihr Hund Rechts- oder Linkshänder ist. Hunde, die 64 Mal oder öfter ihre linke Pfote benutzen, sind Linkshänder. Hunde, die 64 Mal oder öfter ihre rechte Pfote benutzen, sind Rechtshänder. Wenn beide Pfoten weniger als 64 Mal benutzt werden, ist der Hund beidhändig.

Wichtige neue Erkenntnisse

Mit der Erforschung der Lateralität bei Hunden hoffen wir vielleicht eines Tages bestätigen zu können, dass man die Empfindlichkeit für Geräusch- oder Trennungsangst bei individuellen Hunden schon frühzeitig entdecken kann. Geräuschempfindliche Hunde sind schlechte Kandidaten für den Polizeidienst, weil der Lärm von Demonstrationen oder Krawallen sie nicht nur ablenken, sondern auch in ihrer Leistung beeinträchtigen könnte. Trennungsangst ist unter der heutigen Population von Blindenführhunden weit verbreitet – ein Phänomen, das den Blindenführhundeorganisationen weltweit Sorge bereitet, weil es natürlich zu der Frage beiträgt, inwiefern diese Art der Nutzung von Hunden tierschutzgerecht ist. Die Forschungen zur Händigkeit sollten deshalb schnellstmöglich abgeschlossen werden, damit nicht noch mehr ungeeignete Hunde unnötig für Führhunde- oder Polizeiarbeit ausgesucht werden. Und außerhalb des Diensthundebereichs könnten Untersuchungen zu individuellen Unterschieden einschließlich Emotionalität und Lateralität dabei helfen, solche Hunde herauszufinden, die anfällig für Angstreize sind. Diese bräuchten dann einen sorgfältigeren Gewöhnungsprozess, bevor sie als Familienhunde abgegeben werden könnten.

Filetstückchen

- Alle Hunde haben 99% gemeinsame Gene, aber ihre äußerlichen Unterschiede sind phänomenal.

- Es gibt vier Rassekategorien: Ursprüngliche, Jagdhunde, Hütehunde und Wachhunde.

- Vor Entstehung des Ausstellungswesens konzentrierte man sich in der Zucht eher auf das Verhalten als auf das Aussehen.

- Als Ergebnis der Domestikation zeigen Hunde eine Reihe sozio-kognitiver Fähigkeiten, die ihnen eine einzigartige Kommunikation mit dem Menschen ermöglichen.

- Extrovertiertheit, Neurotizismus (oder Vorsichtigkeit), Selbstbewusstsein, Trainierbarkeit und Liebenswürdigkeit sind Begriffe zur Beschreibung von »Hundepersönlichkeiten«.

- Erbliche Faktoren erklären einige der hauptsächlichen Temperamentsunterschiede bei Hunden. Eine Profilerstellung von Hunden würde uns dabei helfen, diejenigen herauszufinden, die am ehesten unseren Erwartungen entsprechen.

- Es gibt faszinierende Zusammenhänge zwischen der Lateralität (Rechts- und Linkshändigkeit) und dem Wesen eines Hundes.

Die Bevorzugung der rechten oder linken Pfote liefert uns faszinierende Einsichten in die Dominanz der rechten oder linken Gehirnhälfte. Bei anderen Arten konnten über die Dominanz einer der beiden Gehirnhälften bereits erhebliche Persönlichkeitsunterschiede erklärt werden.

Kapitel 15

Auf Kommando des Schäfers flitzt sein Schäferhund in Richtung der Herde los, aus der bestimmte Schafe ausgesondert werden müssen. Der Polizeihund ist unbeirrbar in seiner Suche nach dem vermissten Kind und der Herdenschutzhund bleibt hingebungsvoll bei seiner Aufgabe, dem Bewachen der Herde. Viele dieser Hunde bekommen keine Futterbelohnungen, um sie zu trainieren oder bei der Arbeit zu halten. Manche Ausbilder von Arbeitshunden verfolgen sogar im Gegenteil die Philosophie »Behandle sie schlecht, damit sie von dir begeistert sind.« Auch wenn man sich die schlechte Behandlung sicher nicht zum Vorbild nehmen sollte, so täten viele Hundebesitzer doch gut daran, aus den Stunden, Tagen und Jahren zu lernen, die Menschen in der Zusammenarbeit mit Hunden verbracht haben. Von all den Tieren, die der Mensch sich zur Arbeit herangezogen hat, sind Hunde die allgegenwärtigsten. Sie sind gesellige Problemlöser mit einer Eigenschaft, die Trainer und Besitzer oft als »will to please«, dem Willen, zu gefallen, beschreiben.

Die Versuchung liegt nah, die Arbeit von Hunden als deren Bereitschaft zur Erfüllung unserer Bedürfnisse zu sehen, aber lassen Sie es uns einmal im Licht dessen betrachten, was wir aus dem Erbe von Gevatter Wolf wissen: Wie kann ein Hund wissen, ob die anderen Rudelmitglieder erfreut sind oder nicht? Warum sollte der Wille, anderen gefallen zu wollen, von der natürlichen Selektion gefördert worden sein, wo es doch um Erfolg geht und Konkurrenten aus der gleichen Art immer in der Nähe sind?

Vierbeinige Workaholics

Eine gute Zuchtauswahl auf Charaktereigenschaften und strategische Lenkung ihrer Motivation erklären, warum Hunde so willige Arbeiter sein können. Als soziale Lebewesen arbeiten sie gut im Team zusammen, nicht zuletzt deshalb, weil sie von den anderen um sich herum lernen. Außerdem sind sie sensibel für soziale Bestärkungen wie zum Beispiel Aufmerksamkeit und für unangenehme Erfahrungen, wie zum Beispiel die, ignoriert oder isoliert zu werden. Anders ausgedrückt: Anstatt ihren Trainern gefallen zu wollen, möchten Hunde vielleicht einfach ihre Arbeit, die Gesellschaft und die lobenden Worte ihrer menschlichen Coaches genießen. Für manche Rassen kann im richtigen Kontext die Erlaubnis zum Weiterarbeiten eine Belohnung sein, während es eine Strafe für sie ist, mit der Arbeit aufhören zu müssen.

Zu den vielen beeindruckenden und nützlichen Fähigkeiten des Hundes gehört auch sein überragender Geruchssinn. So finden wir Diensthunde, die ihre Nase zum Entdecken von Sprengstoff, Trüffeln oder Termiten einsetzen oder die auf Fährtenhundeprüfungen den Geruch zertretener Grashalme verfolgen. Auch ihre charakteristische starke Motivation zum Spielen kann in der Rettungs- und Polizeihundearbeit auf Menschen – tote oder lebende – umgelenkt werden.

Das Training von Blindenführhunden beinhaltet Belohnungen dafür, bestimmte Dinge nicht zu tun, genauso wie dafür, andere zu tun. So muss der Hund zum Beispiel lernen, eine Straße nur dann zu überqueren, wenn sie auch frei ist – und zwar unabhängig vom Kommando seines Besitzers. Wenn ein freundlich aussehender Welpe auf der anderen Straßenseite verlockende Spielaufforderungen zum Blindenführhund herüber zeigt, muss die angeborene Motivation zu spielen von der Motivation überlagert werden, sich gemäß des vorher Trainierten zu verhalten.

Tierschutz für Arbeitshunde

Irgendwie stellen wir uns liebevoll vor, dass Arbeitshunde eine andere Arbeitsmoral hätten als einfache Familienhunde und dass sie am Ende jeden Arbeitstages ein warmes Gefühl der Zufriedenheit verspüren würden. Und während selbst der am kühlsten rechnende Manager sich darüber im Klaren ist, dass er von einem Arbeitshund länger etwas hat, wenn er gesund bleibt, sollten wir uns auch einige der Nachteile einmal anschauen, die ein Leben als Arbeitshund mit sich bringt. In jeder Arbeitssituation (siehe Tabelle unten) können Training, Ernährung, Unterbringung und Bewegung das Wohlbefinden des Hundes beeinträchtigen.

Hundeberufe

Art	Aufgabe
Farmhunde	Schafehüten
	Rinderhüten
	Schutz der Nutztiere
Jagdhunde	Apportieren
	Nachsuchen
	Arbeiten unter der Erde

Diensthunde	
Polizei	Allgemeiner Dienst (Spurensuche, Abschreckung, Kontrolle von Menschenmengen)
	Aufspüren von Sprengstoffen und Feuerwaffen
	Drogensuche
Militärhunde	Armee
	Luftwaffe
Zoll (Auffinden illegaler Waren wie Waffen oder Drogen)	Passive Anzeige
	Aktive Anzeige

Quarantäne (Auffinden exotischer Pflanzen/Tiere oder Erkrankungen)	Aktive Anzeige
	Passive Anzeige

Servicehunde

Assistenzhunde	Für Menschen mit Körperbehinderung
Blindenführhunde	Für Menschen mit Sehbehinderung
Signalhunde	Für Menschen mit Hörbehinderung
Therapiehunde	Besuch in Einrichtungen
Rettungshunde	Freiwilligenhunde/Unterstützung der Polizei/Noteinsätze
Rennhunde	Greyhounds
	Schlittenhunde

Privatsektor

Security- und Wachhunde	Arbeit zusammen mit Führer
	Arbeit ohne Führer
Spürhunde	Auffinden von Sprengstoff, Drogen, Trüffeln, Termitenbefall oder Erkennen von epileptischen Anfällen

Lassen Sie uns einmal die Trainingsmethoden für jede Art der Arbeit anschauen. Es ist ein Unterschied, ob man einen Hund dazu trainiert, ein schon angeborenes oder ein komplett neues Verhalten zu trainieren. Auch wenn die Trainer professionell genutzter Hunde heutzutage viele Techniken mit den Familienhunde-Trainern teilen, so hält doch auch ein großer Teil von ihnen an veralteten Traditionen fest. Viele Blindenführhundetrainer arbeiten immer noch mit Würgeketten. Und erst kürzlich wurde ein englischer Polizeihundeführer wegen Tierquälerei verurteilt, weil er seinen Hund an einem Würgehalsband hinter sich her gezogen hatte.

Tierschutzrelevant können grobe, auf Zwang und Strafe basierende Trainingsmethoden sein, zu denen nicht nur der Einsatz von Würgehalsbändern, sondern auch noch der von Elektroschock-Halsbändern zählt. Im Lichte moderner Lerntheorien betrachtet erscheinen viele altbewährte Methoden des Hundetrainings inhuman und grausam. Nehmen wir zum Beispiel nur einmal einige traditionelle Techniken für die »Mannarbeit« in der Polizeihundeausbildung (und die auch in zivilen Gebrauchshundevereinen mitunter gepflegt und wettbewerbsmäßig betrieben wird). Damit der Hundeführer beweisen kann, dass sein Hund seine menschliche Zielperson bedingungslos festhält, gehört es im traditionellen Training dazu, dass der Hund vom »Opfer« immer wieder auf den Kopf geschlagen wird. Bis vor Kurzem wurden diese Schläge sogar nicht nur im Training von Schutzhunden, sondern sogar in den Wettkämpfen selbst ausgeführt! Um zu gewinnen, musste ein Hund wiederholte Schläge auf den Kopf aushalten. Es gibt sogar Berichte, nach denen die Richter umso beeindruckter waren, je stärker der Hund blutete.

Aber natürlich beruht das Training von Arbeitshunden nicht nur auf Strafe. Einige der elegantesten Einsätze primärer Verstärker lassen sich zum Beispiel im Training von Spürhunden beobachten. Wobei es aber sogar Kritiker gibt, die es bemängeln, dass dem Hund die tägliche Futterration gekürzt wird, um ihn empfänglicher für Futterbelohnungen zu machen.

Sprengstoffspürhunde sind ein gutes Beispiel für Tiere, die dazu trainiert wurden, Arbeit direkt mit Futter zu verknüpfen. Das Element der klassischen Konditionierung besteht in diesem Trainingsprozess darin, dass der Hund lernt, den Sprengstoff mit Futter in Verbindung zu bringen. Dies führt zur Absonderung von Speichel, die der Hundeführer sehen und belohnen kann. Die physiologische Reaktion wird durch eine Verhaltensreaktion ersetzt, wenn der Hund lernt, sich als eine Form der Anzeige hinzusetzen (die »passive Anzeige« in der Tabelle auf S. 196). Wenn er den korrekten Geruch gefunden und angezeigt hat, wird er mit einem Teil seiner täglichen Futterration belohnt. Natürlich sollten Hunde, die in der Nähe möglicherweise explosiver Sprengstoffe arbeiten, niemals dazu trainiert werden, am Zielobjekt ihres Interesses zu scharren oder graben. Hunde, die zum Aufspüren von Drogen oder illegal eingeführter Nahrungsmittel eingesetzt werden, lernen dagegen häufig diese deutliche Form der (aktiven) Anzeige. Letztlich werden diese Hunde erst dann gefüttert, wenn sie den verräterischen Geruch gefunden und angemessen angezeigt haben. Ihre Führer müssen diese Routine deshalb sogar am Wochenende fortführen, wenn die Hunde gar keinen Dienst haben, und sie erst dann füttern, wenn sie die Gerüche korrekt angezeigt haben, die ihr Führer ihnen präsentiert hat.

Motivatoren und Verstärker

Im frühen Training lernen Fährtenhunde in der Regel, dass der Geruch abgebrochener Gräser mit primären Verstärkern wie zum Beispiel Futter assoziiert wird. Die gleichen olfaktorischen (geruchlichen) Hinweise werden dann auch mit versteckten Spielzeugen verknüpft. Indem sie sich die angeborenen Fähigkeiten zunutze machen, die auch Gevatter Wolf zum Aufspüren seiner Beute brauchte, orten diese Hunde irgendwann konditionierte Reize, die ihnen Vergnügen, nicht Futter verschaffen. Auch Foxhounds in der Meute jagen nicht für Futterbestärkungen, sondern weil sie Spaß daran haben, Teil eines Teams zu sein und Beute zu jagen.

Wenn wir Hunden Aufgaben geben, die an das Beuteverhalten erinnern, scheint es stets die Spannung der Jagd zu sein, die sie bei der Sache hält. Hunde, die nach Spielzeug suchen, das mit bestimmten Gerüchen oder visuellen Reizen verknüpft wurde, scheinen das Suchen und Sicherstellen dieser Gegenstände deshalb zu lieben, weil es ihre Beute darstellt. Manche Arbeitshundetrainer bevorzugen Spielzeuge als Verstärker, weil sie befürchten, dass die Futtergewohnheiten die Arbeit stören könnten. Dies scheint besonders für im Dienst der Polizei stehende Schutzhunde zu gelten, weil sie zu jeder Tageszeit in den Dienst beordert werden können. Ein durch Futter motivierter Hund wäre dann vermutlich von geringem Nutzen, falls er gerade kurz zuvor sein Abendessen verspeist hätte.

In den verschiedenen Arten von Hundetraining gibt es erhebliche Unterschiede in der Art der Reize, die eingesetzt werden. Rettungshunde werden eher darauf trainiert, in der Luft befindliche (anstatt am Boden haftende) Geruchspartikel zu finden, was es ihnen je nach Wind ermöglicht, Gerüche aus einer Entfernung bis zu einem Kilometer wahrzunehmen. Schutzhunde im Polizeidienst dagegen reagieren auf visuelle Reize. Für sie birgt der Anblick eines wegrennenden Menschen das Versprechen auf ein seltenes Vergnügen, denn sie wurden immer für das Spielen mit dem sackleinenen Beißarm belohnt, den alle fliehenden, Kriminelle simulierenden »Figuranten« im Training trugen.

Wenn Blindenführhunde in den klassischen Unterordnungsübungen geschult werden, hat der Mensch in der Regel das Sagen, aber dieses Verhältnis muss sich ändern, wenn der Hund später einen Blinden führt. Sobald er sein Führgeschirr trägt, muss der Hund die Selbstsicherheit haben, Kommandos zu ignorieren, die in dieser speziellen Situation nicht hilfreich sind. Ein ähnlicher Sinn für Unabhängigkeit ist auch für Hütehunde wichtig, besonders auf Hütewettbewerben, wo sie schnell und zuverlässig auf rund 60 verschiedene Hörzeichen reagieren und trotzdem eine gewisse Autonomie bewahren müssen. Einer der Hauptgründe für diese Autonomie hat mit dem Gebrauch der Stimm- und Pfeifensignale zu tun, die naturgemäß immer zu einer Verzögerung führen, denn der Hund kann das Geräusch ja erst dann hören, wenn es den Weg von den Lippen des Schäfers zu seinen Ohren zurückgelegt hat. In der Zwischenzeit kann es nötig sein, dass der Hund selbstständig arbeitet.

Fütterung

Die meisten Arbeitshunde bekommen angemessenes Futter, möglicherweise aber mitunter zu selten. Und manche Spürhunde, die gelernt haben, Teile ihrer täglichen Ration nur dann zu erwarten, wenn sie ein korrektes Verhalten wie das Anzeigen eines Zielgeruchs gezeigt haben, werden bewusst hungrig gehalten, damit sie zur Arbeit motiviert sind. Hunger ist zwar sicherlich unangenehm, aber die Debatte darüber, ob dieses Vorgehen tierschutzwidrig ist, wird vor allem von denjenigen geführt, die glauben, dass magere Hunde nicht gesund sind. Dabei sind sich die meisten Tierärzte darin einig, dass Übergewicht Gesundheit und Wohlbefinden viel stärker beeinträchtigt als leichtes Untergewicht. Und tatsächlich haben neuere Studien gezeigt, dass die Lebenserwartung von Hunden, die 25% weniger Futter bekommen als vom Hersteller empfohlen, deutlich gesteigert werden kann. (Was außerdem nahe legt, dass die Hersteller von Hundenahrung dringend ihre Fütterungsempfehlungen überarbeiten sollten.)

Und auch wenn Hunde eine gewisse Routine im Tagesablauf schätzen, vermeiden viele Trainer absichtlich feste Futterzeiten, damit die Hunde in keinen zu festen Trott geraten und dann vielleicht keine Lust mehr haben, zu bestimmten Tages- oder Nachtzeiten zu arbeiten, an denen sie vielleicht dringend gebraucht werden.

Unterbringung

Außer in den Fällen, in denen Hunde als PR-Element der Öffentlichkeitsarbeit von Unternehmen betrachtet werden (wie zum Beispiel mitunter bei Blindenführhunden der Fall), werden die Zwingeranlagen zur Unterbringung von Arbeitshunden nur selten für die öffentliche Besichtigung zugänglich gemacht. Die Hygienestandards sind dort in der Regel hoch (weil alles andere die Produktivität gefährden könnte), aber Spielsachen und die Gesellschaft von Artgenossen stehen nur begrenzt zur Verfügung. Manche Trainer sind diesbezüglich sogar der Ansicht, dass eine zu ablenkungsreiche Umgebung die Arbeitsleistung des Hundes schmälern könnte. Diese Philosophie wird aber von den neuesten Laborforschungen an Ratten widerlegt, die ergeben haben, dass an Reizen reiche Umgebungen das Lernen und die Trainierbarkeit fördern.

Bewegung

Die Arbeit von Hunden beinhaltet und erfordert in der Regel Bewegung, weshalb die meisten Arbeitshunde mehr Bewegung bekommen als Familienhunde. Andererseits kann aber auch die Bewegung, die manche von ihnen während der Arbeit bekommen, ziemlich formal und vielen Regeln unterworfen sein. Arbeitshunde schätzen die Routine, nicht zuletzt deshalb, weil die Kontrolle des Reviers zu den täglichen Aktivitäten eines Hundes gehört. Ausflüge mit dem Besitzer können diesen Kontrollgängen ähneln. Der Haken an der Sache ist nur, dass Arbeitshunde im Gegensatz zu Struppi Streuner, der seinen täglichen Patrouillengang durch sein Revier unternimmt, in der Regel nicht öfter zu bestimmten Orten zurückkommen.

Die ständige Herausforderung, neue Gegenden zu besuchen, kann zu exzessivem Markieren und möglicherweise sogar zu Durchfall führen, besonders bei unkastrierten Rüden (wovon es im Polizeidienst besonders viele gibt).

Spiel ist ganz klar für erwachsene Hunde sehr wichtig, ein Merkmal, das sie von erwachsenen Wölfen unterscheidet. Es ist interessant, zu spekulieren, ob Hunde, die viel formale Bewegung erhalten, trotzdem noch das ausgelassene Spiel vermissen. Aber wie wir gesehen haben, werden viele Hunde wie zum Beispiel die Spürhunde ja mit Spielzeugen ausgebildet. Bei Blindenführhunden sieht es dagegen häufig so aus, als hätten sie wenig Spaß an ihrer Arbeit. Sie zeigen regelmäßig ein eher gehemmtes Benehmen – vielleicht als Erbe der eher aversiven Trainingstechniken, die ihre Reaktionen auf Ablenkungen mindern sollen: Auf andere Hunde (mögliche Spielgefährten), sich bewegende Objekte (Bälle, die man fangen könnte) und Futter (heruntergefallene Reste, die man aufsammeln könnte).

Für manche Arbeitshunde ist die Arbeit aber auch unregelmäßig und jahreszeitenabhängig. Hütehunde zum Beispiel verbringen oft längere Zeiträume (manchmal sogar Monate) in Zwingern, wenn die Schafe auf dem Hof nicht bewegt werden müssen. Dies ist ein erheblicher Punkt, sich um ihr Wohlergehen zu sorgen. Oft sind diese Hunde auch noch angekettet und müssen neben großen Mengen ihrer eigenen Ausscheidungen leben, die im Sommer Fliegen anziehen.

Was wir aus der Welt der Arbeitshunde lernen können

Die Fähigkeiten und der Eifer von Arbeitshunden werden oft bestaunt, also lassen Sie uns einmal deren Haltung und Training anschauen und sehen, was wir daraus lernen und auf unsere Familienhunde anwenden könnten. Wer keine Hunde in Arbeitssituationen trainiert, nimmt vielleicht an, dass die reglementierte Umgebung in einem Arbeitshundezwinger eine nötige Voraussetzung ist, um die gleichen Leistungsstandards aus allen Hunden herauszuholen. Es stimmt natürlich, dass Hunde den Unterschied zwischen »im Zwinger« und »außerhalb des Zwingers« kennen und dass dies sie besonders scharf, willig und reaktionsfähig macht, wenn sie im Mittelpunkt der Aufmerksamkeit des Trainers stehen. Dies bedeutet aber nicht, dass nicht in Zwingern gehaltene Hunde schlechter trainierbar sind. Und genauso wenig bedeutet es, dass einige der besten Merkmale aus dem Arbeitshunde-Training nicht auch in unsere eigenen, nicht-professionellen Trainingsbemühungen einbezogen werden könnten.

Wenn der Hund bei uns ist, aber gerade kein formales Training erhält, kann er trotzdem für verbessertes Verhalten belohnt werden. Ich nenne dies auch »heimliches Training«. Es heißt eigentlich nur, dass der Hund ständig Ausschau nach Gelegenheiten hält, wie er sich Belohnungen verdienen kann, solange man ihm nicht ausdrücklich gesagt hat, dass er ruhen und entspannen soll. Dieser Methode ist viel von dem zu verdanken, was ich bei Arbeitshunden in Aktion gesehen habe.

Der Gebrauch von Signalen, die dem Hund sagen, wann er nicht mit seiner ganzen Aufmerksamkeit dabei sein muss, ist hierbei entscheidend. Ein Signal, das dem Hund sagt, wann er aufhören soll, sich zu konzentrieren, ist eins der nützlichsten Instrumente im Werkzeugkoffer von Toptrainern. Es besagt, dass Worte, die sich wie Kommandos anhören, ignoriert werden können und dass keine Belohnungen verpasst werden. Im Grunde ist es ein Aus-Schalter für die Aufmerksamkeit des Hundes und kann mit dem »Rührt Euch!« verglichen werden, mit dem Offiziere ihre Soldaten vom Strammstehen erlösen. Die Stärke dieses Signals liegt darin, dass es die Aufmerksamkeit des Hundes für die Zeiten reserviert, zu denen sie wirklich gebraucht wird, sei es im Training, bei der Arbeit oder auf dem Wettkampf. »Alles alle!« ist ein gutes Beispiel: Es sagt dem Hund, dass aktuell keine weiteren Belohnungen mehr verfügbar sind und dass er deshalb damit aufhören kann, das Verhalten anzubieten, für das er zuletzt belohnt wurde.

Hunde lernen die ganze Zeit über, sie haben keinen Begriff von formalen Trainingsstunden oder gar von Wettkämpfen. Solche Konzepte sind für sie irrelevant, weil sie Opportunisten sind und deshalb in der Lage sein müssen, alle Situationen gleichermaßen und bestmöglich auszunutzen. Sie scheinen aber auch sehr gut darin zu sein, herauszufinden, wenn ihre Besitzer oder sogar ein Publikum besonders auf sie achtet – wie zum Beispiel in

Trainingsstunden, bei Wettkämpfen und Vorführungen. Es gibt sicherlich Hunde, die in solchen Situationen zur Höchstform auflaufen und hervorragende Leistungen zeigen, während andere eher Kasperletheater spielen und dem Publikum Reaktionen auf fast komödiantenhafte Abweichungen vom Drehbuch zu entlocken versuchen scheinen.

Weil Hunde so gut lernen, trainieren wir sie ständig, die ganze Zeit über – ob wir das beabsichtigen oder nicht. Immer wieder höre ich von Besitzern, dass sie ihrem Hund dieses oder jenes unerwünschte Verhalten nicht beigebracht hätten, aber die Wahrheit ist, dass sie diese Verhalten fast alle unbewusst selbst trainiert haben. In diesem Sinne bekommen Sie immer den Hund, den Sie verlangt haben, auch wenn Sie das nicht ausdrücklich geäußert haben. Genauso wie sich uns unerwartete Lernmöglichkeiten bieten können, bieten sie sich auch Hunden – und genau das ergibt dann oft die effektivsten Lektionen.

Belohnungen können aus dem Nichts kommen, sollten aber am besten von einem Click begleitet werden, um zu bestätigen, dass sie mit dem vorherigen Verhalten zu tun hatten und nicht rein zufällig waren. Wenn Sie die Grenzen zwischen formalem und nicht formalem Training aufbrechen, wird der Hund kontextunabhängiger und damit letztendlich unter mehr verschiedenen Umständen verlässlicher.

Filetstückchen

- Familienhundebesitzer könnten viel von denen lernen, die Stunden, Tage und Jahre mit Arbeitshunden verbringen.

- Als soziale Tiere arbeiten Hunde gut als Mitglieder eines Teams, nicht zuletzt deshalb, weil sie voneinander lernen.

- Für manche Rassen kann es auch eine Belohnung sein, weiterarbeiten zu dürfen, während es eine Strafe ist, mit der Arbeit aufhören zu müssen.

- Optimale Gesundheit und Wohlergehen verlängern das Leben von Arbeitshunden.

- An Reizen reiche Umgebungen fördern Lernen und Trainierbarkeit.

- Manche Ausbilder von Arbeitshunden bevorzugen Spielzeuge als Belohnung für ihre Hunde.

- Sie bekommen den Hund, den Sie verlangt haben, selbst wenn Sie das nicht ausdrücklich geäußert haben.

In vielen Fällen zeigen Arbeitshunde, die in der Gruppe aufgezogen, sozialisiert und bewegt wurden, wie optimales Training dabei helfen kann, aus dem Zusammenleben mit Menschen das Beste zu machen.

Kapitel 16

Die meisten mir bekannten Hundezüchter haben die besten Absichten. Sie arbeiten mit Leidenschaft an Qualität und Ruhm ihrer Blutlinien und setzen sich dafür ein, ihre Rasse bekannter zu machen und Hunden im Allgemeinen zu nutzen. Sie leben mit Haut und Haaren für ihre Hunde. Sie verbringen ganze Tage damit, zu Hundeausstellungen zu reisen, und um dort die gewünschten Erfolge zu erzielen, müssen sie ihre Hunde mehr bewegen und pflegen, als die meisten Hundebesitzer es tun. Sie setzen sich mit den typischen Eigenschaften ihrer Rasse auseinander, grübeln über passende Anpaarungen und komplexen Fragen der Vererbungslehre. Und es stimmt, dass sie mit dem Züchten an sich selten Geld verdienen. Zeit, Mühe und Kosten, die zur Produktion eines Qualitätswurfs nötig sind, liegen irgendwo zwischen erheblich und gigantisch. Allerdings gibt es oft erhebliche Unterschiede darin, was ein Züchter und was ich als Tierarzt unter einem Qualitätswurf verstehen.

Geldgierige Hinterhofzüchter

Warum kosten Rassehunde eigentlich so viel, wie sie es tun? Sind sie ihren Preis wert? Rassehundewelpen sind teuer, aber die besseren Züchter können den Preis pro Welpe durch die Kosten für Haltung und Fütterung der Elterntiere, die Deck- und Meldegebühren, Reise- und Übernachtungskosten zu den Ausstellungen, die Kosten für den Import neuer Zuchttiere oder von Gefriersperma und so weiter und so fort rechtfertigen. Die einzige Möglichkeit, mit Hunden schnelles Geld zu machen, besteht darin, auf Quantität anstelle Qualität hin zu züchten. Sogenannte Hinterhofzüchter versuchen, möglichst viele Welpen einer Rasse zu produzieren, ganz egal, wie gut oder schlecht die Elterntiere waren. Oft sind genau dies auch die unsäglichen Charaktere, die schnell züchten, keine Hitze auslassen und der Hündin nie eine Pause gönnen, geschweige denn einen Kauknochen oder ein Bad. Sie züchten mit allem, was ungefähr aussieht wie ein Vertreter der jeweiligen Rasse, ohne sich um die Gesundheit der Welpen und das Wohlergehen der Hündin zu kümmern.

Man könnte annehmen, dass man, wie bei anderen Käufen auch, einen Welpen an den Verkäufer zurückgeben könnte, wenn ein ernsthaftes Problem zutage tritt. Aber von einem zweifelhaften Welpen trennt man sich nicht so leicht wie von einem wackelnden Tisch. Hunde nehmen sehr schnell ihren Platz als Mitglieder des Hausstands oder der Familie ein, besonders, wenn sie mit nach drinnen dürfen. Welpen und ihre neuen Besitzer entwickeln fast immer mit unglaublicher Geschwindigkeit eine sehr starke Bindung zueinander. Das ist der eigentliche Grund dafür, warum so wenige Züchter jemals mangelhafte Welpen zurücknehmen müssen, die sie niemals hätten verkaufen dürfen.

Trotz aller Bemühungen von Seiten der professionellen Hundezüchter und der Hundezuchtorganisationen gibt es nur wenig Druck dafür, das Richtige zu tun. Und selbst wenn

Quantität noch nicht einmal das Hauptziel mancher Züchter ist, kann die Qualität trotzdem leiden. Ganz einfach deshalb, weil Hinterhofzüchter nur am Geld interessiert sind und sich nicht um das Wohlergehen der Einzeltiere kümmern. Sie sind nicht an Zuchtprogrammen zur Bekämpfung von Erbkrankheiten interessiert und können damit einen Pool unerwünschter Gene schaffen. Ihre Welpen werden mit größerer Wahrscheinlichkeit Opfer von Erbkrankheiten als die von informierten und ernsthaften Fans der Rasse, die Zeit und Mühe in die Entdeckung und Ausmerzung von Erbkrankheiten stecken.

Zwar ganz ohne finanzielle Beweggründe, aber auch nicht besser ist es, wenn ganz normale Hundebesitzer Nachkommen von ihrem Lieblingshund haben möchten und dabei nicht darüber nachdenken, ob nicht auch unerwünschte Merkmale vererbt werden könnten. Sie sind zwar zahlenmäßig ein kleineres Problem als die Produkte ungeplanter Paarungen oder von unkastrierten Streunern, aber eine solche rein aus sentimentalen Beweggründen betriebene Zucht kann schwierig zu vermittelnde Welpen hervorbringen und damit das Problem unerwünschter Hunde vergrößern. In gewissem Sinne ist dies ein Argument für die Kastration aller Tierheimhunde, denn sie haben den Basistest für Anpassungsfähigkeit nicht bestanden – ein Leben lang in einer Familie bleiben zu können. Zugegebenermaßen ist dieser Test radikal. Es wirft Hunde aus dem Fortpflanzungspool, ohne zu fragen, warum sie ab- oder aufgegeben wurden. Als Tierarzt wurde ich tatsächlich einmal gebeten, einen Hund einzuschläfern, weil er die falsche Farbe für den neuen Teppich des Besitzers hätte (was ich natürlich nicht tat). Seitdem bin ich aber ganz und gar nicht mehr davon überzeugt, dass alle Hunde nur aus gutem Grund abgegeben werden.

Was kostet der Welpe im Schaufenster da?

Leider ist es viel zu vielen Käufern egal, woher die Welpen kommen. Vielleicht liegt es daran, dass Welpen so universell ansprechend wirken – wir wissen ja, wie gut sie sogar in der Werbung für Toilettenpapier funktionieren. Das bedeutet, dass die von guten Züchtern gesetzten hohen Standards nur selten geschätzt oder belohnt werden. Der durchschnittliche potenzielle Welpenkäufer wird weich in den Knien, wenn er einen Zuchtzwinger besichtigt und »einfach nur mal Welpen anschauen« möchte. Im Grunde heißt das, dass es für Züchter nur wenig Anreize gibt, sich mit ihrer Zucht ganz besondere Mühe zu geben. Und genauso richtig ist es leider auch, dass schlechte Haltungs- und Hygienebedingungen bei Züchtern nur selten wirklich bestraft werden.

Wenn ein Hinterhofzüchter sein erstes schnelles Geld gemacht hat, kann er schnell ein größeres Unternehmen der quasi industriell betriebenen Hundezucht aufbauen und zu einem wirklich verabscheuenswürdigen Charakter werden, gegen den Cruella de Ville aus *101 Dalmatiner* wie Mutter Teresa wirkt. Sogenannte Welpenfabriken produzieren große Mengen von Welpen mittlerer bis schlechter Qualität und verschicken sie in alle Welt, was sich als echte tierschützerische Katastrophe erwiesen hat. Wenn Welpen ihre ersten Lebenswochen in einem Zwinger verbringen, der so dreckig ist, dass sie nie den Unterschied zwischen sauberen und schmutzigen Bereichen lernen, wird die Erziehung zur Stubenreinheit unvermeidlich zum Problem.

Gierige, auf Masse versessene Züchter ziehen aus jeder Hündin pro Jahr zwei Würfe. Noch unreife oder ältere Hündinnen haben es oft schwer, ihr Körpergewicht zu halten, weil sie so viel Milch produzieren müssen. Und lassen Sie sich nicht täuschen: Aus den Welpenfabriken kommen nicht nur Rassehunde, sondern auch sogenannte Designerhunde. Die neuerlich verstärkt aufgetretene Nachfrage nach Labradoodles, Spoodles, Schnoodles und Cavoodles hat dazu geführt, dass die Betreiber von Welpenfabriken sich überall vergnügt die Hände rieben.

Ein anderes Problem der Welpenfabriken ist, dass sich dort selten jemand um die Sozialisation schert. Damit werden Hunde produziert, die auf ganz normale Alltagsreize ängstlich reagieren. Dies führt zu Angst- und damit irgendwann auch zu Aggressionsproblemen. Ungenügende Sozialisation ist deshalb einer der Hauptgründe dafür, warum Hundebesitzer es später bereuen, einen aus einer solchen Fabrik stammenden Welpen gekauft zu haben.

Oft sind Zooläden an solche Welpenfabriken angeschlossen (vor allem in den USA, Anm. d. Übers.). Hier lauten die Hauptkritikpunkte, dass die Welpen außerhalb der Ladenöffnungszeiten nicht überwacht werden, dass sie nicht sozialisiert werden und dass sie in Gehegen gehalten werden, die eine spätere Erziehung zur Stubenreinheit erschweren. Die Läden setzen oft darauf, spontane Kaufimpulse bei Menschen auszulösen, die nur schlecht oder gar nicht auf die Haltung eines Hundes vorbereitet sind. Hinzu kommt noch, dass die im Schaufenster sitzenden Welpen von Passanten gehänselt werden können. Fast alle Tierschutzorganisationen lehnen den Verkauf von Welpen in Zoogeschäften oder allgemein im Handel aus diesen Gründen ab – und natürlich auch deshalb, weil es so zu noch mehr unerwünschten Hunden und zu noch mehr Überlastung der Tierheime kommt.

Erbkrankheiten

Seit meiner Zeit als Student der Tiermedizin bin ich perplex über die von Erbkrankheiten verursachten Probleme. An der Universität von Bristol wurden meine Kommilitonen und ich ständig daran erinnert, dass die Krankheiten A, B und C bei Hunden der Rassen X, Y und Z häufig seien. Das Problem schien irgendwann überwältigend groß zu sein. Sich merken zu wollen, welche der etwa 180 Rassen welche der etwa 400 Krankheiten hatten, war ja schon Herausforderung genug – ganz zu schweigen davon, dass man ein System erdenken könnte, um das Problem anzugehen. Manche Menschen betrachten es als Form der Tierquälerei, Welpen mit einer Erkrankung zur Welt kommen zu lassen, die vermeidbar gewesen wäre.

Der Fairness halber muss aber erwähnt werden, dass Hunde nicht die einzigen sind, denen von Menschenhand unerwünschte Merkmale aufgezwungen werden. Wenn Sie herausfinden, dass manche Tauben speziell dazu gezüchtet werden, in der Luft Purzelbäume zu schlagen anstatt zu fliegen, werden Sie sehen, wie weit Tierschutz hinter menschlicher

Genugtuung zurückstehen kann. Alle üblichen Heimtiere wie Katzen, Nager oder Vögel haben ihre eigenen Listen erblich bedingter Krankheitsprobleme, aber Hunde führen die Parade an. Sie sind das beste Beispiel dafür, welche Probleme entstehen, wenn Stammbäume und Erfolge im Ausstellungsring über Gesundheit, Wesen und Wohlergehen gestellt werden.

Bevor die erste Hundeausstellung stattfand, wurden Hunde danach beurteilt, ob sie für uns als Jäger, Schäfer oder Wächter und so weiter arbeiten konnten, und auch danach, ob sie uns angenehme Gesellschaft leisten konnten. Als Hunde aber Ende des 19. Jahrhunderts anstatt zur Arbeit in den Showring zu gehen begannen, wurden viele der funktionalen Aspekte ihres Verhaltens und ihrer Morphologie in Rassestandards aufgenommen. Die Absicht war eine gute – das Idealbild für einen Vertreter dieser Rasse festzuhalten – aber die dafür benutzte Sprache war blumig, verschachtelt und offen für Fehlinterpretationen. Wobei man natürlich der Fairness halber bedenken muss, dass die Fotografie zu dieser Zeit noch nicht weit verbreitet war und die Schriftform der angemessene Weg war, ein solches Idealbild festzuhalten. Das Ergebnis der Richterinterpretationen der geschriebenen Standards ist das, was wir heute als Rassehunde anerkennen.

Wenn ein Tier in seiner ursprünglichen Aufgabe arbeiten konnte, so glaubte man einmal, musste auch sein Exterieur (seine Körperstruktur) absolut korrekt sein. Daher das Mantra »Form follows Function« – will sagen: wenn er richtig gebaut ist, kann er auch arbeiten. Leider ist dies ein sehr kurzsichtiger und viel zu stark vereinfachender Blick auf Gesundheit und Wohlergehen von Hunden. Nur weil sie vielleicht so aussehen, als ob sie die Arbeit tun könnten, die auch ihre Vorfahren schon erledigt haben, ist dies noch keine Garantie für gute Lebensqualität. Und sich auf den geschriebenen Rassestandard verlassen zu wollen kann auch in die Irre führen. Wie wir noch in diesem Kapitel sehen werden, können Standards sehr widersprüchlich, kontraproduktiv und offen für Interpretationen sein. Oft werden sie aber so betrachtet, als handle es sich um in Stein gemeißelte Überlieferungen und werden von traditionellen Züchtern mit geradezu religiösem Eifer verteidigt: Diese weigern sich zu akzeptieren, dass das geschriebene Wort viel Raum für Vorstellungskraft lassen und weigern sich auch dann noch, jegliche Änderung am Standard zuzulassen, wenn die Gesundheit des Hundes ganz klar beeinträchtigt wird.

Leider legen einige der im Ausstellungsring verherrlichten Rassestandards mehr Wert auf die äußere Erscheinung anstatt auf die Funktionalität. Im Grunde geht es einzig und allein um Show. Die Züchter konkurrieren untereinander darum, wer die dem Rassestandard am nächsten kommenden Phänotypen erschaffen kann. Langlebigkeit und Trainierbarkeit – zwei von Hundebesitzern besonders geschätzte Merkmale – werden im Ausstellungsring nicht bewertet und deshalb in Zuchtprogrammen auch nicht selektiert. In der Praxis beinhalten viele Rassestandards sogar Merkmale, die hinsichtlich Gesundheit und Wohlbefinden bestenfalls fragwürdig sind. So mögen zwar beispielsweise die heute im Ausstellungsring siegenden Bernhardiner dem Rassestandard entsprechen, aber geplagt von Herz- und Hüftleiden ist die Rasse eine einzige vor sich hin walzende, sabbernde Gesundheitskrise mit einer durchschnittlichen Lebenserwartung von unter fünf Jahren. Ein verirrter Alpenwanderer, der darauf hofft, dass gleich ein Bernhardiner mit einem Fässchen Fünf-Sterne-Brandy zu seiner Rettung um die Ecke kommt, wird mit höherer Wahrscheinlichkeit eine Erscheinung des Heiligen Bernhard selbst erleben.

Gesunde Ohren

Selbst bei oberflächlichem Blick auf Hunde verschiedener Rassen lässt sich erkennen, wie Körperbau und Gesundheit zusammenhängen. Genau wie Kopf- und Augenformen von einer Rasse zur nächsten variieren, so kann auch die Ohrenform erheblichen Einfluss auf Gesundheit und Wohlergehen haben. Hängeohren wirken auf uns extrem ansprechend, besonders bei Welpen, aber leider machen sie anfällig für Probleme, die durch die schlechte Belüftung der Ohren entstehen. Eine unausgewogene Besiedlung mit Bakterien oder Pilzen kann in dem warmen, feuchten Klima solcher Ohren wunderbar gedeihen. Das Ohrschmalz und der Eiter, die sich in den Ohren von Cocker Spaniels mittleren Alters ansammeln, sind wirklich denkwürdig. Als ich noch regelmäßig tierärztliche Hausbesuche machte, konnte ich schon in dem Moment, wenn ich ein Wohnzimmer betrat, sagen, ob dort ein älterer Cocker lebte: ihre juckenden Ohren entwickeln eine verräterische Geruchsnote von Ohrschmuddel, die sich hartnäckig in Tapeten und Möbeln festsetzt. In Hängeohren können sich auch Grassamen verfangen, ein weiteres typisches Problem für Spaniel. Leider lassen diese Fremdkörper sich nur schwierig herausspülen und oft muss der Hund in Vollnarkose gelegt werden, damit der Tierarzt mit Auriskop und Pinzette arbeiten kann. Schlappohren hängen auch ständig in Futternäpfen, es sei denn, man füttert aus Näpfen mit extra hohen Rändern, die die Ohren zur Seite vom Futter wegdrücken.

Stehohren dagegen ziehen häufig beißende und stechende Insekten an, vielleicht, weil sie optisch eher gegen das Fell an Hals und Nacken hervorstechen. Sie sind auch anfällig für die Entstehung sogenannter »Blutohren«, verursacht durch Hämatome am Ohr, die wirklich nur bei stehohrigen Hunden vorkommen. Sie können das gesamte Ohr deformieren und mit blumenkohlartigen Wucherungen überziehen, so wie wir es von menschlichen Boxern kennen.

Besonders bei Rassen mit feinem, seidigem Haar wie Malteser, Pudeln oder Yorkies ist die Luftzufuhr zum Gehörgang oft durch Haarwuchs gestört, weshalb stark behaarte Ohren für die gleichen Probleme anfällig sein können wie extreme Schlappohren. Die Haare müssen ausgezupft werden, unter Umständen in Vollnarkose.

Zucht für den Showring, nicht fürs Leben

Lassen Sie mich meinen Standpunkt noch mit einer Reihe von Beispielen aus heutigen Rassestandards der FCI, des weltweiten Hundezucht-Dachverbandes, illustrieren. Ich habe dazu einige eher stilisierte Rassen ausgewählt, um zu zeigen, wie die Standards gutem Wohlbefinden im Weg stehen können und wie leicht extreme Merkmale zu Krankheiten führen können.

Beginnen wir einmal mit dem Weimaraner, dessen Standard eine »kräftige, aber nicht übermäßig breite Brust mit genügender Tiefe« verlangt, während der Bauch »leicht ansteigend« sein soll. Diese Forderungen mögen dem Weimaraner zwar zu einem athletischeren Aussehen verhelfen, aber jeder Tierarzt weiß, dass Rassen mit tiefem Brustkorb besonders anfällig für Magenerweiterung und Magendrehung sind – eine extrem schmerzhafte, lebensbedrohliche Erkrankung, bei der Gas den Magen aufbläht und möglicherweise zu seiner Drehung führt.

Dann haben wir den Mops, dessen Augen gemäß Standard »groß und kugelförmig sein sollen«. Die Züchter gehorchen den Richtern und arbeiten auf dieses Merkmal hin. Aber ist es dann Zufall, dass Möpse so stark hervortretende Augen haben, dass ihre Lider kaum noch richtig schließen und den Augapfel gar nicht mehr sauberwischen können? Die armen Hunde leiden lebenslang unter chronischer Bindehautentzündung, die irgendwann zu einer Vernarbung der Hornhaut des Auges und damit zur Erblindung führt. *(Der FCI-Standard für den Mops wurde 2010 leicht geändert – die entsprechende Passage besagt jetzt, dass die Augen »relativ groß und von runder Form« sein sollen, Anm. d. Übers.).*

Den Züchtern Englischer Bulldoggen wird unterdessen empfohlen, dass der Kopf »sehr groß« sein soll – je größer, desto besser. Wenn im Ausstellungsring große Köpfe und enge Becken hoch bewertet werden, bedeutet dies, dass Welpen (mit großen Köpfen) im (engen) Geburtskanal der Hündin stecken bleiben. Hunde dieser Rasse benötigen mit hoher Wahrscheinlichkeit einen Kaiserschnitt, um die Geburt zu überleben. Von der gleichen Rasse wird auch ein gebogener Karpfenrücken (»Roach Back«) verlangt. Da überrascht es nicht, dass sie manchmal mit verdrehten Rückenwirbeln zur Welt kommen.

Manche Rassestandards sind auch unklar, widersprüchlich und verwirrend. Der Shar Pei zum Beispiel muss »Hautfalten am Schädel« und einen »missmutigen Ausdruck« haben, aber diese Merkmale sollen »in keiner Weise die Funktion der Augäpfel oder Augenlider beeinträchtigen« und die Hunde sollen »frei von Entropion« sein – einer unangenehmen Erkrankung, bei der die Augenlider nach innen in Richtung Augapfel gerollt sind. Die Wahrheit ist aber, dass diese Kombination der Hautfalten und des missmutigen Gesichtsausdrucks die Hunde zum Entropion prädisponieren muss. Die Probleme enden aber nicht bei den Augen, denn die faltige Haut der Rasse kann, wie jede schwitzige Falte, wund werden und sich entzünden. Ich wäre glücklich, wenn dieses Buch die Naivität auch nur eines einzigen künftigen Welpenkäufers verringern könnte, der meint, Shar Peis seien ja so niedlich und bräuchten nichts als hin und wieder eine liebevolle Umarmung. Erschreckend, aber wahr: Manche Zoohandlungen *(in Australien, Anm. d. Übers.)* verkaufen Shar Pei Welpen gleich zusammen mit einem Gutschein für die plastische Operation, die die Hunde brauchen, wenn sie etwas älter werden. So etwas lässt mich vor Wut und Frustration mit den Zähnen knirschen.

Ein anderes Beispiel für die klaffende Lücke zwischen Ausstellungsring und Realität ist der Standard des Pulis, der das Wesen als »ein guter Wachhund« beschreibt. Das gewünschte Aussehen des Favoriten im Rastafari-Look ist »langes Haar«, das »die Augen abschirmt«. Die das Sichtfeld des Hundes versperrenden Dreadlocks einfach abzuschneiden würde sofort zum Nachlassen seines Misstrauens gegen Fremde führen, weil er sich nähernde Menschen jetzt früher erkennen könnte. Und davon abgesehen – warum sollte jemand, der einen Familienhund möchte, sich einen aussuchen, der aus einer langen Ahnenreihe von auf Misstrauen gegenüber Fremden selektierten Hunden stammt?

In manchen Fällen sind auch Merkmale in die Rassestandards aufgenommen, die das Überleben von Struppi Streuner direkt gefährden würden. Der kurze Gesichtsschädel zum Beispiel (Brachyzephalie) ist im Standard für Boston Terrier vorgeschrieben. Die Tiere müssen »kurzköpfig« sein und einen »kurzen Kopf und Kiefer« besitzen, mit einem Fang, der »kurz, eckig, breit und tief ist … kürzer in der Länge als in der Tiefe; in der Länge nicht über etwa ein Drittel des Gesichtsschädels hinausgehend«. Wir wissen, dass kurze Schädel mit Atemproblemen einhergehen. Und tatsächlich müssen bei vielen Boston Terriern, Möpsen, Cavalier King Charles Spaniels und Bulldogs mittleren Alter die Atemwege operativ durch Kürzen des Gaumensegels geöffnet werden.

Selbst der einheimische Hund Australiens ist bedroht, da Hundefans nun Interesse daran bekunden, auch den Dingo auf Ausstellungen zu zeigen. Für viele Beobachter zeugt dies von entweder erheblicher Naivität oder von Arroganz. Wie könnten wir ein Tier verbessern, das viele Tausend Jahre in einer feindlichen Umwelt überlebt hat? Was qualifiziert irgendjemanden, einen Rassestandard für solche Tiere zu schreiben?

Kindchenschema – die Selektion auf Neotenie

Als Hunde vom Arbeitspartner zum Begleiter und Showtier wurden, selektierte man die Schoßhunde auf ihre welpenähnlichen Merkmale hin. Ein Beispiel dafür ist der Cavalier King Charles Spaniel mit seinen »großen dunklen Augen«, Hängeohren und »kompakten Pfoten«. So fand der ewige Welpe eine evolutionäre Nische in der Obhut einiger Menschen, die gerne ihren Pflegetrieb ausleben. Da diese großen, hingebungsvollen Hundeaugen unsere Herzen wirklich erweichen, hat die Selektion auf kindliche Merkmale vielleicht die Bindung zwischen Hund und Mensch verstärkt. Leider reduzierte sie aber auch die körpersprachliche Kommunikationsfähigkeit vieler Hunderassen, wie zum Beispiel beim English Bulldog mit seinen »Rosenohren«, die nicht mehr aufgestellt werden können. Die tierschützerischen Implikationen einer solcherart reduzierten Kommunikationsfähigkeit müssen erst noch erforscht werden, aber auch wenn es dazu noch keine wissenschaftlichen Untersuchungen gibt, scheint es doch wahrscheinlich, dass die Sozialisation für manche Rassen hierdurch erschwert ist.

Lassen Sie uns an dieser Stelle innehalten und überlegen, wie Hunde Abweichungen von der grundlegenden Körperform eines Hundes wahrnehmen. Ich behaupte nicht, dass andere Hunde Pudel als Mitglied einer seltsamen Sekte betrachten, aber manche stellen eine echte Herausforderung für eventuelle Betrachter dar. Manche Rassen, wie zum Beispiel der Malteser, sind nicht einmal zu sehr verkindlicht, dafür aber einfach viel zu haarig, um effektiv Signale aussenden zu können. Mit ihrem langhaarigen, Meerschweinchen-ähnlichen Aussehen haben sie Hunde in aller Welt in die Irre geführt und wurden von ihnen irrtümlich für Beute gehalten. Ein weiteres Beispiel sind die Old English Sheepdogs, die abgesehen von der Frage, ob sie mit ihrem Stummelschwanz wedeln können oder nicht, Schwierigkeiten damit haben, ihre Nackenhaare aufzurichten (weil das Haar zu weich und lang ist), die Zähne zu zeigen (weil der Bart darüberhängt) oder anderen Hunden Drohblicke zuzuwerfen (weil die Augen durch Haare verschleiert sind).

Aus Verhaltenssicht betrachtet sind viele Merkmale von Welpen bemerkenswert: Sie haben in der Regel eine hohe Toleranz gegenüber fremden Menschen und Hunden, sie sind darauf angewiesen, dass man sie füttert, pflegt und anleitet und sie springen stark auf Ersatzobjekte an, die eine Jagd simulieren. All diese eigentlich juvenilen Verhaltensmerkmale wurden in der züchterischen Selektion gefördert. Eine mögliche Erklärung dafür ist, dass moderne Familienhunde auf ein Verhaltensrepertoire hin selektiert wurden, das vor allem passiv, nachgiebig und unterwürfig ist. Dies lässt sie selbst als Erwachsene weniger selbstbewusst sein, als Gevatter Wolf es je gewesen wäre und macht sie in vielen ihrer Aktivitäten sehr von ihrer menschlichen Gruppe abhängig. Praktischerweise hilft es ihnen auch, sich an uns zu binden und uns als Ernährer, Versorger, Coaches und Superhelden schätzen zu lernen. Und trotz alledem halten wir sie allein: In Australien leben rund 75% aller Hunde in Ein-Hund-Haushalten. Und dann wundern wir uns, warum sie bellen, wenn wir sie alleine lassen. Erst haben wir sie von uns abhängig gemacht und dann lassen wir sie regelmäßig in der Isolation zurück.

All das führt zu der Überlegung, in welcher Umgebung die meisten Familienhunde ihr Leben verbringen. Auch wenn Rassehunde in der Regel von erfolgreichen Ausstellungssiegern abstammen, enden die meisten von ihnen doch als Familienhunde in unseren Wohnungen – einer Umgebung, die ganz andere Merkmale erfordert als der Ausstellungsring. Und die harte Arbeit, für die manche Rassen ursprünglich gedacht waren, ist heute durch eingeschränkte Bewegungsmöglichkeiten in der Stadt ersetzt. Viele moderne Hunde verbringen auch einen Großteil ihres Lebens getrennt von ihren Besitzern. Ein Zyniker würde sagen, dass wir lieber Hunde mit weniger angeborenem Bewegungsdrang und mit weniger Neigung zu Trennungsangst züchten sollten. Gegen Trennungsangst zu selektieren würde aber auch bedeuten, auf weniger Abhängigkeit oder gar erhöhtes Selbstbewusstsein zu selektieren, was dann zu Ressourcenverteidigung und Beißproblemen führen könnte.

Probleme mit aktuellen Zuchtpraktiken

Manchmal verwenden Züchter mehr Energie auf die Verfeinerung der Fellfarbe und Haarqualität ihrer Hunde als auf deren Gesundheit. Wie bei Pferden und Rindern auch hat die Selektion nach Fellfarbe zu einigen unvorhergesehenen und unerwünschten Veränderungen bei Familienhunden geführt. So scheint es zum Beispiel bei Cocker Spaniels einen Zusammenhang zwischen Fellfarbe und Aggression zu geben. Einfarbige Cocker (ohne weiße Abzeichen), besonders rote, sind anfälliger dafür, in den Zustand sogenannter Cocker-Wut zu geraten als beispielsweise stichelhaarig gefärbte.

In Hinsicht auf den Arbeitseinsatz geförderte Merkmale können manchmal unbewusst über-selektiert werden und dann zum Entstehen der Neigung zu Zwangsverhalten führen. So wurden Border Collies zum Beispiel darauf selektiert, die Schafe mit ihrem Blick zu fixieren – und manche von ihnen starren heute mit gleicher Intensität zuhause die nackte Wand an. Vielleicht ist es auch das Rattenjägererbe in Staffordshire Bullterriern und Bullterriern, das bei manchen dazu führt, dass sie ihre eigenen Schwänze jagen und in Stücke beißen, wenn sie sie erwischen. Es wird noch darüber debattiert, ob Hunde aktiv leiden, wenn sie solches Zwangsverhalten ausführen. Manche sind der Meinung, das ständig wiederholte Verhalten könnte auch ein Weg zu erhöhter Endorphinausschüttung sein, die Hunde seien dann quasi in einem drogenähnlichen Rauschzustand. Diese sogenannte Selbstnarkotisierung könnte das wahre Ausmaß des Problems maskieren. Wenn das stereotype Zwangsverhalten mit dem normalen Verhalten in Konflikt gerät, kann es in Extremfällen letztendlich bis zur Euthanasie des Tieres führen, weil das Verhalten für den Besitzer nicht mehr akzeptabel ist.

Die falschen Prioritäten?

Mit jeder neuen Generation in einem Zuchtprogramm lässt sich nur eine begrenzte Anzahl an Schritten nach vorn machen. Weil Züchter die vielen detaillierten, im Rassestandard festgehaltenen Merkmale berücksichtigen müssen, haben sie nur wenig Raum, um daneben auch noch Merkmale zu fördern, die mit der Anpassungsfähigkeit an städtische Umgebungen zu tun haben. Man könnte schon eine strenge Selektion auf Wesen und Leistungsfähigkeit durchführen, aber nur dann, wenn man den Merkmalen von nebensächlicher Bedeutung weniger Aufmerksamkeit schenken könnte.

Leistungsfähigkeit meint in diesem Zusammenhang nicht besondere Sportlichkeit. Die Mindest-Leistungsanforderung an einen Hund ist, dass er ohne fremde Hilfe Welpen zur Welt bringen kann. Dagegen sind Gene, die nur mit Hilfe eines Tierarztes an die nächste Generation weitergegeben werden können (wie die des großköpfigen Bulldogwelpen, der nicht durch die Wespentaille seiner Mutter passt) schon an sich fehlerhaft. Man kann in dem Fall sagen, dass sowohl Hündin als auch Welpen einen grundlegenden Leistungstest nicht bestanden haben. Leider ist der Druck des Marktes nicht stark genug, damit die Kaiserschnitte abgeschafft werden. Im Gegenteil ist es weit verbreitet, dass Züchter und Tierärzte finanziell von dieser Praxis profitieren, weil die Operationskosten an die Welpenkäufer weitergegeben werden.

Wenn Tierärzte mit dem ethischen Dilemma konfrontiert sind, das Leben übergroßer Welpen *in utero* zu retten, besteht eine Option in einer gleichzeitig mit dem Kaiserschnitt durchgeführten Panhysterektomie. Das beendet zwar die Zuchtkarriere der Hündin, tut aber wenig dafür, die für die Übergröße verantwortlichen Gene auszurotten, weil die weiblichen Welpen die gleiche Tendenz haben werden.

Gefährlich enge Genpools

Die Zuchtbücher sind geschlossen. Das bedeutet, dass alle Zuchttiere als Mitglieder der Rasse anerkannt sein und Stammbäume haben müssen, die ebenfalls ausschließlich mit anderen registrierten Mitgliedern der Rasse gefüllt sein müssen. Kein neues genetisches Material wird hereingelassen, so ähnlich, wie es früher bei den Königshäusern der Fall war. Das bedeutet, dass jeder Schritt, der innerhalb eines Rassehundezuchtprogramms gemacht wird, bestenfalls nur winzig klein sein kann. Und selbst ohne den Druck, den Rassestandards entsprechen zu müssen, würden viele Züchter auch weiterhin Hunde mit ernsthaften Defekten züchten, da fast jedes Tier, das je gelebt hat, mindestens ein schädliches rezessives Gen getragen hat. Die Durchschnittszahl schädlicher rezessiver Gene bei einem Einzelhund kann bis zu 20 betragen. Die von schädlichen Genen verursachten Störungen wurden in zahlreichen Zeitschriften, Büchern und Datenbanken aufgelistet. Ein Online-Katalog namens On-line Mendelian Inheritance in Animals, OMIA www.angis.org.au/Databases/BIRX/omia enthält mehr als 495 bei Hunden festgestellte Erbkrankheiten. Selbst wenn sie nicht lebensbedrohlich sind, können sie das Wohlbefinden doch erheblich beeinträchtigen. Die brachyzephalen (kurznasigen) Hunde beispielsweise können unter Frustration leiden, weil sie aufgrund ihrer Atemprobleme weniger spielen können und die Hunde mit orthopädischen Problemen müssen den Stress korrigierender Operationen ertragen. Und es überrascht auch nicht, dass immer noch weitere neuere Defekte hinzukommen (wie zum Beispiel Epilepsie beim Zwergrauhaardackel) und sicherlich wird sich bei einigen dieser Defekte herausstellen, dass sie erblich sind.

Natürliche Selektion begrenzt die Häufigkeit schädlicher Gene, während die Paarung von Verwandten (Inzucht) ihren Einfluss dramatisch erhöht. Inzucht bringt schädliche rezessive Gene nach draußen, wo ihre Auswirkungen sichtbar werden. Die Schlussfolgerungen sind klar:

1. Selbst der reinrassigste Rassehund trägt höchstwahrscheinlich schädliche Gene.
2. Je höher der Grad der Inzucht, desto höher die Wahrscheinlichkeit auf Welpen mit angeborenen Defekten.

Hundezüchter sollten zwar die Verpaarung enger Verwandter vermeiden, aber in zahlenmäßig kleinen Rassen ist das oft fast unmöglich, weil es schwierig ist, eine Anpaarung zu finden, bei der die Hunde nicht mehrere gemeinsame Ahnen innerhalb weniger Generationen haben. Aber überraschenderweise sind auch beliebte Rassen mit einer sehr großen Anzahl registrierter Hunde nicht vor diesem Problem gefeit. Die aktuelle Inzuchtrate kann viel höher sein, als man bei der Anzahl registrierter Hunde vermuten würde – was daran liegt, dass zu viele Züchter sich auf eine zu kleine Anzahl von Familien konzentrieren. Sie nennen das »Linienzucht«, was aber nur ein anderes Wort für Inzucht ist. Damit hat man vielleicht die Illusion kurzfristiger Vorteile, wie zum Beispiel sagen zu können, dass ein Wurf von einem sehr bekannten Deckrüden stammt, dem weltberühmten Supreme Champion Flavour of the Month, aber der langfristig zu zahlende Preis ist, dass andere Blutlinien verloren gehen und die Auswahl immer kleiner wird. Inzucht ist so, als würde man in seinen eigenen Genpool pinkeln.

Die Herausforderungen

Gute Züchter möchten, dass diese Probleme angegangen werden. In Langzeitperspektive betrachtet wird aber klar, wie schwierig echte Veränderungen durchzusetzen sind, solange das derzeitige System der Konkurrenz alleine anhand der Rassestandards existiert und Auskreuzungen (d.h. die Einführung neuer Blutlinien) nicht erlaubt sind. Viele Züchter tun unter den gegebenen Umständen das, was sie können, aber im Großen und Ganzen sind sie sich darin einig, dass die Rassehundezucht mit mindestens fünf großen Problemen zu kämpfen hat:

1. Manche Rassestandards und Selektionspraktiken laufen dem Interesse der Hunde zuwider, und zwar bis zu einem tierschutzrelevanten Ausmaß.
2. Es besteht nicht genügend Druck für eine Selektion auf Merkmale, die das Wohlergehen der Hunde fördern und Welpen hervorbringen könnten, die besser an den modernen menschlichen Alltag angepasst sind.
3. In manchen Rassen ist das Vorkommen bestimmter Erbschäden inakzeptabel hoch.
4. In manchen Rassen ist die Anzahl der registrierten Hunde in bestimmten Ländern so niedrig, dass es Züchtern fast unmöglich ist, die Paarung enger Verwandter zu vermeiden.
5. Tierärzte haben kein finanzielles Interesse daran, das Vorkommen erblicher Krankheiten zu reduzieren.

Schritte in die richtige Richtung

Der Status Quo ist, dass die meisten Rassen ihre eigene typische Liste von Erbkrankheiten haben, von denen manche in nicht akzeptabler Häufigkeit auftreten. Natürlich lässt sich mit deren Behandlung Geld verdienen, weshalb manche Tierärzte kein Interesse an ihrer Abschaffung haben. Dies bestätigte sich einmal auf traurige Weise, als ein älterer Tierarztkollege mich einmal bat, doch nicht immer so öffentlich auf diesem Thema der Erbkrankheiten herumzureiten, denn schließlich sorgten diese doch für das täglich Brot unseres Berufsstandes. Zum Glück ist er inzwischen in den Ruhestand gegangen und ich freue mich zu hören, dass 250 australische Tierärzte sich bereit erklärt haben, das Auftreten von Erbkrankheiten regelmäßig an eine von der veterinärmedizinischen Fakultät der Universität Sydney betriebenen Website zu melden (List of Inherited Disorders in Animals – LIDA, www.vetsci.usyd.edu.au/lida). Dies ist ein Riesenschritt in die richtige Richtung, weil er uns ermöglicht, unseren Feind kennenzulernen. Wenn wir wissen, welche Krankheiten in den Rassehundpopulationen jedes Landes am häufigsten vorkommen, können wir strategische Zuchtprogramme zu ihrer Verringerung entwickeln. Auf der LIDA-Seite können Sie auch nach bestimmten Rassegruppen oder Organsystemen suchen. Hauptziel dieses Projektes ist die Sammlung und Verarbeitung von Daten, die es allen Interessierten einschließlich Züchtern und Tierärzten ermöglichen, das Vorkommen von Erbkrankheiten zu beobachten. Das geschieht über:

- Die Entwicklung von Software, die eine Auswertung tierärztlicher Daten ermöglicht.
- Zentrale Sammlung dieser Daten und Datenabgleich, um die häufigsten Krankheiten pro Rasse zu identifizieren und das Alter, in dem die betroffenen Hunde am häufigsten dem Tierarzt vorgestellt werden.
- Kostenfreier Zugang zu diesen Daten für alle Tierärzte, Züchter oder potenzielle Welpenkäufer.

Eine weitere Initiative unsererseits besteht darin, eine Methode zu finden, wie man die Selektion von zur Zucht eingesetzten Hunden anhand von deren Wesen fördern könnte. Die Grundidee ist die Verleihung eines Preises für Ausstellungshunde, die einen standardisierten Wesenstest bestanden haben. Dieser Preis wird bei jeder größeren australischen Hundeausstellung verliehen werden. Nach dem gleichen auch sonst auf Ausstellungen angewandten Bewertungsschema wird der Hund mit der höchsten Punktzahl aus jeder FCI-Gruppe (Jagdhunde, Terrier, Hütehunde und so weiter) den Preis gewinnen.

Dabei sind wir uns bewusst, dass Züchter auch Hunde mit einem zweifelhaften Wesen so trainieren könnten, dass sie es durch den Test schaffen. Wir hoffen aber, dass der Test Züchter trotzdem dazu bringt, »leichter trainierbare« Hunde zu züchten. Und genau das ist ja letzten Endes, was wir uns wünschen.

Filetstückchen

- Es gibt erhebliche Unterschiede zwischen dem, was ein Züchter und was ein Tierarzt unter einem guten Wurf Welpen verstehen würde.

- Die Welt der Hundezucht steckt voller skrupelloser Charaktere, die gerne schnelles Geld auf Kosten der Tiere machen möchten.

- Hüten Sie sich vor dem Kauf von Welpen in Zoofachhandlungen. Damit werden unseriöse Zuchtmethoden gefördert und die dort verkauften Welpen sind oft schwierig zu trainieren.

- In manchen Rassen kommen inakzeptabel viele Erbkrankheiten vor.

- Manche Rassestandards legen mehr Wert auf das Aussehen als auf Wesen und Wohlergehen der Hunde.

- Manche Rassestandards und Selektionspraktiken laufen dem Wohlergehen der Hunde entgegen. Viele der geförderten Merkmale würden das Überleben eines Hundes in freier Wildbahn unmöglich machen.

- Es müsste ein größerer Druck auf die Züchter bestehen, nach Merkmalen zu selektieren, die das Wohlbefinden der Hunde fördern.

- Züchter sollten mehr Anreiz haben, Hunde zu produzieren, die besser an unsere moderne Umwelt angepasst sind.

- Geschlossene Zuchtbücher machen die Genpools gefährlich eng.

Die Dingos von Fraser Island sind angeblich die reinsten, weil sie sich am wenigsten mit Haushunden verpaart haben. Ihr Verhalten, ihre Sozialordnung und ihre Interaktionen mit Menschen bieten Beobachtern einzigartige Lektionen. Es ist sehr bedauerlich, dass einige Menschen ungeachtet der Gefahren, die das moderne Showhundewesen birgt, solche Dingos in Ausstellungen zeigen und an einem geschriebenen Rassestandard messen möchten.

Kapitel 17

Vielleicht steuern wir auf eine Zeit zu, in der Hunde nach ihrer Anpassungsfähigkeit an das moderne Leben selektiert werden, aber das ist leichter gesagt als getan. Eins der größeren Hindernisse dabei ist, dass die Ziele sich ständig verschieben. Die städtische Nische, die Hunde besetzen, hat sich während der letzten 50 Jahre enorm gewandelt und tut dies weiterhin. Der Blick auf die früheren und vergangenen Trends, die Hunde beeinflusst haben, kann uns eine Ahnung davon geben, was kommt und wo wir unsere Hunde in Zukunft hinschicken.

Tage von einst

In den schlechten alten Zeiten waren Hunde nur selten eingesperrt und streunten deshalb regelmäßig in den Straßen umher. Sie plünderten Mülltonnen, machten sich vor feindlich gesinnten Ladenbesitzern aus dem Staub, hatten Sex und wichen Autos aus – sie verhielten sich also ziemlich genau so, wie sie es heute noch in Entwicklungsländern tun. Besitzer nahmen ihre Hunde vielleicht beim Gang zum Einkaufen mit oder nicht. Das hing ziemlich stark vom Hund selbst ab. Aus tierschützerischer Sicht betrachtet waren die Dinge alles andere als ideal. Manche Hunde gingen verloren, andere wurden überfahren und wieder andere gestohlen, aber viele von ihnen schafften es, ihre alltäglichen Routineverrichtungen und täglich zurückgelegten Routen zu organisieren: Sie nickten im Vorbeilaufen dem Verkehrspolizisten zu, besuchten die alte Frau im Park und huldigten dem Metzger in seinem mit Opfergaben gefüllten Tempel. Die gesamte hündische Nachbarschaft versammelte sich irgendwo und absolvierte ihren täglichen Kontrollgang. Ihre tägliche Bewegung und ihr Revier waren also ganz anders als das, was wir heute in den Städten vorfinden.

Die Mütter blieben damals noch größtenteils zuhause, was bedeutete, dass sie dem Hund fast ständig Gesellschaft leisten konnten, wenn er gerade nicht draußen auf Streifzug unterwegs war. Das erklärt vielleicht, warum Trennungsangst damals kaum je ein Problem war. Und nicht zu vergessen bellte nebenan auch höchstwahrscheinlich kein Nachbarshund. Das ist wichtig. Hunde bellen nicht nur als Antwort auf das Bellen anderer, sondern dieses Geräusch kann bei ihnen auch Stress auslösen und es damit wahrscheinlicher machen, dass sie Trennungsangst entwickeln. Damals in den ruhigeren Zeiten, als Filme noch schwarz-weiß waren, hatte Hundegebell nur minimale Auswirkungen auf andere Hunde in der Nachbarschaft.

Die Aufwändungen für den Hund von damals beschränkten sich auf den Kauf eines Halsbands aus dem Gemischtwarenladen, einen gelegentlichen Knochen aus dem Metzgertempel und auf eine fest zusammengerollte Zeitung als Antwort auf gelegentliche Handlungen von gedankenloser Disziplinlosigkeit. Das ursprüngliche Hundefutter waren einfach Essensreste der Menschen. Die Wissenschaft der Hundeernährung hat sich seitdem blühend entwickelt, sodass es heute billige Futter, Premiumfutter, Dosenfutter, Trockenfutter, halbfeuchtes Futter, halbtrockenes Futter und spezielles Diätfutter für bestimmte Krankheiten gibt. Vom Preis abgesehen ist das Hauptthema hier der Geschmack, der im Vergleich zu den gerade von Opas Mittagsteller heruntergekratzten, aber potenziell ungesunden Resten doch deutlich schlechter ist. Die Hundefutterhersteller haben es uns aber sehr schnell abgewöhnt, Hunde mit Essensresten zu ernähren, indem sie argumentierten, dass eine von Tierärzten und in Labors entwickelte Nahrung doch viel ausbalancierter sei, als Essensreste es je sein könnten.

Hunde von heute

Im Allgemeinen steigt die Anzahl der gehaltenen Hunde in den Industrie- und Schwellenländern und damit auch der Marktanteil der hundebezogenen Waren und Dienstleistungen. Brauchten wir Hunde ursprünglich als Arbeiter beim Jagen, Hüten oder Bewachen, helfen sie uns heute, besser mit dem Stress der modernen Welt zurechtzukommen.

Kleinere Familien und längere Arbeitswochen bedeuten nicht nur, dass die Hunde von heute mehr Zeit alleine verbringen müssen, sondern auch, dass sie im Umgang sowohl mit bekannten als auch fremden Menschen vermutlich viel unerfahrener sind als ihre Vorfahren. Heute müssen Hundehalter ihre Hunde kontrollieren, was bedeutet, dass sie sie die meiste, wenn nicht die ganze Zeit über auf dem heimischen Grundstück oder in der Wohnung einsperren müssen – auf jeden Fall immer dann, wenn sie nicht persönlich auf sie aufpassen können. Gleichzeitig führt die ständig wachsende Bevölkerungsdichte dazu, dass Hunde und ihre Besitzer in engeren Kontakt mit Nachbarn kommen, die entweder selbst Hundehalter sind oder nicht. All das bedeutet, dass die Hunde besser mit dem Eingesperrtsein und mit Fremden zurechtkommen müssen als früher.

Hunde, die sich so benehmen, wie wir uns das wünschen, bereiten uns enormes Vergnügen, aber das genaue Gegenteil trifft eben auch zu. Stressreduktoren können manchmal auch Stressproduzenten sein. Vermutlich hängen wir alle der Vorstellung an, dass die Vorteile gegenüber den Nachteilen überwiegen, aber wie können wir uns da so sicher sein? Nur wenige von uns können zu wissen behaupten, ob das Verhalten ihres Hundes im oder über dem Durchschnitt liegt. Wir haben keine allgemeingültigen Standards, weil die Besitzer untereinander wenig kommunizieren und wahrscheinlich auch deshalb, weil wir der hässlichen Wahrheit nicht gerne ins Gesicht sehen möchten.

Wir wissen bereits, dass wir eine ganze Menge Fehlverhalten von Seiten des Hundes bei uns zuhause ertragen. Dies wurde auch durch eine kürzlich in Großbritannien durchgeführte Umfrage bestätigt, die ergab, dass die ganze Litanei der angegebenen Problemverhalten länger ist als die Einkaufsliste eines Societygirls. 51,8% der befragten Hundebesitzer gaben an, dass ihr Hund ein sie störendes Verhalten zeigen würde (hauptsächlich Bellen) und 25,3% beschrieben mindestens ein Verhalten (meistens Aggression oder Ungehorsam) als Problem. Die gute Nachricht? Der Ausgleich durch die 64,5% der Hundehalter, die ihren

Hunden nur liebenswerte Eigenschaften zuschrieben. Unsere Toleranz den unerwünschten Verhalten gegenüber spiegelt wider, welche Rolle Hunde in unserem Leben spielen. Wenn Hunde uns bei der Bewältigung unseres Stresses helfen sollen, gibt es ja auch wenig Grund dafür, warum wir uns von den Tieren selbst stressen lassen sollten.

Hundefutter gehört heutzutage zu den bestverkauften Produkten in Supermärkten. Die Regale mit den Hundesnacks werden ständig erweitert und es sprießen immer neue spezielle Zubehörläden und Hundetagesstätten aus dem Boden. Dies spricht nicht nur für gestiegene Einkommen, sondern zeugt auch davon, dass die Hundebesitzer sich verpflichtet fühlen: Sie geben Geld aus, um ihre Liebe zu zeigen.

Auch die Hundemedizin hat sich in Riesenschritten weiterentwickelt: Wurde der von mir innig geliebte James Herriot seinerzeit noch für den Gebrauch eines Stethoskops bewundert, stellen die Tierärzte von heute ihre Diagnosen aufgrund von Ultraschall, Gammaszintigraphie, Computertomographie und Magnetresonanztomographie.

Als Bürger von Industrienationen profitieren wir zweifellos von einer unglaublichen Vielfalt technischen Fortschritts, aber wir müssen auch mit ständigen sozialen, kulturellen, wirtschaftlichen, politischen und technischen Veränderungen zurechtkommen. Die Schnelligkeit, mit die Dinge sich in unserem modernen Leben ändern, wird nur noch von der Fluktuationsrate in unseren Beziehungen übertroffen. Die Beziehungen erwachsener Menschen untereinander, seien sie intimer Natur oder nicht, können sehr stressbelastet sein, was von den hohen Erwartungen zeugt, die wir aneinander und an unsere Beziehungen haben. Stress und Stressmanagement sind zu Hauptthemen unseres Lebens geworden, seit wir ein ständiges wachsendes Gefühl der Isolation, des Kontrollverlustes und mitunter sogar der Zukunftsangst verspüren. Wirklich beängstigend! Da kann der Besitz eines Hundes wirklich therapeutische Wirkung haben, denn er vermittelt eine Stabilität, die uns helfen kann, zu entspannen und wir selbst zu sein. Diese Vorteile entwickeln sich in jeder verlässlichen Beziehung. Und so bilden Hunde einen Teil dessen, was wir als »zurück zu den Wurzeln« beschreiben. Menschen, die ihre Hunde in Parks spazieren führen, ahmen den bäuerlichen Lebensstil ihrer Vorfahren nach – vorübergehend verzichten sie auf die Technologie und den Zwang, produzieren, konsumieren und kommunizieren zu müssen.

Hundehaltung bedeutet heute, sich mehreren erheblichen Herausforderungen gegenüber zu sehen, was nicht zuletzt daran liegt, dass sich das gesellschaftliche Verhältnis zu Hunden generell gewandelt hat. Viele Menschen haben keinen regelmäßigen Umgang mit Hunden mehr. Mütter heben kleine Kinder auf den Arm, sobald sie einen Hund sehen. Das Kind lernt, Angst vor Hunden zu haben und schreit, als ob es in siedendem Öl gekocht würde, sobald sich ihm einer nähert. Folglich werden Hunde von den Stadtplanern ausgegrenzt und es gibt immer weniger Möglichkeiten für sie, sich zu sozialisieren – obwohl wir doch wissen, wie wichtig genau das für sie ist, um sich an das Leben unter unseren Bedingungen anzupassen.

Leinen sind heute viel weniger optional, als sie es früher waren – sie sind ein sicheres Zeichen dafür, dass der Besitzer seinen Hund wertschätzt und Verantwortung für ihn übernimmt. Manche Beobachter empfinden Leinen aber interessanterweise auch als Zeichen von Unterdrückung. Manche Tierrechtler fordern, dass Hunde nicht auf diese Weise gefesselt werden, sondern ihre eigenen Entscheidungen im Leben treffen dürfen sollten. Leider beinhaltet diese Art von Entscheidungen aber auch, von einem LKW zermatscht zu werden, wenn der Hund im falschen Moment beschließt, die Straße zu betreten. Für alle, die ihren Hund vor dem Straßenverkehr schützen möchten, sind Leinen die einzige Möglichkeit.

Und für jeden, der einen Hund auf so humane Weise wie möglich führen möchte, sind Würgeketten schlicht inakzeptabel. In den letzten Jahren sind auch Kopfhalfter für Hunde wie das *Halti®* oder der *Gentle Leader* sehr beliebt geworden. Das aus der Welt des Pferdetrainings geborgte Prinzip ist simpel: Wenn der Kopf irgendwo hingeht, wird der Körper folgen. Diese Kopfhalfter sind so effektiv, dass man sich fragt, warum sie nicht zu gleicher Zeit erfunden wurden wie Halfter für Pferde, Rinder oder Kamele. Natürlich ist die Herstellung eines glatten Lederhalsbands einfacher, und vielleicht war es einfach viel leichter, einen Hund am Hals herumzuziehen als beispielsweise ein Pferd, das bei diesem Versuch sehr wahrscheinlich wegbocken und seinen Möchtegern-Führer hinter sich herziehen würde.

Stadtleben

Je üblicher das Leben in Mietswohnungen wird, desto mehr Wohnungsbesitzer erlauben auch die Haltung von Hunden. Das ist gut für die Besitzer und in gewisser Hinsicht auch für die Hunde selbst. Zu den gesundheitlichen Vorteilen zählen eine verringerte Ansteckungsfähigkeit mit Krankheiten, weniger Parasitenbefall, weniger Kontakt mit Bodenpilzen oder Gartengiften. Und in Wohnungen eingesperrte Hunde werden auch ganz sicher nicht von Autos überfahren. Es kann sogar sein, dass sie einen besseren Eindruck von der Welt um sich herum gewinnen als der durchschnittliche Garten- oder Hinterhofhund, der vielleicht von Kindern geärgert wird, die einen Knüppel am Zaun entlangrattern lassen und damit eine sogenannte Begrenzungsfrustration entstehen lassen können. Der Hauptnachteil dagegen ist natürlich die eingeschränkte Bewegungsmöglichkeit. Manchmal sind Balkons die einzige Möglichkeit zum Urinieren. Eingeschränkte Möglichkeiten zum Urinieren erhöhen aber das Risiko für die Entstehung von Blasensteinen, und bei eingeschränkter Möglichkeit zum Kotabsatz droht Verstopfung. Neuerdings gibt es ja auch Hundetoiletten für den Gebrauch in Wohnungen zu kaufen, was dann Anlass zur Sorge gibt, wenn die Besitzer der Meinung sind, dann ja nicht mehr so viel mit ihrem Hund herausgehen zu müssen. Auf Farmen lebende Hunde, die nur wenige strukturierte Spaziergänge erleben, aber die Möglichkeit haben, ihr Geschäft zu verrichten, wann und wo es immer ihnen beliebt, setzen vier bis sechs Häufchen pro Tag ab. Das ist der natürliche Durchschnitt, mit dem unverdaute Futterreste ausgeschieden werden. Sie länger zurückhalten zu müssen ist weder für die Gesundheit noch für die Moral gut.

Für eingesperrte Hunde ist die Größe ihrer Umgebung noch nicht einmal so wichtig wie das, was sich darin befindet. Leere und langweilige große Räume sind viel schlimmer als kleine, aber dafür unterhaltsame. Dies ist das Prinzip der angereicherten Umgebung oder des »Enrichments«, wie es in Zoos, auf landwirtschaftlichen Betrieben, in Ställen und Laboratorien für artgerechtere Haltung und verbesserte Lebensbedingungen sorgen soll und für das oft erheblicher Aufwand betrieben wird. In Kapitel 3 hatten wir ja bereits die Wertesysteme von Hunden angeschaut und betont, wie wichtig Ressourcen in der Ethologie von Hunden sind. In der Stadt eine gute Hundehaltung betreiben zu können hängt also von den verhaltensbedingten Bedürfnissen des Hundes ab, nicht davon, ob man einen eigenen Hinterhof besitzt.

Die Nachteile der Hundehaltung

Hunde können auch Opfer ihres eigenen Erfolgs sein. Sie können Stress dadurch verursachen, dass sie so sehr geliebt werden. Die Angst davor, einen Hund zu verlieren oder sich einen solchen Verlust auch nur vorzustellen kann manche Menschen sogar vor der Anschaffung eines Hundes zurückschrecken lassen.

Allgemein gesagt ist Hundehaltung nicht notwendigerweise immer einfach. Hier sind einige der Gründe dafür, warum manche Mensch-Hund-Beziehungen aus der Spur geraten.

- Hunde binden einen.
- Hunde kosten Geld – neben Anschaffungs- und Futterkosten fallen vor allem unerwartete Ausgaben wie z.B. Tierarztkosten ins Gewicht.
- Hunde können schmutzig sein und stinken.
- Hunde können zu Streit mit den Nachbarn führen.
- Manche Menschen haben Hunde, die nicht zu ihrer Wohnsituation passen.
- Manche Menschen reagieren allergisch auf Hundehaare und Hundespeichel.
- Hunde erfüllen nicht immer die Erwartungen ihrer Besitzer.

Letztere Feststellung scheint von besonders monumentaler Bedeutung zu sein. Ich gebe Lassie die Schuld daran, dass sie vollkommen realitätsfremde Erwartungen in uns geweckt hat. Auch heute noch sorgen Filmhunde wie der unermüdliche Assistent Kommissar Rex für unrealistische Meinungen darüber, was Hunde für uns tun könnten. Lerninitiativen, die Kindern dabei helfen, Hunde Hunde sein zu lassen, sind eine perfekte Antwort hierauf.

All die oben aufgezählten Nachteile können dazu führen, dass Hunde ausgesetzt und in Tierheimen abgegeben werden, aber sie alle könnten mit guter Planung vermieden werden. Andererseits schrecken sie aber auch nicht davon ab, überhaupt Hunde anzuschaffen, weil die Vorteile dennoch überwiegen.

Hunde vs. Katzen

Ich halte es für sinnvoll, einmal einen Schritt zurückzutreten und über die Verdienste von Hunden im Vergleich mit Katzen nachzudenken. Oft wird gesagt, dass Hunde vom Mars und Katzen von der Venus stammen. Sowohl Hunde- als auch Katzenbesitzer sind sich darin einig, dass die beiden Spezies sich in ihrem Verhalten so sehr unterscheiden, dass auch die Beziehung zu ihnen eine grundlegend andere sein muss. Von Hunden nimmt man im Allgemeinen an, dass sie mehr Pflege und Aufwand beanspruchen als Katzen, aber man hält sie auch für emotional zugänglicher und für fähiger, eine lohnende Beziehung aufzubauen. Hunde, so glauben sowohl Hunde- als auch Katzenbesitzer, sind leichter zu trainieren und zeigen eher Liebe, Dankbarkeit und Bedürftigkeit als Katzen. Nach den Forschungen von Maree McCallum aus Sydney weisen Katzenbesitzer aber die Behauptung der Hundebesitzer zurück, dass Hunde treuer, schlauer und »beständiger« seien. Katzenbesitzer scheinen Verhaltensmerkmale zu schätzen, die von Stil und Geschmack zeugen. Für Nicht-Katzenbesitzer sind dies natürlich genau diejenigen Merkmale, die auf sie eher wie Arroganz und Verachtung wirken.

Wer in hundelieben Ländern äußert, keine Hunde zu mögen, muss damit rechnen, dass man eher von ihm annimmt, etwas stimme mit ihm nicht, als mit den Hunden. Bei Katzen ist das nicht der Fall. Katzen polarisieren stärker als Hunde. Vor allem in Australien gibt es mehr Vorurteile gegenüber Katzen, weil man denkt, dass sie die heimischen Wildtiere gefährden.

Vorurteile und eine gewisse sexuelle Stereotypisierung beeinflussen auch bei vielen Menschen die Wahrnehmung von Hunden und Katzen. Katzen scheint man zum Beispiel eher weibliche Eigenschaften zuzuschreiben, während Hunde eher als Machos wahrgenommen werden. Auch die Sinnlichkeit und Rätselhaftigkeit der *Felidae* faszinieren einige Katzenliebhaber, während die gleichen Eigenschaften von Hundefreunden oft als »verschlagen« und »hinterhältig« empfunden werden. Für Uneingeweihte können Katzen unvorhersehbar, reserviert und selbstbezogen erscheinen. Viele Katzenhalter geben zu, dass Katzen nicht immer so nahbar und freundlich sind wie Hunde, argumentieren aber, dies liege daran, weil Katzen unabhängiger und wählerischer seien, weniger unterwürfig und schmeichlerisch. Wenn Katzen beschlössen, jemandem ihre Zuneigung zu schenken, könnten die Empfänger dieser Gunst sich privilegiert und geschmeichelt fühlen. Hunde können im Vergleich dazu das reinste Kinderspiel sein.

Generell kann man sagen, dass Katzen zwar billiger zu füttern und anspruchsloser im Unterhalt sind, man aber mehr »emotionale Arbeit« in sie investieren muss. Mit Hunden und ihrer extrovertierten Lebenseinstellung ist einfacher auszukommen und der Umgang mit ihnen wird schneller als unmittelbar lohnend empfunden. Sie sind zwar abhängiger von uns und brauchen mehr Pflege, aber genau diese Abhängigkeit ist es auch, die den Hundebesitzern das Gefühl verschafft, gebraucht und geliebt zu werden. Außerdem bringen Hunde ihre Menschen vom Sofa herunter und auf Trab, womit sie sich förderlich auf die Gesundheit auswirken können – neben dem gesenkten Blutdruck, der sich beim Streicheln eines jeden pelzigen Haustiers einstellt. Ein Hund zu haben zwingt uns, aktiver zu sein. In Australien gab es kürzlich sogar eine gemeinsame Öffentlichkeitskampagne namens »Gehen Sie mit Ihrem Hund«, die von Tierschutzbund und nationaler Stiftung für Herzgesundheit gemeinsam finanziert wurde.

Die Vorteile moderner Begleithunde

Es gibt viele gute Grunde dafür, sich *keinen* Hund anzuschaffen. Warum tun wir es trotzdem? Letzten Endes müssen wir zugeben, dass die Haltung von Heimtieren logisch eigentlich nicht begründbar ist und dass es eher emotionale als praktische Beweggründe sind, die uns motivieren. Wenn wir uns einen Hund anschaffen, ist das ein bisschen vergleichbar damit, sich zu verlieben oder Kinder zu bekommen: Wir lassen uns auf etwas ein, von dem wir wissen, dass es auch Probleme und harte Arbeit bedeuten wird. Aber so irrational es auch sein mag – einen Hund zu haben bringt ganz klar viele Vorteile mit sich.

Besonders wegen des ständigen Drucks, den sie sich in unserem modernen Alltagsleben ausgesetzt fühlen, sehnen sich viele Menschen nach Haustieren. Unsere zwischenmenschlichen Beziehungen sind oft das Produkt von Trennungen und neuen Partnerschaften, und der Gedanke, ein Leben lang die gleiche Arbeitsstelle haben zu können, ist genauso hoffnungslos veraltet wie der Gebrauch von Würgehalsbändern. All das bedeutet, dass es uns an langfristiger Stabilität und Vertrauen mangeln kann. Je komplexer die zwischenmenschlichen Beziehungen werden, so hat man bereits vermutet, desto eher bieten Heimtiere einen willkommenen Kontrast dazu. Während also Familien sich umbilden, Firmen fusionieren und Straßenfluchten sich ausdehnen können Hunde eine beständige, feste Säule in einem Haushalt bilden. Und egal wie reizbar die Menschen im Haushalt auch sein mögen – man kann sich darauf verlassen, dass der Hund immer das Beste daraus machen wird.

Die mit der Hundehaltung einhergehenden Strukturen und Rituale wie Spaziergengehen, Füttern oder Bürsten können den Besitzern Sinn und Ziel vermitteln und Gefühlen von Einsamkeit und Isolation entgegenwirken. Menschen schütten sogar nachweislich mehr Oxytocin aus, wenn sie ihrem geliebten Hund nur in die Augen schauen. Das Zusammensein mit Hunden kann auch Jugendlichen zur Bildung von mehr emotionaler Kompetenz verhelfen. Tieren gegenüber können wir uns unverstellter und freier benehmen, als wir das gegenüber Menschen tun. Man kann mit Hunden kuscheln, spielen und ihnen alles erzählen – sie können Empfänger und Katalysatoren unserer Gefühlsäußerungen sein. Und im Gegensatz zu manchen Menschen reagieren Hunde in der Regel auch auf Kontaktaufnahme. Selbst Menschen, die nähere Berührungen im Umgang mit anderen Menschen gar nicht schätzen und eher distanziert sind, zeigen oft ein starkes Bedürfnis, ihren Hund zu knuddeln.

Hunde können sogar Kontakte unter Menschen fördern, das Familienleben bereichern und bei Streitigkeiten innerhalb der Familie eine Art neutrales Territorium bilden. Selbst bei geringer Investition von Gefühlen geben Hunde enorm viel zurück: Auch wenn Beziehungen zu ihnen nicht den gleichen Aufwand an Zeit und Mühe erfordern wie Beziehungen zu Menschen, so liefern sie doch jede Menge Dankbarkeit, Spaß und Zuneigung. Und sie geben auch dann noch weiter großzügig davon, wenn der Besitzer sie vorübergehend vernachlässigt hat oder abwesend war.

Hunde können uns zur Rückbesinnung auf die Grundlagen bringen. Menschen, die »gut zu Tieren« sind, haben zweifellos eine soziale Ader und sind oft tolle Gesprächspartner – so lange es in dem Gespräch um Tiere geht. Wenn man ihnen die Gelegenheit dazu gibt, tun sie nichts lieber, als über ihre Hunde zu erzählen. Andere Hundebesitzer lassen sich auf solche Unterhaltungen sogar noch öfter ein als auf Gespräche über die eigenen oder andere Kinder. Studien haben ergeben, dass Hunde ein guter Grund dafür sind, mit Fremden ins Gespräch zu kommen, weshalb Hunde auf städtischen Grünflächen gewissermaßen auch eine Steigerung des Sozialkapitals darstellen. Und Journalisten bewegen sich mit Berichten über Haustiere auf sichererem Boden als mit den Themen Sex, Religion und Politik.

Weil Hunde nicht antworten oder sich beklagen können, übernehmen die Besitzer automatisch die Führungsrolle, was vielen von ihnen zweifellos ein sehr befriedigendes Gefühl verschafft: Sie können in gewissem Sinne »Gott« spielen und nach Belieben sowohl geben als auch nehmen.

Manche benutzen ihre Tiere sogar als Pfand in Beziehungen zu anderen Menschen. Möglicherweise kompensieren manche Menschen mit der Macht über ihren Hund auch ein Gefühl der mangelnden Macht über Freunde, Familie oder Arbeitskollegen. Wenn zwei Menschen sich einen Hund teilen, äußert sich dies mitunter auch in einem gewissen latenten Wettstreit darüber, wer die größere Kontrolle über den Hund hat. Insgesamt gesehen glaube ich aber, dass die Macht, die wir über Hunde haben, nur selten missbraucht wird und dass das Gerücht, Hundebesitzer seien Kontrollfreaks, ganz einfach von einem Flugblatt stammt, das ein missionseifriger Katzenliebhaber verteilt hat.

Die Rollen moderner Begleithunde

Die künftige Rolle eines frisch erworbenen Hundes kann irgendwo zwischen der eines pelzigen Sklaven und eines haarigen Kindes liegen. Aber trotz der Intensität ihrer Gefühle zu den Vierbeinern betrachten die meisten Menschen ihre Hunde als Tiere und nicht als Menschen, weshalb beispielsweise das Einschläfern leidender Tiere akzeptierte Praxis ist. Und ob es uns (und oft auch den Hunden) gefällt oder nicht: Hunde können Spielgefährten und besonders für Kinder lebendige, verformbare Spielzeuge sein. Aber für die meisten von uns hat der Wert von Hunden vor allem ganz einfach mit der puren Anziehungskraft zu tun, die sie als Tiere ausstrahlen. Tierfreunde behandeln ihre Hunde im Allgemeinen nicht wie Menschen im Hundefell, sondern sind fasziniert von allem, das an Hunden in Quintessenz einfach typisch hündisch ist.

Natürlich können Hunde viele verschiedene Rollen im Leben ihrer Besitzer spielen. Sie können zum Beispiel sehr hilfreich sein, wenn man Kindern etwas über so schwierige Themen wie Tod oder Fortpflanzung vermitteln möchte. Tatsächlich geben Eltern von Kleinkindern genau dies öfter als Grund dafür an, ein Haustier zu haben. Manche betrachten die Tierhaltung sogar als Teil ihrer Verantwortung als Eltern. Wenn Erwachsene als Kinder selbst Tiere hatten, betrachten sie dies typischerweise auch als ein Recht für ihre eigenen Kinder und erwarten von den Tieren, dass sie die Kinder zu mehr Menschlichkeit, Respekt und Mitgefühl erziehen. Auch wenn die Realität diesen Erwartungen nur selten standhält, feilschen Kinder mit ihren Eltern oft darum, ein Tier haben zu dürfen und erklären sich bereit, es zu füttern und zu versorgen.

Welche Rolle ein Hund im Haushalt hat, ändert sich sowohl mit seinem eigenen Alter als auch mit dem des Besitzers. Leider werden manche alten Hunde, deren Ohren, Haut oder Atem vor Vernachlässigung unangenehm riechen, grausam aus dem Haus verbannt. Zum Glück kommt aber auch das Gegenteil vor: Ein geschätzter Arbeitshund wird zum Haushund, ein Hofhund schafft es, sich in einer kalten Winternacht ins Haus zu stehlen und darf für immer bleiben oder ein von der Rennbahn ausgemusterter Greyhound hat das seltene Glück, sich einen Platz auf einem Sofa zu erobern. Ein ursprünglich für das Kind gekaufter Welpe wird vielleicht selbst zum (alternden) Kindersatz, wenn das menschliche Kind das Haus verlassen hat.

Die Rolle von Hunden als Kinderersatz wurde möglicherweise überbewertet. Der unter Flatulenz leidende Pekingese Tricky-Woo, von dem James Herriot uns so unvergesslich berichtet hat, war eine Karikatur. Ich wage diese Aussage als ein Tierarzt, der in fünfjähriger Allgemeinpraxis niemals Hunde in dieser Rolle kennengelernt hat. Meine Freunde dagegen wollten ständig genau solche Tricky-Woo-Geschichten von mir hören. Die allgemeine Annahme ist offenbar, dass kinderlose Hundebesitzer ihre Tiere übertrieben vermenschlichen und in typische Babysprache verfallen, sobald sie sie ansprechen. Ich glaube, dass solche Äußerungen ursprünglich nur im Scherz gemacht wurden, damit Westentaschen-Psychologen etwas hatten, worauf sie sich stürzen konnten.

Der Mythos vom modernen Hund als Kind im Tierfell wird noch verstärkt, wenn Welpenkäufer berichten, wie sie dem Züchter gegenüber beweisen mussten, ob sie auch als künftige Besitzer würdig seien. Manche meiner Kunden erzählen, dass die Befragung beim Hundezüchter strenger war als die in einem Bewerbungsgespräch. Aber in Anbetracht der Tatsache, wie selten unverkaufte Welpen in den Zwingern gut organisierter und renommierter Züchter zurückbleiben, frage ich mich, ob die Züchter bei den Antworten auch wirklich immer so genau hinhören.

Hunde können Statussymbole, Modeaccessoires oder einfach als notwendig empfundenes Zubehör für die perfekte Familie sein. Und so absurd es vielen von uns auch erscheinen mag – Hunderassen unterliegen der Mode. Ein gutes Beispiel dafür ist der Afghane, der in den sechziger Jahren enorm beliebt war – es gab sogar spezielle Tierärzte, die ausschließlich Afghanen behandelten. Heutzutage sind Afghanen hauptsächlich Ausstellungshunde.

Egal ob als Modestatement, Verzierung oder Gesellschafter: Die Rasse lässt Einblicke in die Identität des Besitzers zu, denn sie spiegelt dessen Interessen und Persönlichkeit wider.

Gleich hat man das Bild vom Pitbull Terrier vor Augen: Seine muskulöse Erscheinung macht ihn zum perfekten Accessoire für jeden Strohkopf mit kleinem Penis. Manche dieser Hunde müssen sogar Bodybuilding-Geschirre tragen und bekommen Steroide verabreicht. Die Macho-Begeisterung für muskulöse Rüden bedeutet aber auch, dass Hündinnen seltener von solchen Menschen belästigt werden und dass ältere Hunde einfach entsorgt werden. Unabhängig von der Rasse können Hunde aber auch die Funktion erfüllen, die Autorität des Besitzers zu stärken, denn sie unterwerfen sich Disziplinierungsmaßnahmen oft leichter als andere Familienmitglieder und fordern ihren Besitzer nur selten heraus. In vielen Fällen sind sie leichter zu erziehen als Kinder, und manchmal helfen sie Erwachsenen auch dabei, die Wichtigkeit von Konsequenz in der Kindererziehung besser verstehen zu lernen.

Tiermanagement in der Stadt

Urbanes Tiermanagement ist ein neu entstandenes Betätigungsfeld, in dem man versucht, das Bedürfnis der Gesellschaft nach Haustierhaltung und die Probleme städtischen Lebens miteinander zu vereinbaren. Die meisten zur Tierhaltung erlassenen Gesetze dienen dem Ziel, die Fortpflanzung und das Problem der Verunreinigung durch Kot unter Kontrolle zu bringen. Aber auch Angriffe durch Hunde, exzessives Bellen (ein Hauptbeschwerdegrund) und Verkehrsunfälle (hauptsächlich durch Streunerhunde), Sachbeschädigungen und Verlust von Nutzvieh zählen zu den Problemen. Das Hauptanliegen aller Bemühungen ist es, das Verantwortungsbewusstsein der Tierhalter zu stärken.

Wissensvermittlung vs. Gesetzgebung

Die therapeutischen Vorzüge der Tierhaltung sind für die Besitzer so wichtig, dass sie jeder Einmischung in die private Beziehung mit ihrem Tier misstrauen. Andererseits möchten aber die meisten Tierfreunde auch, dass Vernachlässigungen von Tieren bestraft werden und dass die Besitzer dazu gezwungen werden müssten, ihren Verpflichtungen nachzukommen. Hier kommt die Gesetzgebung ins Spiel. Sie soll die Halter auch dazu zwingen, mehr Verantwortung für das Verhalten ihrer Hunde in der Öffentlichkeit zu übernehmen, aber gleichzeitig auch die Rechte sowohl der Hundehalter als auch der übrigen Gesellschaft schützen.

Wenn es um Streuner geht, ist das Kastrieren der Hunde zur Populationskontrolle sicherlich angenehmer als das Töten erwachsener Hunde. Dieses Thema ist auch kaum je umstritten. Auch Gesetze, die Wildtiere vor Haustieren schützen sollen, werden in der Regel von vielen Menschen akzeptiert, auch wenn es in der Praxis viele Schwierigkeiten mit sich bringt, Katzen am freien Umherstreifen zu hindern. Manche Katzenhalter argumentieren auch, dass nächtliche Ausgangssperren für einen Nachtjäger, wie es die Katze ist, an Grausamkeit grenzten. Insgesamt sind Hunde von Gesetzgebungen stärker betroffen als Katzen, aber sie scheinen in der Allgemeinheit mehr Unterstützung zu finden als letztere. Im Prinzip unterstützen Hundebesitzer deshalb vielleicht sogar Gesetze zu den genannten Themen, auch wenn sie gefühlsmäßig ihnen gegenüber eher resistent sind.

Registrierung

Der Gesetzgeber verlangt, dass jeder Hund registriert werden sollte, damit die Besitzer zur Übernahme von Verantwortung gezwungen sind – eine grundlegende Voraussetzung, wenn Städte und Gemeinden versuchen, das Thema »gefährliche Hunde« anzugehen. Vermutlich würden ohne Registrierung sowohl der Besitzer eines freilaufenden Hundes, der einen Verkehrsunfall verursacht hat als auch der eines Hundes, der ein Kind gebissen hat, sich nicht unbedingt freiwillig melden. Mit der Registrierungspflicht möchte man dem entgegenwirken – das Problem ist nur, dass genau diejenigen Menschen, die es mit der Aufsicht über ihre Hunde und deren Erziehung nicht so genau nehmen, auch genau diejenigen sind, die ihren Hund höchstwahrscheinlich *nicht* registrieren lassen. Ein lokales oder nationales Register wäre für folgende Dinge hilfreich:

- Verlorengegangene Hunde zu ihren Besitzern zurückbringen
- Besitzer von Problemhunden (z.B. gefährlichen Hunden) identifizieren
- Örtliche Trends in der Hundehaltung beobachten
- Hundesteuern eintreiben

Die Registrierung beruht auf einer genauen und einfachen Identifizierung. Adressmarken am Halsband können verloren gehen und setzen voraus, dass der Hund immer ein Halsband trägt, was manche Besitzer wegen des Strangulationsrisikos ablehnen. Aus diesen Gründen und dem zusätzlichen Vorteil der Fälschungssicherheit sind deshalb heute unter die Haut injizierte Chips die beliebteste Methode zur Identifizierung von Haustieren.

Kontrolle

Verantwortliche Hundehalter kontrollieren ihre Hunde so, dass sie andere nicht belästigen und sich selbst nicht in Gefahr bringen. »Unter Kontrolle« ist ein Hund dann, wenn er

1. sicher auf dem Grundstück des Besitzers eingesperrt ist
2. außerhalb des Grundstücks von einem verantwortungsvollen Erwachsenen an der Leine geführt wird

Das schränkt zwar einerseits die Bewegungsfreiheit des Hundes ein, hat aber den unzweifelhaften Vorteil, das Risiko das Überfahrenwerdens zu vermeiden.

Gefährliche Hunde

Verantwortungsvolle Tierbesitzer wissen, dass manche Hunde gefährlich für Menschen und andere Tiere sein können. Je nach Region, lokaler oder nationaler Gesetzgebung wird bestimmt, was mit als gefährlich bezeichneten Hunden geschieht. Die Sanktionen für sie reichen von erhöhten Kontrollbestimmungen bis hin zur Kastrations- oder Tötungsanordnung.

Hunde können aufgrund ihres Verhaltens, aber auch allein aufgrund ihrer Rassezugehörigkeit als »gefährlich« klassifiziert werden. Letzteres ist hoch umstritten, weil damit Hunden allein deshalb Restriktionen auferlegt werden, weil sie wie eine der Kampfhunderassen aussehen. In vielen Fällen ist das Gefährlichste an einem Pit Bull Terrier aber dessen Besitzer am anderen Ende der Leine. Mischlinge, die zufällig wie ein Exemplar der »Listenhunde« aussehen, können fälschlicherweise »verhaftet« und zum Ziel gerichtlicher Verfügungen werden. Manche solcher Hunde haben Jahre in Gewahrsam verbracht, bevor man über ihre Rassezugehörigkeit und damit ihr Schicksal entschied. Die tierschützerischen Implikationen sind vielschichtig und kompliziert, aber ganz sicher gehört das Einsperren über längere Zeiträume dazu. Die Diskussion über Wesenstests in Kapitel 14 hilft Ihnen vielleicht bei der Entscheidung, ob Sie eine Früherkennung von Hunden unterstützen, die später eine Bedrohung für die Öffentlichkeit sein könnten.

Netzwerken unter Hundehaltern

Wir sorgen im Allgemeinen zwar für das Futter unserer Hunde, jedoch nicht immer für deren Spaß und Bewegung. Hundehaltung in der Stadt wird zwar einerseits immer schwieriger, aber andererseits gibt es immer mehr Lösungsmöglichkeiten, wie man die Sache in Schwung bringen kann. Netzwerken unter Hundehaltern kann uns helfen, unsere Hunde müde zu bekommen. Die neue Informationstechnologie hat Menschen miteinander in Kontakt gebracht – jetzt ist es vielleicht an der Zeit, dass sich auch unsere Hunde vernetzen! Ein Beispiel dafür sehen Sie unter www.dogtree.com.au.

In der Zukunft

Dass Hunde in unserem modernen Leben immer wichtiger werden, geht ganz klar mit dem deutlichen Trend in Richtung einer Premium-Heimtierhaltung einher. In Industrieländern wird unglaublich viel Mühe, Zeit und Geld in die Heimtierhaltung investiert, wovon unter anderem die boomende Heimtierindustrie und die Tierärzte profitieren. Damit möchte ich keineswegs sagen, dass Hundehalter sich früher nicht so gut um ihre Tiere gekümmert hätten, wie wir das heute tun – es sind einfach die Umstände, die sich geändert haben. Flohschutzmittel zum Beispiel waren damals relativ nutzlos, weil Hunde sowieso selten im Haus geschweige denn auf einem Schoß willkommen waren. Die Tierärzte waren hauptsächlich für Pferde und Rinder ausgebildet und das einzige Futter, das es gab, war Hundekuchen. Heute schlafen viele Hunde in den Betten ihrer Besitzer und manche Produktlinien von Hundefutter übertreffen in ihrer Vielfalt die für den menschlichen Verzehr gedachten Lebensmittel. Es gibt heute so viele Kleintierärzte, dass man sich für jede Erkrankung (oder sogar jede Rasse) einen Spezialisten aussuchen kann.

Wo führen all diese Trends hin? Werden Tierärzte künftig zu eifrig um die Kunden streiten? Werden sie es mit ihren Dienstleistungen übertreiben und letzten Endes die Gans braten, die im Moment noch goldene Eier legt? Werden Futtermittelhersteller austüfteln, wie man Knochen, Gras und die Ausscheidungen anderer Tiere für den Verkauf verpackt? Werden Doppelbetten einfach größer werden müssen?

Mit der Zeit wird sich auch die Stammzellentherapie für Tiere entwickeln, und zwar höchstwahrscheinlich im Fahrwasser der Humanmedizin. So hofft man beispielsweise, dass auf Genetik basierende Behandlungsmethoden bei menschlicher Diabetes auch für an Diabetes leidende Hunde angepasst werden könnten. Und Klonen ist natürlich längst schon Realität. Es wird faszinierend zu beobachten sein, wie die Klone in Familien aufgenommen werden, die den vorherigen Nutzer der DNA so sehr liebten, dass sie ihn 1:1 ersetzen wollten. Je nachdem, inwiefern sich der Neuankömmling genauso verhält wie sein Vorgänger (oder eben auch nicht), wird die entscheidende Bedeutung von Lernen und Training noch einmal deutlich werden.

Die Gesetze rund um die Hundehaltung scheinen eher zu- als abzunehmen. Die nicht-hundehaltende Öffentlichkeit wird sich daran gewöhnen, bestimmte Erwartungen an die Hundehalter zu haben. Der emotionale und nützliche Wert des Hundes und sein kulturelles Erbe könnten damit leicht übersehen werden. Wir werden immer mehr dazu ermuntert, uns zu beschweren oder Anzeige gegen andere zu erstatten und wir leben in einer konsumorientierten Gesellschaft, die uns immer und überall ständige Befriedigung unserer Wünsche erwarten lässt. Vielleicht ist das auch einer der Gründe dafür, warum es immer häufiger zu Beschwerden über Hundegebell kommt. Und die Leute beschweren sich auch schneller als früher, wenn stürmische, ungezogene Hunde durch einen Park toben und dabei Picknickgesellschaften stören oder gar ein Kleinkind umwerfen. Mit dem Auge des Gesetzes betrachtet führen die von Hunden verursachten Schäden immer mehr dazu, dass man Angst vor Hunden hat. So könnten irgendwann selbst Hunde, die Kindern gar keinen körperlichen Schaden zugefügt, sie aber erschreckt haben, irgendwann als gefährlich deklariert werden.

Je mehr ins Bewusstsein rückt, welche Konsequenzen die Hundehaltung mit sich bringt, desto mehr Informationen werden wir sowohl über die Vor- als auch die Nachteile zusammentragen und der ideale Familienhund wird höher geschätzt werden. Die »liebevollen, halb-vernunftbegabten, halb-mysteriösen Aliens, die in unseren Häusern leben«, werden, so hoffe ich, bei gleichbleibender Liebenswürdigkeit immer weniger mysteriös und fremdartig, je weiter wir auf unserem gemeinsamen Weg voranschreiten.

Fazit

Je mehr wir über die körperlichen und emotionalen Bedürfnisse unserer Hunde wissen, desto weniger einfach, dafür aber desto lohnender wird die Hundehaltung für uns. Insgesamt betrachtet leben die Menschen heute doch besser als früher – und in vielen Fällen tun es auch die Hunde, besonders diejenigen, die einen guten menschlichen Coach zum Partner haben.

Die Freiheit eines Straßenhundes und die Bindung zu seinem Besitzer mag auf den ersten Blick idyllisch scheinen, aber die Kehrseite ist das hohe Risiko, Opfer eines Verkehrsunfalls zu werden. Solche Hunde werden nur selten alt.

Kinder und sichere Hunde unter direkter Aufsicht zusammenzubringen hat sehr viele Vorteile. Kindern lernen über die Beziehung zu Hunden Mitgefühl, Verantwortung und das Dasein für andere. Kinder, die keinen Umgang mit Hunden gelernt haben und Angst zeigen, können leider bei Hunden Beuteaggression auslösen.

Danksagungen

Ben, Nessie, Annie, Wally, Tinker, Neville (die alle in diesem Buch abgebildet sind) und all die anderen Hunde in meinem Leben waren und sind meine besten Lehrer und Begleiter. Ich danke ihnen dafür, dass sie mich zwingen, mir Zeit für Erholung und Naturgenuss zu nehmen. Durch sie habe ich den Wert von hündischen Spielen, von Konsequenz im Training und sozialer Ordnung in Hundegruppen kennen und schätzen gelernt. Noch weit übertroffen wurden diese Lektionen allerdings durch Demonstrationen der außergewöhnlichen Verhaltensflexibilität von Hunden. Hunde sind unübertroffene Meister darin, sich an die verschiedensten Nischen anzupassen. Wie schade, dass dies je als selbstverständlich hingenommen oder missbraucht wird. Hunde verdienen unsere Liebe, unseren Respekt und unsere Bewunderung. Ich hoffe, dass ihre Fähigkeit, einfach über unsere Gedankenlosigkeit hinwegzusehen, unsere Inkonsequenz zu ignorieren und unsere soziale Ungeschicktheit zu verzeihen eines Tages volle Anerkennung findet.

In meiner Lehrtätigkeit an der Universität versuche ich, einen forschungsgesteuerten Ansatz zu verfolgen, in den die Hundestudien aus meiner eigenen Forschungsgruppe einfließen. Dazu gehören die mit Tanya Grassi, Tristan Starr, Alison Harman, Alex Brueckner, Abby Masters, Lara Batt, Hannah Salvin, Lisa Tomkins und Taryn Roberts durchgeführten Studien. Das Unterrichten der Studenten bereichert meine Arbeit und hilft mir, meine Herangehensweise an die Themen Hundeverhalten und Umgang mit Hunden weiter zu verbessern. Ich danke der veterinärmedizinischen Fakultät der Universität Sydney für die wunderbaren Lehr- und Forschungsmöglichkeiten, die sie mir bietet. Unter meinen Kollegen an der Universität von Sydney schulde ich dem emeritierten Professor Bob Boakes besonderen Dank, der mein Verständnis der Lerntheorie sehr gefördert hat.

Zu den Hundebegeisterten, die mir unschätzbar wertvolle redaktionelle Ratschläge zu diesem Buch erteilt haben, gehören Pierre Malou, Stephen Ryan, John Miller, Jason Johnston, Ruth Mackay, Mark Robertson, Emma Lawrence, Anne Stubbs und Karin Bridge. Nick Branson und Mia Cobb steuerten besonders wichtigen Expertenrat zu Kapitel 5 bei.

Weitere Unterstützung stammte von meiner Mutter, Mary McGreevy, die Hunde ursprünglich als den Erzfeind häuslicher Hygiene betrachtete, aber dann schließlich den ständig drängenden Forderungen ihrer Kinder nach einem Hund nachgab, als sie mit einem entzückenden als Geschenk angebotenen Hund konfrontiert wurde. Mary, vielen Dank dafür, dass Du eine so gute Entscheidung getroffen und es ermöglicht hast, dass bei zweien aus Deiner Brut die Begeisterung schließlich in den Tierarztberuf fließen konnte.

Norm Keast und Marie Rowe gestatteten mir großzügig die Benutzung ihrer Fotografien. Mein bester Dank geht auch an Stephen Pincock vom Verlag UNSW Press und Nadine Davidoff für ihre Ideen, ihren Enthusiasmus und ihre Ermutigung.

Meine gute Freundin und Mentorin, Lynn Cole, hat wieder einmal großzügig ihre Zeit für das Redigieren verschiedener Textentwürfe geopfert.

INDEX